U0133725

高等学校"十一五"规划教材/工科基础化学系列

现代化学基础实验

主　编　孟祥丽
副主编　李宣东　刘彩霞
　　　　梁志华　刘欣荣

哈尔滨工业大学出版社

内 容 简 介

本书是根据当前教学内容和教学方法改革的要求,结合多年来的教学经验,参考其他著名院校的基础化学实验教材编写的实验教材。全书内容共分为上、下两编共 8 章及附录。上编 4 章较系统地介绍了基础知识及基本操作;下编是实验部分,包括无机实验、定量分析实验、综合实验及设计实验。附录给出了无机及定量分析实验常用的数据。本书内容体系完整,有较强的可操作性。本书可作为高等学校化学化工类及相近各专业本专科学生的实验教材,还可供从事化学教育的工作人员学习和参考。

图书在版编目(CIP)数据

现代化学基础实验/孟祥丽主编.—哈尔滨:哈尔滨工业大学出版社,2008.6

ISBN 978 – 7 – 5603 – 2701 – 3

Ⅰ.现… Ⅱ.孟… Ⅲ.化学实验 – 高等学校 – 教材

Ⅳ.06 – 3

中国版本图书馆 CIP 数据核字(2008)第 067472 号

策划编辑　黄菊英
责任编辑　李广鑫
封面设计　卞秉利
出版发行　哈尔滨工业大学出版社
社　　址　哈尔滨市南岗区复华四道街 10 号　邮编 150006
传　　真　0451 – 86414749
网　　址　http://hitpress.hit.edu.cn
印　　刷　黑龙江省地质测绘印制中心印刷厂
开　　本　787mm×1092mm　1/16　印张 13.5　字数 324 千字
版　　次　2008 年 6 月第 1 版　2008 年 6 月第 1 次印刷
书　　号　ISBN 978 – 7 – 5603 – 2701 – 3
印　　数　1~3 000 册
定　　价　20.00 元

前　　言

　　《现代化学基础实验》是由传统的无机化学实验、定量分析化学实验有机结合而成的,本课程打破了原无机化学实验和分析化学实验各自为政、独立进行的状态,在加强基本操作、基本技能训练的基础上加以综合,初步体现了化学实验由制备到产物分析再到性能测试的综合,使学生在完整的实验过程中得到全面的训练。

　　本教材是为适应当前教学内容和教学方法改革的要求,在哈尔滨工业大学教师多年积累的无机、定量分析实验课教学经验的基础上,参考其他著名院校的基础化学实验教材,将原无机化学实验和定量分析化学实验的内容统一调整、合并、增减、更新编写的。全书内容共分为上、下两编。上编较系统地介绍了《现代化学基础实验》基础知识及基本操作;下编是实验部分,包括无机实验、定量分析实验、综合实验及设计实验。本书选材内容较广,注重对基本知识和基本技能的训练和培养。在增加了综合性、设计性实验的同时,减少了验证性实验,具体是在相应的制备反应后,将验证性实验作为相应实验单元的性质实验,以便更好地起到验证作用,力求在有限的学时内提高实验教学质量和效率。本教材内容体系完整,共筛选了67个实验。在层次上尽量做到由浅入深,在表述方法上尽量做到详尽,以便于学生自学和教师教学,有较强的可操作性。

　　本书的编写力求将理论知识与实际应用有机结合起来,旨在使学生掌握基本操作的基础,加强独立分析、解决问题的能力和创新意识的培养,强调化学与其他学科的交叉与应用。本书可作为理工院校化学、应用化学、环境化学、生命科学各专业本科生的教材,也可作为其他院校基础化学实验课的参考书。

　　参加本书编写工作的有孟祥丽、李宣东、刘彩霞、梁志华、刘欣荣和文爱花。由孟祥丽组织编写和统稿。编写过程中参考了武汉大学、南京大学、山东大学、厦门大学、大连理工大学等许多院校的实验教材,在此向上述学校相关老师表示谢意。

　　由于编者水平有限,加之时间仓促,疏漏及不当之处在所难免,恳请读者批评指正。

编者

2008 年 5 月

目 录

上编 现代化学基础实验基础知识 及基本操作

第1章 现代化学基础实验一般知识

1.1 学习目的和方法

化学是一门以实验为基础的学科。它的每一项重要发现都是以实验为基础的。通过实验发现、发展了理论,又通过实验检验、评价了理论。现代化学基础实验作为一门独立设置的课程,其主要目的是:通过仔细观察实验现象,直接获得化学感性知识,巩固和扩大课堂所获得的知识,理论联系实际;熟练地掌握实验操作的基本技能,正确使用无机和分析化学实验中的各种常见仪器;学会测定实验数据并加以正确处理;培养严谨的科学态度和良好的工作作风,以及独立思考问题、分析问题、解决问题的能力;逐步地掌握科学研究的方法,为学习后继课程以及日后参加生产、科研打好基础。本课程有如下基本要求:

1.实验预习

为使实验获得良好的效果,实验前要充分预习,明确实验目的和要求,了解实验内容、方法、基本原理、仪器结构、使用方法和注意事项,药品或试剂的等级、物化性质(熔点、沸点、折光率、密度、毒性与安全等数据)。必要时可查阅有关教材、参考书、手册,做到心中有数。在预习的基础上写出预习报告,主要内容包括:扼要写出实验目的、步骤;详细设计一个原始数据和实验现象的记录表。预习报告应简明扼要,切忌照抄实验教材。

实验前未预习者不准进行实验。

2.实验记录

实验过程中要认真操作、细心观察,实验现象和实验数据要如实地记录在实验卡片上,要准确、整洁、清楚,不得弄虚作假、随意涂改数据。实验过程中要勤于思考,若发现实验现象与理论不符,先要尊重实验事实,然后加以分析,认真查找原因。必要时重做实验,直到得出正确结论。如果实验中遇到疑难问题和异常现象难以解释时,可请教老师。

3.实验报告

每次实验完成后,要写出实验报告。报告要求文字清楚、整齐,语言简练。实验报告在一定程度上反映了学生的学习态度、实际水平与能力。实验报告内容包括:实验目的,实验简明原理(包括有关反应方程式),实验仪器及试剂,实验内容(包括实验装置),实验现象和原始数据记录,对实验现象、结果的分析与解释,数据处理,作图和实验结论。如果实验现象和数据与理论值偏差较大,应认真分析、讨论其原因。

附:实验报告格式示例

制备实验类　　例:氯化钠的提纯

一、实验目的(略)

二、实验原理(略)

三、实验内容

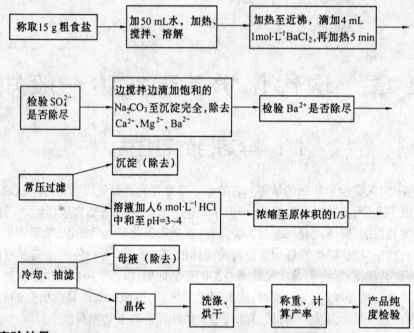

四、实验结果

(1) 产量;(2) 产率;(3) 产品纯度检验(粗盐和精盐各称 0.5 g 分别溶于 5 mL 蒸馏水中,取溶液进行检验)。

检验离子	检验方法	被检测溶液	实验现象	结　论
SO_4^{2-}	加入 6 mol·L^{-1} HCl,0.2 mol·L^{-1} $BaCl_2$	1 mL 粗 NaCl 溶液		
		1 mL 纯 NaCl 溶液		
Ca^{2+}	饱和$(NH_4)_2C_2O_4$溶液	1 mL 粗 NaCl 溶液		
		1 mL 纯 NaCl 溶液		
Mg^{2+}	6 mol·L^{-1} NaOH 镁试剂溶液	1 mL 粗 NaCl 溶液		
		1 mL 纯 NaCl 溶液		

测定实验类　　例:醋酸解离常数的测定——pH法

一、实验目的(略)

二、实验原理(略)

三、实验内容(略)

四、实验结果及数据处理

醋酸溶液浓度的标定

$c(NaOH)/(mol \cdot L^{-1})$				
平行滴定份数		1	2	3
$V(HAc)/mL$		25.00	25.00	25.00
$V(NaOH)/mL$	测定值			
$c(HAc)/(mol \cdot L^{-1})$	平均值			

醋酸溶液 pH 值的测定　　　　　温度 ＿＿＿＿℃

实验编号	$c(HAc)/(mol \cdot L^{-1})$	pH 值	$c(H^+)/(mol \cdot L^{-1})$	$K_a^{\ominus}(HAc)$
1				
2				
3				
4				
5				

$$\overline{K_a^{\ominus}}(HAc) = \frac{\sum\limits_{i=1}^{n} K_{ai}^{\ominus}(HAc)}{n} = $$

$$s = \sqrt{\frac{\sum\limits_{i=1}^{n}\left[K_{ai}^{\ominus}(HAc) - \overline{K_a^{\ominus}}(HAc)^2\right]}{n-1}} = $$

性质实验类　例：卤素

一、实验目的（略）

二、实验内容、现象、解释和结论

实 验 内 容	实验现象	反应方程式与解释、结论
一、卤素的氧化性		
(1) 2 滴 0.1 mol·L⁻¹ KBr + 2 滴 Cl₂ 水 + 0.5 mL CCl₄	CCl₄ 层呈棕黄色	2KBr + Cl₂ = 2KCl + Br₂
(2) 2 滴 0.1 mol·L⁻¹ KI + 2 滴 Cl₂ 水 + 0.5 mL CCl₄	CCl₄ 层呈紫红色	2KI + Cl₂ = 2KCl + I₂
……	……	……

三、思考题及讨论（略）

定量实验类　例：EDTA 溶液的标定

一、实验目的（略）

二、实验原理（略）

三、实验内容

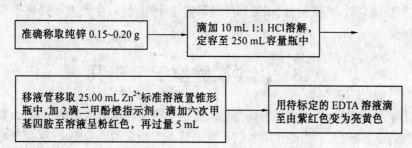

四、实验记录和结果处理

记录项目	1	2	3
m(纯锌)/g			
$c(Zn^{2+})/(mol \cdot L^{-1})$			
EDTA 的用量/mL			
$c(EDTA)/(mol \cdot L^{-1})$			
$\bar{c}(EDTA)/(mol \cdot L^{-1})$			
相对平均偏差			

五、思考题及讨论(略)

1.2　实验室的工作规则

(1) 实验前要认真预习,明确实验目的,了解实验的基本原理、方法、步骤、有关基本操作及安全注意事项。

(2) 遵守实验纪律,不迟到、不早退,保持实验室内安静。

(3) 实验过程中听从教师指导,正确操作,仔细观察实验现象,及时将实验现象和实验数据如实地记录下来,决不允许伪造数据,要养成良好的实验素养和严谨的科学作风。

(4) 随时保持工作环境的整洁。玻璃仪器和其他仪器应有序摆放。固体废物(如用后的试纸、滤纸和火柴梗等)要倒入垃圾桶,有毒废液应倒入废液桶内,切勿倒入水槽内。

(5) 用后的仪器要及时清洗,特别是公用仪器,使用后要主动整理、洗净,放回原处。

(6) 使用药品时,应注意以下几点:

① 药品应按规定量取,如果书中未规定用量,应注意节约。

② 取固体药品时,注意勿使其洒落。

③ 药品自瓶中取出后,不应再倒回原瓶中,以免带入杂质污染药品。

④ 试剂瓶用后,应立即盖上塞子,放回原处,以免和其他瓶上的塞子弄混。

⑤ 实验完毕,要回收的药品应倒入回收瓶中。

(7) 严格遵守使用水、电、气、易燃、易爆及有毒药品等的安全规则,养成节约的良好习惯。

(8) 遵守实验室的各种制度,爱护药品、仪器。损坏的仪器要填写仪器报损单,按规定进行赔偿。

(9) 实验后,根据原始记录,要认真分析问题,处理数据,按要求写出报告交给老师。

(10) 实验结束后,将实验台、仪器和药品架整理干净,值日生负责做好整个实验室的清洁工作。

1.3　化学实验室安全知识

现代化学基础实验,经常使用易燃、易爆、腐蚀性很强和有毒的化学试剂;大量使用玻璃仪器;使用水、电、煤气等。为确保实验的正常进行和实验者的人身安全,必须严格遵守实验室的有关安全规则：

(1) 学生进入实验室必须身着白大褂，严禁吸烟、饮食，实验结束后，切断水、电、煤气，关好门窗，方可离开。

(2) 浓酸、浓碱具有强烈的腐蚀性，切勿溅在皮肤和衣服上。使用浓 HNO_3、HCl、H_2SO_4、$NH_3 \cdot H_2O$ 时，均应在通风橱中操作，如不小心溅到皮肤和眼睛里，应立即用大量清水冲洗，然后用质量分数为 5% 的 $NaHCO_3$ 溶液或质量分数为 5% 的硼酸溶液冲洗，最后再用清水冲洗干净。

(3) 使用 CCl_4、乙醚、苯、丙酮、三氯甲烷等有机溶剂时，一定要远离火焰和热源，使用后将瓶塞盖紧，置于阴凉处保存。低沸点的有机溶剂不能直接在火焰上(或电炉上)加热，应在水浴里加热。

(4) 稀释浓酸(特别是浓 H_2SO_4)，应将浓酸慢慢倒入水中，并不断搅拌，切勿将水倒入浓酸中。

(5) 汞盐、砷化物、氰化物、钡盐等剧毒药品，使用时应特别小心。氰化物不能接触酸，因为能够产生 HCN，剧毒！氰化物废液应倒入碱性铁盐溶液中，使其转化为亚铁氰化铁盐类，严禁直接倒入下水道里。

(6) 一切产生有毒或恶臭气体的实验，必须在通风橱内进行。

(7) 不要将废纸屑、固体物、玻璃碎片等扔在水槽内，以免堵塞下水道，将其倒入垃圾桶内，保持水槽清洁。废酸或废碱等倒入废液缸内，不能倒入水槽中，以免腐蚀下水道。

(8) 使用电器设备时应特别细心，切不可用湿手开启电器开关，漏电仪器不要使用，以免触电。

(9) 实验过程中万一发生起火，不要惊慌，应根据起火原因进行针对性灭火。例如，电器着火，不要用水冲，以防触电，应使用干粉灭火器；酒精液体着火，可用水浇灭；汽油、乙醚等有机溶剂着火，用砂土扑灭，绝不能用水浇；衣服着火，切忌奔跑，应就地滚动，或用湿东西在身上抽打灭火。发生烫伤，可在烫伤处抹烫伤软膏，严重者应立即送医院治疗。

(10) 实验完毕后，离开实验室前，必须关闭实验室内的电闸、水阀和煤气阀。

第2章　现代化学基础实验基本操作

2.1　常用玻璃仪器及其用途

表2.1　常用玻璃仪器及其用途

仪　器	规　格	用　途	注　意　事　项
试管　　离心试管	分为硬质试管、软质试管、普通试管、离心试管。普通试管以管口外径(mm)×长度(mm)表示,如25 mm×100 mm,10 mm×15 mm 等;离心试管以毫升(mL)数表示	用做少量试剂的反应容器,便于操作和观察。离心试管还可用做定性分析中的沉淀分离	可直接用火加热。硬质试管可以加热至高温。加热后不能骤冷,特别是软质试管更容易破裂。离心试管只能用水浴加热
试管架	由木头、铝或塑料制成	放置试管用	防止烧损或锈蚀
试管夹	由木头、钢丝或塑料制成	夹试管用	防止烧损或锈蚀
毛刷	以大小和用途表示,如试管刷、滴定管刷等	洗刷玻璃仪器	小心刷子顶端的铁丝撞破玻璃仪器
烧杯	玻璃质,分硬质、软质,一般型、高型,有刻度、无刻度。规格按容量(mL)大小表示	用做反应物量较多时的反应容器。反应物易混合均匀	加热时将烧杯外壁擦干,应放置在石棉网上,使受热均匀
烧瓶	玻璃质,分硬质和软质,有平底、圆底、长颈、短颈及标准磨口烧瓶。规格按容量(mL)大小表示。磨口烧瓶是以标号表示其口径(mm)大小的,如14、19 mm 等	反应物多,且需长时间加热时,常用它作反应容器	加热时将烧瓶外壁擦干,应固定在铁架台上,下垫石棉网,不能直接加热

续表2.1

仪　器	规　格	用　途	注 意 事 项
锥形瓶	玻璃质,分硬质和软质,有塞和无塞,广口、细口和微型几种。规格按容量(mL)大小表示,有 50、100、150、200、250 mL 等	可用做接受器、液体干燥容器、反应容器,振荡很方便,适用于滴定操作	加热时将外壁擦干,应放置在石棉网上或置于水浴中,使受热均匀
量筒　量杯	玻璃质,以所能量度的最大容积(mL)表示,有5、10、20、25、50、100、200 mL 等	用于量取一定体积的液体	不能加热,不能用做反应容器,不能量热溶液或液体
容量瓶	玻璃质,以刻度以下的容积大小(mL)表示,有 5、10、25、50、100、150、200、250 mL 等	配制准确浓度的溶液时用。配制时液面应恰好在刻度上	不能加热,不能代替试剂瓶存贮溶液。磨口瓶塞是配套的,不能互换
吸量管　移液管	玻璃质,分刻度管型和单刻度大肚型两种。以容积(mL)表示。有1、2、5、10、25、50 mL 等	精确移取一定体积的液体	管口上无"吹出"字样者,使用时,末端的溶液不允许吹出
滴瓶　细口瓶　广口瓶	玻璃质,一般分为无色、棕色两种	广口瓶用于盛放固体样品;细口瓶、滴瓶用于盛放液体样品;不带磨口的广口瓶可当做集气瓶	不能直接用火加热。瓶塞不要互换,不能盛放碱液,以免腐蚀瓶塞。滴瓶滴管专用,不能倒置,防止腐蚀胶管

续表 2.1

仪　器	规　格	用　途	注　意　事　项
称量瓶	玻璃质。规格以外径(mm) × 高（mm）表示。分"扁型"和"高型"两种	要求准确称量一定量的固体样品时用	不能直接用火加热，瓶和塞是配套的，不能互换
药勺	由牛角、瓷或塑料制成，现多数是塑料的	取固体样品用，药勺两端各有一勺，一大一小，根据用药量的大小分别选用	取用一种药品后，必须洗净擦干后，才能取另一种药品。不能取灼热的药品
干燥器	玻璃质。规格以外径(mm)大小表示。分为普通干燥器和真空干燥器	内放干燥剂，可保持样品或产物的干燥	防止盖子滑动打碎，灼热的东西待稍冷后才能放入
表面皿	玻璃质。以口径(mm)大小表示	盖在烧杯上，防止液体迸溅或其他用途	不能用火直接加热
漏斗 长颈漏斗	玻璃质或搪瓷质，分长颈和短颈两种。以口径(mm)大小表示	用于过滤等操作。长颈漏斗特别适用于定量分析中的过滤操作	不能用火直接加热。过滤时，漏斗顶端应紧靠接受器的器壁
吸滤瓶和布氏漏斗	布氏漏斗为瓷质。以容量或口径(mm)大小表示。吸滤瓶为玻璃质，以容量(mL)大小表示	两者配套使用于沉淀的减压过滤(利用水泵或真空泵降低吸滤瓶中压力时将加速过滤)	滤纸要略小于漏斗内径才能贴紧。不能用火直接加热

续表 2.1

仪　器	规　格	用　途	注 意 事 项
蒸发皿	以口径（mm）或容积（mL）大小表示。用瓷、石英或铂来制作，有平底和圆底两种	蒸发浓缩液体用。随液体性质不同可选用不同性质的蒸发皿	能耐高温，但不宜骤冷。蒸发溶液时，一般放在石棉网上加热
研钵	由瓷、玻璃、玛瑙或铁制成。规格以口径（mm）大小表示	用于研磨固体物质，或固体物质的混合物。按固体的性质和硬度选择不同的研钵	不能用火直接加热。大块固体物质只能碾压，不能捣碎，易爆物质只能轻轻压碎，不能研磨
酸式 碱式滴定管	玻璃质。以容积（mL）表示。常用酸式、碱式滴定管的容积为50 mL	用于滴定或用以量取较精确体积的液体	量取溶液时必须先排除滴定管尖端部分的气泡。不能加热及量取热的液体。酸、碱滴定管不能互换使用
热水漏斗	用铜来制作，以口径（mm）表示	用于热过滤	热过滤法选用的玻璃漏斗，其颈的外露部分要短
点滴板	材质有透明玻璃和瓷质	在化学定性分析中做显色或沉淀点滴实验用	不能加热

2.2　玻璃仪器的洗涤与干燥

2.2.1　仪器的洗涤

化学实验室经常使用玻璃仪器和瓷器。用不干净的仪器进行实验时，往往得不到正确的结果，因此要保证所使用的仪器干净无污物，必须对仪器加以洗涤。

玻璃仪器的洗涤方法有很多，应根据实验要求、污物的性质和污染程度来选择洗涤方法。一般来说，仪器上的污物有可溶性物质，也有尘土和其他不溶性物质，还有油污和有机物质。针对这些情况，可分别采用以下方法洗涤。

1．用自来水刷洗

借助于毛刷用自来水洗涤可使可溶物溶去，也可使附着在仪器上的尘土和不溶物质脱落，但洗不去油污和有机物质。

2．用洗涤剂洗

常用洗涤剂有去污粉、肥皂和合成洗涤剂。去污粉是由碳酸钠、白土、细砂等混合而成的，具有较强的去油污能力，而细沙的摩擦作用和白土的吸附作用增强了擦洗仪器的效果。使用时，先把仪器用少量水润湿，撒入少许去污粉，然后用毛刷刷洗，最后再用自来水冲洗干净。肥皂和合成洗涤剂的用法同去污粉。

使用毛刷洗涤试管时，毛刷顶端的毛必须顺着伸入试管，并用食指抵住试管末端，避免刷洗时用力过猛将底部穿破。另外还应注意，试管应一支一支洗涤，不可同时抓住几支试管一起刷洗。

3．用洗液洗

在进行精确的定量实验时，对仪器的清洁程度要求更高。如果所用仪器容积精确、形状特殊（如滴定管、移液管、容量瓶等），无法用刷子机械地刷洗，或有些杂质附着在器壁上，用上述方法很难清洗干净，这就要选择适当的洗液进行清洗。

（1）铬酸洗液。将 30 g 重铬酸钾（$K_2Cr_2O_7$）溶于 100 mL 热水中，冷却后缓慢加入 800 mL 浓 H_2SO_4，边加边搅拌，使其溶解，得到棕红色油状液体即为铬酸洗液。这种洗液是一种酸性很强的强氧化剂，它对有机物和油污的去除能力特别强。洗涤方法是：向玻璃仪器内加入少量洗液（仪器尽量少带水分或不带水分，以免将洗液稀释），转动仪器，使仪器内壁全部被洗液润湿，放置一段时间后，将洗液倒回原瓶，然后用自来水冲洗干净。在使用过程中，$K_2Cr_2O_7$ 被还原成 Cr^{3+} 离子，因此当洗液颜色变绿时，洗液即失效，应重新配置。

注意：六价铬严重污染环境，故润洗后的洗液应放回原瓶中，并尽量使之流尽。不能倒入水槽，以防腐蚀水管、水槽。

（2）$NaOH - KMnO_4$ 洗液。将 10 g $KMnO_4$ 溶于少量水中，在搅拌下，慢慢向其中注入 100 mL 质量分数为 10% 的 NaOH 溶液。它用于洗涤油脂及有机物。洗后在器壁上留下的 MnO_2 沉淀，可用浓 HCl、$H_2C_2O_4$ 或 Na_2SO_3 溶液将其除去。

（3）酒精与浓 HNO_3 混合液。用于洗净滴定管。使用时先在滴定管中加入 3 mL 酒精，再加入浓 HNO_3。

（4）浓 HCl 洗液。它可洗去附着在器壁上的氧化剂（如 MnO_2）。

4．特殊方法洗涤

实验时，一些不溶于水的垢迹常牢固地附在仪器内壁上，应根据其性质选用适当的试剂，通过化学方法除去。如铁黄引起的黄色污染可加入稀盐酸或稀硝酸溶解片刻，即可除去；高锰酸钾污染物可用草酸溶液洗去（沾在手上的也可同样洗去）；沾在器壁上的二氧化锰用浓盐酸处理使之溶解；沾有碘时，可用碘化钾溶液浸泡片刻，或加入稀的氢氧化钠溶液温热之，用硫代硫酸钠溶液也可；银镜反应后有银或铜附着时，可加入硝酸，仍洗不掉时可稍微加热。

用自来水洗净的仪器，还要用蒸馏水或去离子水漂洗 2～3 次，每次用量不必太多，应遵循"少量多次"的原则。洗净的玻璃仪器应透明且不挂水珠。

2.2.2　玻璃仪器的干燥

洗净的玻璃仪器如需干燥，可采用以下几种方法：

1.晾干

不急用的仪器,洗净后可倒置在仪器架上自然干燥。适用于烧杯、锥形瓶、量筒、容量瓶等的干燥。

2.烘干

洗净的仪器可放在电烘箱(图2.1)内烘干,注意放进去之前应尽量把水倒净,放置时,应使仪器口朝下放稳。可在烘箱的最底层放一个搪瓷盘,以接受从仪器上滴下的水珠,以免损坏电炉丝。

3.烤干

烧杯和蒸发皿可以放在石棉网上用小火烤干。试管可以直接用小火烤干,操作时,试管口要稍微向下倾斜(图2.2),加热试管底部并不时来回移动试管。待赶走水珠后,将管口朝上,赶尽水气。

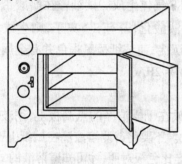 

图2.1　电烘箱　　　　　　　　图2.2　烤干试管

4.用有机溶剂干燥

把少量与水互溶的易挥发的有机溶剂(如乙醇、丙酮、乙醚等)加到仪器中,把仪器倾斜并转动,使器壁上的水和有机溶剂相互溶解,混合,然后倒出,则少量残留在仪器中的混合物很快会因挥发而干燥。如用电吹风吹,则干得更快。

带有刻度的仪器,如量筒、容量瓶、移液管、滴定管等不能用加热的方法进行干燥,否则会影响仪器的精确度。

2.3　试纸和滤纸的使用方法

2.3.1　试纸的使用

实验室中常用试纸来定性检验一些溶液的性质(酸碱性)或某些物质是否存在,操作简单,使用方便。

1.试纸的种类

试纸的种类很多,实验室中常用的有石蕊试纸、pH试纸、淀粉–碘化钾试纸及醋酸铅试纸。

(1) 石蕊试纸。用于检验溶液的酸碱性,有红色和蓝色两种。红色石蕊试纸用于检验碱(遇碱变成蓝色),蓝色石蕊试纸用于检验酸(遇酸变成红色)。

(2) pH试纸。用于检验溶液的 pH 值,一般有两类。一类是广泛 pH 试纸,用来粗略检验溶液的 pH 值,变色范围为 pH = 1 ~ 14;另一类是精密 pH 试纸,此试纸在 pH 值变化较小时就有颜色变化,可用来较精密地检验溶液的 pH 值。精密 pH 试纸按 pH 值范围有 2.7 ~ 4.7、3.8 ~ 5.4、5.4 ~ 7.0、6.0 ~ 8.4、8.2 ~ 10.0、9.5 ~ 13.0 等几种。

(3) 淀粉 – 碘化钾试纸。用于定性地检验氧化性气体(Cl_2、Br_2 等)。试纸曾在淀粉 – 碘化钾溶液中浸泡过。使用时要先将试纸用蒸馏水润湿,氧化性气体溶于试纸上的水后将发生下列反应,如对氧化性气体 Cl_2,就有

$$2I^- + Cl_2 === I_2 + 2Cl^-$$

I_2 立即与试纸上的淀粉作用,使试纸变为蓝紫色。当氧化性气体量较多且氧化性很强时,会使 I_2 进一步被氧化为 IO_3^- 离子,将会使已变蓝的试纸又变得无色,因此应注意观察,避免得出错误结论。

(4) 醋酸铅试纸。用于定性检验反应中是否有 H_2S 气体生成。试纸曾在醋酸铅溶液中浸泡过,使用时要先将试纸用蒸馏水润湿,将待测溶液酸化,若有 S^{2-} 离子,则生成 H_2S 气体。气体溶于试纸上的水中,与醋酸铅反应生成黑色沉淀,使试纸呈黑褐色并有金属光泽。

$$Pb(Ac)_2 + H_2S === PbS\downarrow + 2HAc$$

2.试纸的使用方法

使用石蕊试纸和 pH 试纸时,先将试纸剪成小块,放在干燥洁净的点滴板上,用玻璃棒蘸取待测液少许点于试纸中部,然后观察试纸颜色的变化。不要将待测溶液滴在试纸上,更不要将试纸浸泡在溶液中。pH 试纸变色后,要将试纸与标准比色板对照,才可知道溶液的 pH 值。

使用醋酸铅试纸和淀粉 – 碘化钾试纸时,可用玻璃棒蘸湿的试纸部位,放到试管口,若有待测气体逸出,则试纸变色。注意,勿使试纸接触溶液。所有试纸应避免被实验室中的气体污染而失效。

目前,各种新型专用试纸不断问世,如体温试纸、可卡因专用试纸等,这些试纸的性能和使用方法都需要我们及时了解和掌握。

2.3.2　滤纸的选用

实验室中常用的滤纸有定性滤纸和定量滤纸两种,按过滤速度和分离性能的不同,又可分为慢速、中速和快速三类。定量滤纸的特点是灰分很低、杂质含量也很低。在实验中,可根据需要合理地选用滤纸。

2.4　实验室常用的加热方法

2.4.1　加热用仪器

在化学实验室中常用的加热仪器有酒精灯、酒精喷灯、电加热设备、红外灯等。

1.酒精灯

酒精灯(图 2.3)的灯焰温度一般在 300 ~ 600℃,适用于温度不需太高的实验。酒精易燃,使用时要特别注意安全。点燃酒精灯之前,先把盖拿走,并把灯头的瓷管向上提一下,使灯内的酒精蒸气逸出,这样才可避免点燃时酒精蒸气因燃烧膨胀而使瓷管连灯芯一并弹出,

引起燃烧事故。必须用火柴点燃(图 2.4),决不能用燃着的酒精灯点燃,否则容易引起火灾。如需添加酒精,要先使火焰熄灭,借助于漏斗添加酒精,以免洒在外面(图 2.5),灯内酒精的量以充满酒精灯容量的 2/3 为宜。不用时,将灯罩罩上,火焰即熄灭,不能用嘴吹。盖灭片刻后,应将灯罩打开一次,再重新盖上,以免冷却后盖内成负压而打不开。

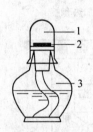  

图 2.3　酒精灯　　　　图 2.4　点燃酒精灯　　　　图 2.5　往酒精灯内
1—灯罩;2—灯芯;3—灯壶　　　　　　　　　　　　　　　　　添加酒精

2.酒精喷灯

酒精喷灯的火焰温度很高,可达 1 000 ℃以上,灼烧固体或加工玻璃管时必须使用这种喷灯(图 2.6),它是先将酒精气化并与空气混合后才燃烧的。使用时,打开活塞 3 并在预热盆 5 中倒满酒精,点燃酒精以加热灯管。待酒精接近燃完时,将划着的火柴移至灯口,开启开关 6,从酒精贮罐 2 流进热灯管 9 的酒精立即气化,与进入气孔 7 内的空气混合,即可点燃。调节开关 6,控制火焰大小。用毕,关闭开关 6,火即熄灭。

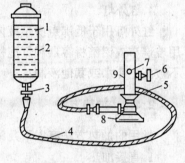

图 2.6　酒精喷灯
1—酒精;2—酒精贮罐;3—活塞;4—橡皮管;5—预热盆;6—开关;7—气孔;8—灯座;9—热灯管

使用酒精喷灯时,必须注意,点燃喷灯前灯管必须充分预热,否则酒精不能完全气化,会呈液态喷出,形成“火雨”,非常危险。不用时,应关闭贮罐下端的活塞 3,以免酒精漏失,造成后患。

3.电加热设备

常用电加热设备包括电炉、电加热套、管式炉和马弗炉等(图 2.7)。

电炉根据发热量不同有不同规格,如 500、800、1 000 W 等。使用时应注意以下几点:

(1) 电源电压与电炉电压要相符。

(2) 加热容器与电炉间要放一块石棉网,以使加热均匀。

(3) 炉盘的凹槽要保持清洁,以保证炉丝传热良好,延长使用寿命。

电加热套是由控制开关和外接调压变压器来调节加热温度的,专门用来加热圆底容器。使用时应根据圆底容器的大小选用合适的型号。电热套相当于一个均匀加热的空气浴。

管式炉利用电热丝或硅碳棒来加热,温度可达 1 000 ℃以上。炉膛中插入一根耐高温的瓷管或石英管,瓷管中再放入盛有反应物的瓷舟。反应物可以在空气或其他气体氛围中受热。

马弗炉也是用电热丝或硅碳棒来加热,最高使用温度可达 950 ~ 1 300 ℃。它的炉堂为长方体,有一炉门,打开炉门就可以放入要加热的坩埚或其他耐高温的容器。

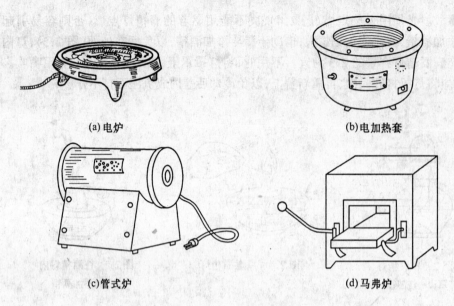

图 2.7　电加热设备

4.红外灯

红外灯用于低沸点易燃液体的加热。使用时,受热容器应正对灯面,中间留有空隙,再用玻璃布或铝箔将容器和灯泡松松包住,既保温,又可防止灯光刺激眼睛,并能保护红外灯不被溅上冷水或其他液滴。

2.4.2　加热方法

常用的加热方法有以下几种:

1.直接加热

实验室中常用的加热器皿有烧杯、烧瓶、蒸发皿、试管、坩埚等。这些器皿能承受一定的温度,可以直接加热,但不能骤热或骤冷。因此在加热前,必须将器皿外面的水擦干,加热后不能立即与潮湿的物体接触。

(1)直接加热液体。适用于较高温度下稳定、不分解、又没有着火危险的液体。加热试管内的液体时(图 2.8),应用试管夹夹住试管的中上部,管口稍微向上倾斜,不要将试管口对着自己或他人,以免溶液沸腾溅出,把人烫伤。管内所装液体的量不能超过试管容量的1/3。加热时,应先加热液体的中上部,再慢慢往下移动,然后上下移动,使液体各部分受热均匀。否则液体局部受热,会引起爆沸或因受热不均使试管炸裂。

加热烧杯、烧瓶等玻璃容器中的液体时,所盛液体不宜超过烧杯容量的1/2或烧瓶容量的1/3。玻璃容器必须放在石棉网上,并不时搅动,否则会因受热不均匀而破裂。

如需把溶液浓缩,则把溶液放入蒸发皿中加热,待溶液沸腾后改用小火慢慢地蒸发、浓缩。

(2) 直接加热固体。加热试管内的固体时(图 2.9),应使管口稍向下倾斜,使冷凝在管口的水珠不会流到灼热的试管底部,而使试管炸裂。加热固体的试管可以用试管夹或用铁架台固定起来加热。

较多固体的加热,应在蒸发皿中进行。先用小火预热,再慢慢加大火焰,但也不能太大,以免固体溅出造成损失。要充分搅拌,使固体受热均匀。需要高温灼烧时,应把固体放在坩埚中(图2.10),先小火后强火。直至坩埚红热,维持一段时间后停止加热。若需灼烧到更高温度时,应将坩埚置于马弗炉中进行强热。例如,分解矿石(如煅烧石灰石为氧化钙和二氧化碳)的反应,高岭土熔烧脱水使其结构疏松多孔进一步加工生产氧化铝,焙烧二氧化钛使其改变晶形和性质等,都是高温灼烧固体的实例。

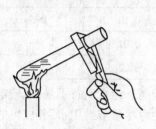
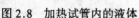
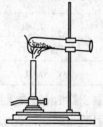
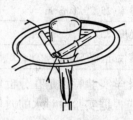

图2.8　加热试管内的液体　　　图2.9　加热试管内的固体　　　图2.10　灼烧坩埚内的固体

2.间接加热

(1)水浴加热。当被加热的物质要求受热均匀又不能超过100℃时,采用水浴加热(图2.11)。若把水浴锅中的水煮沸,用水蒸气来加热,即成蒸汽浴。水浴锅中的水不能超过其容量的2/3,注意勿使水烧干。不能把烧杯直接放在水浴中加热,否则烧杯底部会碰到高温的锅底,由于受热不均匀而使烧杯破裂。也可选用大小合适的烧杯代替水浴锅。

(2)油浴和沙浴加热。当被加热的物质要求受热均匀,而温度超过100℃时,可用油浴或沙浴。用油代替水浴中的水即是油浴。甘油浴用于150℃以下温度的加热,石蜡油浴用于200℃以下温度的加热。硅油在250℃仍稳定,不冒烟,透明度好,只是价格较高。

沙浴使用方便,可加热到350℃。将细沙盛在铁盘内(图2.12),被加热的器皿可埋在沙子中,加热时加热铁盘。若要测量沙浴的温度,可把温度计插入沙中。沙浴的特点是,升温比较慢,停止加热后,散热也较慢。

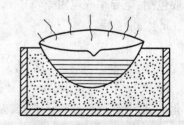

(a)　　　　　　　(b)

图2.11　水浴加热　　　　　　　　　图2.12　沙浴

2.5　现代化学基础实验用水

2.5.1　实验用水的规格、保存和选用

纯水是无机及分析化学实验中最常用的纯净溶剂和洗涤剂。我国的实验室用水规格的

国家标准(GB 6682—92)中规定了相应的级别、技术指标、制备方法及检验方法。表 2.2 给出了实验室用水的级别与主要指标。

表 2.2 实验室用水的级别与主要指标

指 标 名 称	一级	二级	三级
pH 值范围(25℃)	—	—	5.0 ~ 7.5
电导率(25℃)/(mS·m^{-1})	0.01	0.10	0.50
吸光度(254 nm, 1 cm 光程)	0.001	0.01	—
可溶性硅(以 SiO$_2$ 计)/(mg·L^{-1})	0.01	0.02	—

化学实验特别是在分析化学实验中,对纯水的质量要求较高。纯水制备不易,也较难保存。应根据实验中对水的质量要求选用适当级别的纯水,并注意尽量节约用水,养成良好的习惯。

2.5.2 纯水的制备及水质检验

(1) 蒸馏法。常用的蒸馏器有玻璃、铜及石英等。该法能除去水中的不挥发性杂质及微生物等,但不能除去易溶于水的气体。本方法的设备成本低,操作简单,但能源消耗大。

(2) 离子交换法。离子交换法是将自来水通过内装有阳离子和阴离子交换树脂的离子交换柱,利用离子交换树脂中的活性基团与水中的杂质离子的交换作用,以除去水中的杂质离子,实现净化水的方法。用此法制备的纯水又称去离子水。本方法去离子效果好,成本低,但设备及操作较复杂,不能除去水中非离子型杂质,因而去离子水中常含有微量的有机物。

(3) 电渗析法。电渗析法是在离子交换技术的基础上发展起来的一种方法。它是在直流电场的作用下,利用阴、阳离子交换膜对溶液中离子的选择性透过而去除离子型杂质。此法也不能除去非离子型杂质,仅适用于要求不高的分析工作。

纯水的水质检验有物理方法(如测定水的电导率或电阻率)和化学方法两类。检验的项目一般包括:电导率或电阻率、pH 值、硅酸盐、氯化物及某些金属离子如 Cu^{2+}、Pb^{2+}、Zn^{2+}、Fe^{3+}、Ca^{2+}、Mg^{2+} 等。

2.6 化学试剂的规格

化学试剂的规格是以其中所含杂质的多少来划分的,一般分为四个等级。表 2.3 是我国化学试剂等级对照表。

此外,还有一些特殊用途的所谓高纯试剂。例如,基准试剂、光谱纯试剂、色谱纯试剂等。基准试剂的纯度相当于(或高于)一级品,常用于作滴定分析的基准物,也可直接用于配制标准溶液,使用浅绿色瓶签。光谱纯试剂(符号 S.P)的杂质含量用光谱分析法已测不出或者杂质含量低于某一限度。这种试剂主要用做光谱分析中的标准物质,但不应把这类试剂当做化学分析的基准试剂来使用。

表 2.3　化学试剂等级对照表

质 量 顺 序	1	2	3	4
级 别	一级品	二级品	三级品	
中 文 标 志	保证试剂	分析试剂	化学纯	生物试剂
	优级纯	分析纯	纯	
符 号	G.R	A.R	C.P	B.R,C.R
瓶 签 颜 色	绿	红	蓝	黄等
美、英、德通用符号	G.R	A.R	C.P	

化学试剂中,指示剂纯度往往不太明确。除少数标明"分析纯"、"试剂四级"外,经常遇到只写明"化学试剂"、"企业标准"、"部颁暂行标准"、"生物染色素"等。常用的有机溶剂、掩蔽剂也经常见到级别不明的情况,平常只可作为"化学纯"试剂使用,必要时需进行提纯。

生物化学中使用的特殊试剂,纯度表示和化学中一般试剂的表示也不相同,例如,蛋白质类试剂,经常以含量表示,或以某种方法(如电泳法)测定杂质含量来表示;酶是以每单位时间能酶解多少物质来表示其纯度,即以其活力来表示的。

在一般分析工作中,通常要求使用 A.R 级的分析纯试剂。分析工作者必须对化学试剂标准有一明确的认识,做到合理使用化学试剂,既不超规格造成浪费,又不随意降低规格而影响分析结果的准确度。取用试剂时应注意保持清洁,防止试剂被沾污或变质。盛放试剂的瓶上都应贴有标签,写明试剂名称、规格。

2.7　常用量器及其使用

滴定管、移液管、吸量管、容量瓶等,是定量分析实验中测量溶液体积的常用量器。它们的正确使用是定量分析,尤其是容量分析实验的基本操作技能之一。下面简要地介绍这些常用量器的规格和使用方法。

2.7.1　滴定管

滴定管是可放出不固定量液体的量出式玻璃量器,主要用于滴定分析中对滴定剂体积的测量。它的主要部分管身是用细长而内径均匀的玻璃管制成的,上面刻有均匀的分度线,下端的流液口为一尖嘴,中间通过玻璃旋塞或乳胶管连接以控制滴定速度。

1.滴定管的分类

滴定管大致有以下几种类型:普通的具塞和无塞滴定管、三通活塞自动定零位滴定管、侧边活塞自动定零位滴定管、侧边三通活塞自动定零位滴定管等。滴定管的全容量最小的为 1 mL,最大的为 100 mL,常用的是 10、25、50 mL 容量的滴定管。国家规定的容量允差和水的流出时间列于表 2.4。

表 2.4　常用滴定管容量允差和水的流出时间

标称总容量/mL		5	10	25	50	100
分度值/mL		0.02	0.05	0.1	0.1	0.2
容量允差/mL	A	± 0.010	± 0.025	± 0.04	± 0.05	± 0.10
	B	± 0.020	± 0.050	± 0.08	± 0.10	± 0.20
水的流出时间/s	A	30 ~ 45		45 ~ 70	60 ~ 90	70 ~ 100
	B	20 ~ 45		35 ~ 70	50 ~ 90	60 ~ 100
等待时间/s		30				

　　自动定零位滴定管(图 2.13)是将贮液瓶与具塞滴定管通过磨口塞连接在一起的滴定装置,加液方便,自动调零点,适用于常规分析中的经常性滴定操作。使用时用打气球向贮液瓶内加压,使瓶中的标准溶液压入滴定管中,滴定管顶端熔接了一个回液尖嘴,使零线以上的溶液自动流回贮液瓶而恰好调定零点。这种滴定管结构比较复杂,清洗和更换溶液都比较麻烦,价格较贵,因此并不普遍使用。在教学和科研中广泛使用的是普通滴定管,在此主要介绍两种普通滴定管。

　　(1) 具塞普通滴定管。具塞普通滴定管的外形如图 2.14(a)所示,由于它不能长时间盛碱性溶液(避免腐蚀磨口及旋塞),所以惯称为酸式滴定管,可以盛非碱性的各种溶液。

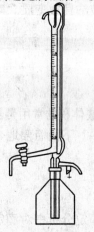

图 2.13　自动定零位滴定管

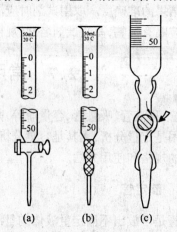

图 2.14　普通滴定管

　　使用前的准备工作如下:

　　首先检查外观和密合性,将旋塞用水润湿后插入活塞套内,管中充水至最高标线,垂直挂在滴定台上,15 min 后漏水不应超过 1 个分度。

　　然后将活塞涂油(起密封和润滑作用),做法是:将滴定管中的水倒掉,平放在实验台上,抽出旋塞,卷上一小片滤纸再插入活塞套内,转动旋塞几次,再带动滤纸一起转动几次,这样可以擦去旋塞和活塞套表面的水及油污,再换 1 ~ 2 次滤纸反复擦拭。将最后一张滤纸暂时留在活塞套内,抽出旋塞,均匀地涂上很薄的一层凡士林油(图 2.15),随后取出滤纸并迅速将旋塞插入活塞套内(图 2.16),沿同一方向旋转几次,此时活塞部位应呈透明,否则说明未擦干擦净或凡士林油涂的不合适,应重新处理。注意,首先是保证擦干擦净,其次是涂油要少而均匀。涂油太多会堵塞旋塞通道。涂好油的旋塞应该是润滑而不漏水,将滴定管装满水,夹在滴定台上放置 5 min,观察流液口及活塞两侧,均不应有水渗出,将旋塞转动 180° 再试一次。如果漏水,说明活塞不密合,应更换滴定管。

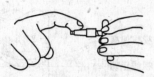

图 2.15 旋塞涂油

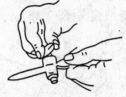

图 2.16 插入旋塞

为了避免旋塞被碰松动时脱落损坏,涂好油的滴定管应在旋塞末端套上一个小橡皮圈。注意,此时应用手指抵住旋塞柄,不使旋塞松动。如果套橡皮圈时使旋塞松动,不但影响密合性,而且可能使旋塞掉到地上摔坏。

最后是洗涤滴定管,灌入铬酸洗液至液面接近管口,挂在滴定台上放置几分钟,将洗液倒回原瓶,用自来水将洗液涮净,再用纯水洗 3 次,每次用水约 10 mL。洗净的滴定管倒挂在滴定台上备用。

(2) 无塞滴定管。无塞普通滴定管的外形如图 2.14(b) 所示。由于它可盛碱性溶液,故通常称为碱式滴定管。管身与下端的细管(流液口)之间用乳胶管连接,胶管内放一粒玻璃珠,用手指捏玻璃珠周围的橡皮时,便会形成一条狭缝,溶液即可流出(图 2.14(c)),并可控制流速。玻璃珠的大小应适当,过小会造成漏液或在使用时上下移动,过大则在放液时手指很吃力,操作不方便。碱式滴定管不宜盛放对乳胶管有腐蚀作用的溶液,例如 $KMnO_4$、I_2、$AgNO_3$ 溶液等。

使用前的准备工作:先进行洗涤,将玻璃珠向上推至与滴定管管身下端相接触(以阻止洗液与乳胶管接触),然后加满铬酸洗液,放置几分钟,再依次用自来水和蒸馏水洗净。如果乳胶管已经老化,应更换新的,并配上合适的玻璃珠。更换乳胶管或玻璃珠后,应再用蒸馏水洗两次,然后倒挂在滴定台上备用。

2.滴定管的使用方法及滴定操作

(1) 操作溶液(标准溶液或待标定溶液)的装入。先将操作溶液摇匀,使凝结在瓶壁上的水珠混入溶液。用该溶液润洗滴定管 2 ~ 3 次,每次用 10 mL 溶液,双手拿住滴定管两端无刻度部位,在转动滴定管的同时,使溶液流遍滴定管内壁,再将溶液由流液口放出(弃去)。润洗之后,随即装入溶液,左手拿住滴定管上端无刻度部位,右手拿盛溶液的细口试剂瓶,将溶液直接加入滴定管(不可借助于漏斗、烧杯、滴管等器皿加入溶液),然后排除管下端的气泡。对于酸式滴定管,右手拿住管上端的无刻线部位(或夹在滴定台上),左手握住旋塞,握塞的方式如图 2.21 所示,迅速打开旋塞,同时观察旋塞以下的细管中的气泡是否全部被溶液冲出,排除气泡后随即关闭旋塞;对于碱式滴定管,右手拿住管身上端,并使管身稍倾斜,左手捏乳胶管中玻璃珠周围,并使尖嘴向上翘(图 2.17),使溶液迅速冲出,同时观察玻璃珠以下的管内气泡是否排尽。

(2) 零点的调定和读数方法。装入溶液于滴定管零线以上几毫米(若装入溶液过多,则应先放出溶液至液面降至零线以上几毫米),挂在滴定台等待 30 s,然后即可调节零点。调定零点和读数时要注意以下几点:

① 滴定管要垂直,操作者身体要站正,视线与零线或弯液面(滴定读数时)在同一水平线上。调零点时可以观察到零线(环线)前后线重合,在此情况下缓慢放出溶液至弯液面最低点与零线上边缘相切,即已调定零点。注意,调零或读数时如果眼睛的位置偏高或偏低,会使读数偏低或偏高(图2.18)。

图 2.17　排除气泡

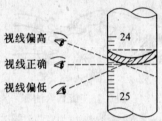

图 2.18　无色及浅色溶液的读数

② 为了使弯液面下边缘更清楚,调零和读数时在液面后方衬一读数卡,该卡是在厚白纸上涂黑一长方形(图 2.19),使用时将读数卡紧贴于滴定管后面,并使黑色的上边缘位于弯液面最低点约 1 mm 处。注意,调零和滴定读数时的条件要一致或都使用读数卡,或都不使用读数卡;位置、光线、背景的色调等也应一致;读数时要提高滴定管使液面躲开蝴蝶夹,这一点在不使用读数卡时很重要。

③ 深色溶液的弯液面不易观察,应观察液面的上边缘(图 2.20)。在光线较暗处读数时可用白纸卡片作后衬。

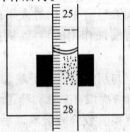

图 2.19　衬黑白卡读数

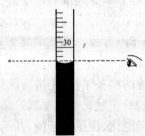

图 2.20　深色溶液的读数

④ 使用碱式滴定管时,调节零点的操作难度较大,如果捏胶管的位置偏上,调定零点后手指一松开,液面就会降至零线以下;如果捏胶管的位置偏下,手一松开尖嘴(流液口)内就会吸入空气,这两种情况都直接影响滴定结果。滴定读数时,若发现尖嘴内有气泡必须先小心排出。

(3) 滴定操作。酸式滴定管的握塞方式及滴定操作如图 2.21 所示。左手无名指及小指弯曲并位于管的左侧,其他三个手指(指尖接触旋塞柄)控制旋塞,手心内凹,以防止触动旋塞而造成漏液。滴定管尖嘴插入锥形瓶口的深度以锥形瓶放在滴定台上时,流液口略低于瓶口为宜。右手摇动锥形瓶,使溶液沿一个方向旋转,要边摇边滴,使滴下去的溶液尽快混匀。滴定过程中左手不要离开旋塞而任溶液自流。

碱式滴定管的操作如图 2.22 所示。用左手拇指与食指的指尖捏挤玻璃珠周围一侧的乳胶管,使胶管与玻璃珠之间形成一个小缝隙,溶液即可流出。

图 2.21　酸式滴定管的操作　　　　　　图 2.22　碱式滴定管的操作

滴定台应是白色的,否则应放一块白瓷板,这样便于观察滴定过程中溶液颜色的变化。

要控制适当的滴定速度,一般情况下以每分钟 10 mL 左右为宜。接近终点时速度要放慢,加一滴溶液摇几秒钟,最后还要加 1 次或几次半滴溶液直至终点。使用半滴溶液时,要仔细观察流液口出现的悬而未落的液滴的大小,估计有半滴左右时,立即关闭旋塞或松开捏胶管的手指,然后用锥形瓶内壁将半滴溶液沾落,再用洗瓶(内盛蒸馏水)将附于瓶壁上的溶液冲下去,继续摇动,观察颜色变化,当通过加入 1 滴或半滴溶液使颜色发生明显变化而出现终点时,应有的颜色并保持 30 s 不消失时即为滴定终点。注意,半滴溶液靠入锥形瓶后要用洗瓶冲时,须使用很少量的水,如果冲洗次数太多(一般 1～2 次)、用水量较大,使溶液过分稀释,就可能导致滴定终点时变色不敏锐。最好用涮壁法,即半滴溶液靠入锥形瓶(尽量使尖嘴伸入瓶中较低处)后,将瓶倾斜,用瓶中的溶液将附于壁上的半滴溶液涮入瓶中。

滴定通常都在锥形瓶中进行,而溴酸钾法、碘量法(滴定碘法)等需在碘量瓶中进行反应和滴定。碘量瓶是带有磨口玻璃塞和水槽的锥形瓶(图 2.23),喇叭形瓶口与瓶塞柄之间形成一圈水槽,槽中加蒸馏水可形成水封,防止瓶中溶液反应生成的气体(Br_2、I_2 等)逸失。反应一定时间后,打开瓶塞水即流下并可冲洗瓶塞和瓶壁,接着进行滴定。有些样品宜于在烧杯中滴定(例如,高锰酸钾法测定钙),烧杯放在滴定台上,滴定管尖嘴伸入烧杯左后方(不可靠壁)约 1 cm,左手控制滴定管,右手拿玻璃棒搅动溶液。近终点时所加的半滴溶液可用玻璃棒下端轻轻蘸下,再浸入溶液中搅匀。

图 2.23　碘量瓶

(4) 滴定结束后滴定管的处理。标准溶液不宜长时间放在滴定管中。滴定完毕应将管中溶液倒掉,依次用自来水和蒸馏水洗净,然后装满蒸馏水挂在滴定台上,上口用一器皿罩上,下口套一段洁净的橡皮管。或倒尽水后收在仪器柜中,也要注意保持管口和尖嘴的清洁。

2.7.2　移液管

移液管是用于准确移取一定体积溶液的量出式玻璃量器,正规名称是"单标线吸量管",通常惯称为移液管。它的中间有一膨大部分(图 2.24),管颈上部刻有标线,此标线的位置是由放出溶液的体积所决定的。

图 2.24　移液管的操作

移液管的容量单位为毫升,其容量为在 20℃时按下述方式排空后所流出纯水的体积。

　　洁净的移液管充入纯水至标线以上几毫米,除去黏附于流液口外面的液滴,在移液管垂直状态下将下降的液面调定于刻线,即弯液面的最低点与刻线的上边缘水平相切(视线在同一水平面),此时即调定零点。然后将管内纯水排入另一稍倾斜(约30°)的容器中,当液面降至流液口处静止时,再等待15 s。这样所流出的体积即该移液管的容量。

　　移液管产品按其容量精度分为 A 级和 B 级。国家规定的容量允差和水的流出时间见表2.5。

表 2.5　常用移液管的规格

标称容量/mL		2	5	10	20	25	50	100
容量允差/mL	A	± 0.010	± 0.015	± 0.020	± 0.030		± 0.05	± 0.08
	B	± 0.020	± 0.030	± 0.040	± 0.060		± 0.10	± 0.16
水的流出时间/s	A	7 ~ 12	15 ~ 25	20 ~ 30	25 ~ 35		30 ~ 40	35 ~ 40
	B	5 ~ 12	10 ~ 25	15 ~ 30	20 ~ 35		25 ~ 40	30 ~ 40

　　使用移液管时应注意以下几点:

　　(1) 用铬酸洗液将其洗净,使其内壁及下端的外壁均不挂水珠。用滤纸片将流液口内外残留的水擦掉。

　　(2) 移取溶液之前,先用欲取的溶液刷洗 3 次。方法是:吸入溶液至刚入移液管的膨大部分,立即用右手食指按住管口(尽量勿使溶液回流,以免稀释),将管横过来,用两手的拇指及食指分别拿住移液管的两端,转动移液管并使溶液布满全管内壁,当溶液流至距管上口2 ~ 3 cm 时,将管直立,使溶液由尖嘴(流液口)放出,弃去。

　　(3) 用移液管自容量瓶中移取溶液时,右手拇指及中指拿住管颈刻线以上的地方(后面二指依次靠拢中指),将移液管插入容量瓶内液面以下 1 ~ 2 cm 深度。不要插入太深,以免外壁粘带溶液过多;也不要插入太浅,以免液面下降时吸空。左手拿洗耳球,排除空气后紧按在移液管口上,借吸力使液面慢慢上升,移液管应随容量瓶中液面的下降而下降。当管中液面上升至刻线以上时,迅速用右手食指堵住管口(食指最好是潮而不湿),用滤纸擦去管尖外部的溶液,将移液管的流液口靠着容量瓶颈的内壁,左手拿容量瓶,并使其倾斜约30°。稍松食指,用拇指及中指轻轻捻转管身,使液面缓慢下降,直到调定零点。按紧食指,使溶液不再流出,将移液管移入准备接受溶液的容器中,仍使其流液口接触倾斜的器壁。松开食指,使溶液自由地沿壁流下,待下降的液面静止后,再等待15 s,然后拿出移液管。

　　注意:在调整零点和排放溶液过程中,移液管都要保持垂直,其流液口要接触倾斜的器壁(不可接触下面的溶液)并保持不动;等待15 s 后,流液口内残留的一点溶液绝对不要用外力震出或吹出;移液管用完应放在管架上,不要随便放在实验台上,尤其要防止管颈下端被沾污。

2.7.3　吸量管

　　吸量管的全称是分度吸量管(图 2.25),它是带有分度的量出式量器,用于移取非固定量的溶液。吸量管容量的精度级别分为 A 级和 B 级,其产品大致分为以下三类:

1. 规定等待时间 15 s 的吸量管

规定等待时间 15 s 吸量管的容量精度均为 A 级。零位在上,完全流出式(图 2.25(a)),它的任一分度线的容量定义为:在 20℃时,从零线排放到该分度线所流出水的体积(mL)。当液面降至该分度线以上几毫米时,应按紧管口停止排液 15 s,再将液面调到该分度线。在量取吸量管的全容量溶液时,排液过程中水流不应受到限制,液面降至流液口处静止时,应等待 15 s,再从受液容器中移走吸量管。

2. 不规定等待时间的吸量管

不规定等待时间的吸量管分为 A 级和 B 级,有三种形式:

(1) 完全流出式,零位在上,如图 2.25(a)所示。

(2) 不完全流出式,零位在上,如图 2.25(b)所示。

(3) 完全流出式,全容量在上,如图 2.25(c)所示。这种吸量管可以从欲量取体积的分度线调节零点。

不规定等待时间,即一旦确定液面已静止,吸量管即可与接受容器脱离接触。

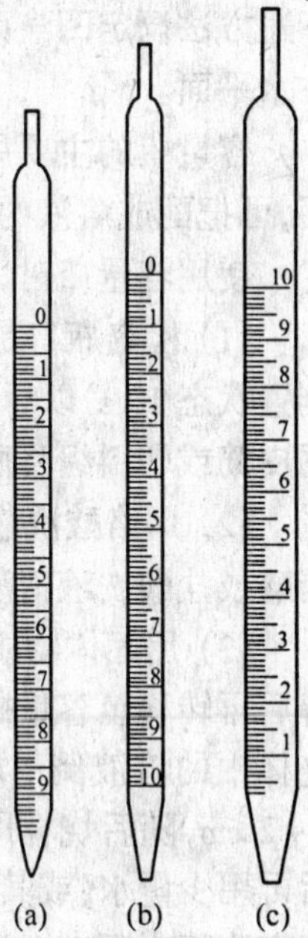

3. 快流速和吹出式吸量管

快流速和吹出式吸量管的容量精度均为 B 级。不规定等待时间,有零点在上和零点在下两种形式,均为完全流出式。快流速的产品上标示"快"字,吹出式产品上标示"吹"字。使用吹出式吸量管的全容量时,液面降至流液口静止后随即将最后一滴残留液一次吹出。这两种吸量管流速快、精度低,适于在仪器分析实验中加试剂用,最好不用它加标准溶液。

图 2.25　分度吸量管

吸量管的使用方法与移液管大致相同,但需要强调几点:

(1) 由于吸量管的容量精度低于移液管,所以在移取 2 mL 以上固定量溶液时,应尽可能使用移液管。

(2) 使用吸量管时,尽量在最高标线调整零点。

(3) 吸量管的种类较多,要根据所做实验的具体情况,合理地选用吸量管。但由于种种原因,目前市场上产品不一定都符合标准,有些产品标志不全,有的产品质量不合格,使得用户无法分辨其类型和级别,如果实验精度要求很高,最好经容量校准后再使用。

2.7.4　容量瓶

容量瓶是细颈梨形平底玻璃瓶,由无色或棕色玻璃制成(图 2.26),带有磨口玻璃塞或塑料塞,颈上有一标线。容量瓶均为量入式,颈上应标有"In"字样。精度级别分为 A 级和 B 级,国家规定的容量允差列于表 2.6。

表 2.6　常用容量瓶的规格

标称容量/mL		10	25	50	100	200	250	500	1 000	2 000
容量允差/mL	A	± 0.020	± 0.03	± 0.05	± 0.10	± 0.15	± 0.15	± 0.25	± 0.40	± 0.60
	B	± 0.040	± 0.06	± 0.20	± 0.30	± 0.30	± 0.50	± 0.80	± 1.20

容量瓶的容量定义为:在 20℃时,充满至刻度线所容纳水的体积,以毫升计。通常采用

下述方法调定凹液面:调节液面使刻度线的上边缘与凹液面的最低点水平相切,视线应在同一水平面。

容量瓶的主要用途是配制准确浓度的溶液或定量地稀释溶液。它常和移液管配合使用,可把配成溶液的某种物质分成若干等份。

使用容量瓶时,应注意以下几点:

(1) 检查瓶口是否漏水。加水至刻线,盖上瓶塞颠倒 10 次(每次颠倒过程中要停留在倒置状态 10 s)以后不应有水渗出(可用滤纸片检查)。将瓶塞旋转 180°再检查一次,合格后用皮筋或塑料绳将瓶塞和瓶颈上端拴在一起,以防摔碎或与其他瓶塞弄混。

(2) 用铬酸洗液清洗内壁,然后用自来水和蒸馏水洗净。某些仪器分析实验中还需用硝酸或盐酸洗液清洗。

(3) 用固体物质(基准试剂或被测样品)配制溶液时,应先在烧杯中将固体物质完全溶解后再转移至容量瓶中。转移时要使溶液沿搅棒流入瓶中,其操作方法如图 2.26(a)所示。烧杯中的溶液倒尽后,烧杯不要直接离开搅棒,而应在烧杯扶正的同时使杯嘴沿搅棒上提1~2 cm,随后烧杯即离开搅棒,这样可避免杯嘴与搅棒之间的一滴溶液流到烧杯外面。然后再用少量水(或其他溶剂)刷洗烧杯 3~4 次,每次用洗瓶或滴管冲洗杯壁和搅棒,按同样的方法移入瓶中。当溶液达 2/3 容量时,应将容量瓶沿水平方向轻轻摆动几周以使溶液初步混匀。再加水至刻线以下约 1 cm,等待 1~2 min,最后用滴管从刻线以上 1 cm 以内的一点沿颈壁缓缓加水至弯液面最低点与标线上边缘水平相切,随即盖紧瓶塞,左手捏住瓶颈上端,食指压住瓶塞,右手三指托住瓶底(图 2.26(b)),将容量瓶颠倒 15 次以上,每次颠倒时都应使瓶内气泡升到顶部,倒置时应水平摇动几周(图 2.26(c)),如此重复操作,可使瓶内溶液充分混合均匀。

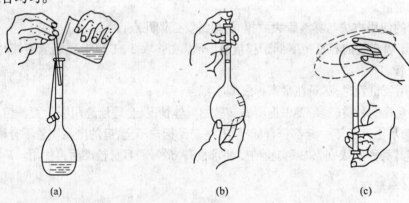

(a)　　　　　　　　　　(b)　　　　　　　　　　(c)

图 2.26　容量瓶的使用

右手托瓶时,应尽量减少与瓶身的接触面积,以避免体温对溶液温度的影响。100 mL以下的容量瓶,可不用右手托瓶,只用一只手抓住瓶颈及瓶塞进行颠倒和摇动即可。

(4) 对容量瓶材料有腐蚀作用的溶液,尤其是碱性溶液,不能在容量瓶中长久贮存,配好后应转移到其他干燥容器中密闭存放。

2.8　标准溶液及其配制

滴定分析标准溶液是用来滴定的具有准确浓度的溶液,其浓度值一般在 0.2% 左右。在滴定分析中,标准溶液的浓度常用物质的量浓度 $c(\text{mol} \cdot \text{L}^{-1})$ 表示,其意义是物质的量除以溶液的体积,即 $c = n/V$。

标准溶液通常有以下两种配制方法。

2.8.1　直接法

用分析天平准确称取一定量的基准物质,溶解后定量地转入容量瓶中,用纯水稀释至刻度。根据称取物质的质量与容量瓶的体积,计算出该标准溶液的准确浓度。

基准物质是纯度很高、组成一定、性质稳定的试剂,它可用于直接配制标准溶液或用于标定溶液的准确浓度。作为基准试剂应具备下列条件:

(1) 试剂的组成应与化学式完全相符。

(2) 试剂的纯度应足够高(99.9%以上)。

(3) 试剂在通常条件下应稳定。

常用的基准试剂列于表 2.7。

表 2.7　常用的基准试剂

国家标准编号	名　　称	主要用途	使用前的干燥方法
GB 1253—89	氯化钠	标定 $AgNO_3$ 溶液	500~600℃灼烧至恒重
GB 1254—90	草酸钠	标定 $KMnO_4$ 溶液	105℃干燥至恒重
GB 1255—90	无水碳酸钠	标定 HCl、H_2SO_4 溶液	270~300℃灼烧至恒重
GB 1256—90	三氧化二砷	标定 I_2 溶液	H_2SO_4 干燥器中干燥
GB 1257—90	邻苯二甲酸氢钾	标定 NaOH、$HClO_4$ 溶液	105~110℃干燥至恒重
GB 1258—90	碘酸钾	标定 $Na_2S_2O_3$ 溶液	180℃干燥至恒重
GB 1259—89	重铬酸钾	标定 $Na_2S_2O_3$、$FeSO_4$ 溶液	120℃干燥至恒重
GB 1260—90	氧化锌	标定 EDTA 溶液	800℃灼烧至恒重
GB 12593—90	乙二胺四乙酸二钠	标定金属离子溶液	硝酸镁饱和溶液恒湿器中 7 天
GB 12594—90	溴酸钾	标定 $Na_2S_2O_3$ 溶液	180℃干燥至恒重
GB 12595—90	硝酸银	标定卤化物及硫氰酸盐	H_2SO_4 干燥器中干燥至恒重
GB 12596—90	碳酸钙	标定 EDTA 溶液	110℃干燥至恒重
	硼砂	标定 HCl、H_2SO_4 溶液	含 NaCl 和蔗糖饱和液干燥器
	二水合草酸	标定 NaOH 溶液	室温空气干燥

2.8.2　标定法

实际上只有少数试剂符合基准物质的要求,因此很多试剂不能用直接法配制,而要用间接的方法,即标定法。即先配制成接近所需浓度的溶液,然后用基准试剂或另一种已知准确浓度的标准溶液来标定它的准确浓度。

在实际工作中特别是在工厂实验室,还常采用"标准试样"来标定标准溶液的浓度。"标准试样"的含量已知,且组成与被测物相近,因此用标样标定可使分析过程的系统误差抵消,提高结果的准确度。

　　必须指出,贮存的标准溶液,由于水分蒸发,水珠凝于瓶壁,使用前应将溶液摇匀。如果溶液浓度有了改变,必须重新标定,对于不稳定的溶液应定期标定其浓度。

2.9　试剂的存放及取用

2.9.1　试剂的存放

　　一般的化学试剂应保存在通风良好、干净、干燥的房子里,以防止被水分、灰尘和其他物质污染。同时,应根据试剂的不同性质而采取不同的保管方法。固体试剂一般存放在易于取用的广口瓶中,液体试剂则存放在细口瓶或滴瓶中。

　　见光易分解的试剂(如过氧化氢、硝酸银、高锰酸钾、草酸、铋酸钠等),在空气中易被氧化的试剂(如氯化亚锡、硫酸亚铁、硫代硫酸钠、亚硫酸钠等),以及易挥发的试剂(如溴、氨水及乙醇等),应放在棕色瓶中置于冷暗处。但对于过氧化氢试剂则不能放在棕色瓶中,因为棕色玻璃中有重金属成分,会催化 H_2O_2 的分解,所以通常将其存放于不透明的塑料瓶中并放置于阴凉的暗处。

　　易侵蚀玻璃的试剂(如氢氟酸、含氟盐)要用塑料瓶存放,强碱性试剂(如氢氧化钾、氢氧化钠等)应保存在带有胶塞的玻璃瓶中。

　　吸水性强的试剂,如无水碳酸盐、苛性钠、过氧化钠等应严格密封(蜡封)保存。

　　相互易作用的试剂,例如,挥发性的酸与氨,氧化剂与还原剂,应分开存放。易燃的试剂(如乙醇、乙醚、苯、丙酮)与易爆炸的试剂(如高氯酸、过氧化氢、硝基化合物)应分开存放在阴凉通风、不受阳光直射的地方。

　　剧毒试剂,如氰化钾、氰化钠、氢氟酸、二氯化汞、三氧化二砷等,应由专人妥善保管,严格做好记录,经一定手续取用,以免发生事故。极易挥发和有毒试剂可放在通风橱内,室温较高时,可放在冷藏室内保存。

2.9.2　试剂的取用

1.固体试剂的取用

　　所有试剂瓶都应有标签,标明试剂的名称、规格及生产日期。无标签的试剂在未确定物种和规格前不能取用。取用固体试剂时应注意如下几点:

　　(1) 要用干燥、洁净的药勺取试剂。使用后的药勺必须保持干燥、洁净且专用。

　　(2) 试剂取用后应立即盖紧瓶塞,以免盖错盖子,污染试剂。

　　(3) 取一定量固体试剂时,可把固体放在纸上或表面皿上,具有腐蚀性、强氧化性或易潮解的固体试剂不能放在纸上称量,应放在表面皿或其他玻璃容器内称量。

　　(4) 称取固体试剂时,注意不要多取。多取的试剂(特别是纯度较高的试剂),不能倒回原瓶,可放入回收瓶中或分给其他同学使用。

　　(5) 固体颗粒较大时,应在干净的研钵中研碎。研钵中固体试剂的量不得超过其容积的 1/3。

2.液体试剂的取用

（1）从细口瓶中取用试剂的方法。取下瓶塞应倒放在桌子上（为什么?），用左手拿住容器（如试管、量筒等），右手握住试剂瓶（试剂瓶的标签应向着手心），以瓶口靠住容器壁，让液体沿着器壁缓缓往下流（图 2.27）。倒完后应将试剂瓶在容器上靠一下，再使瓶子竖直，以免液滴沿外壁流下。取完试剂后，应立刻将瓶盖盖上，将试剂瓶放回原处，并使标签向外。注意，取出的试剂不能再倒回原瓶！将液体从试剂瓶中倒入烧杯时，亦可用左手握住玻璃棒，使棒的下端斜靠在烧杯中，将瓶口靠在玻璃棒上，使液体沿着玻璃棒往下流（图 2.28）。

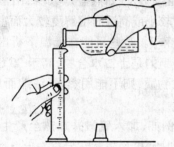

图 2.27   往试管中倒取液体试剂

图 2.28   往烧杯中倒取液体试剂

（2）从滴瓶中取少量试剂的方法。取用滴瓶中的试剂时，要用滴瓶中的滴管，不能使用其他滴管。滴管要保持垂直（图 2.29），避免倾斜，更不要倒立，否则试剂流入橡皮头会腐蚀橡皮头。使用时，只能把滴管的尖端放在试管口上方滴加，严禁将滴管伸入试管内，更不能插到其他溶液里，也不能把滴管放在滴瓶以外的任何地方，以免污染试剂。

（3）定量取用液体试剂时，根据要求可使用量筒或移液管等。

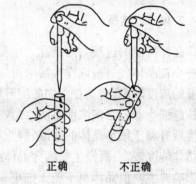

正确   不正确

图 2.29   用滴管将试液加入试管中

2.10   溶解、蒸发和结晶

2.10.1   固体的溶解

溶解是指把固体物质溶于水、酸、碱等试剂中制备成溶液。

固体颗粒较大时，溶解时可先在干燥、洁净的研钵中研细。溶解固体时，应根据固体物质的性质选择合适的溶剂，常用加热、搅拌等方法加快溶解速度。应根据被加热物质的热稳定性来选用不同的加热方法。对于溶解度随温度升高而增加的物质来说，加热对溶解过程有利。搅拌可加速溶质的扩散，从而加快溶解速度。搅拌时要注意手持玻璃棒，轻轻转动，使玻璃棒不要触及容器底部及器壁。在试管中溶解固体时，可用震荡的方法加速溶解。

2.10.2   蒸发、浓缩

当溶液很稀而预制的化合物溶解度较大时，为了析出该物质的晶体，就要对溶液进行蒸发、浓缩。蒸发到一定程度时冷却,就可析出晶体。在无机实验中,蒸发、浓缩一般在水浴上进行(图 2.11)。若溶液很稀,物质的热稳定性又较好时,可先放在石棉网上直接加热蒸发,然后再放在水浴上加热蒸发。蒸发速度和液体表面积大小有关。蒸发的面积较大,有利于快速浓缩。因此无机实验中蒸发常在蒸发皿中进行,内盛液体不得超过其容量的 2/3。蒸发过程中应当尽量小心控制加热温度,避免因爆沸而溅出试样。

当物质的溶解度较大时,必须蒸发到溶液表面出现晶膜时才停止;若物质的溶解度随温度变化不大,为了获得较多的晶体,可在结晶析出后继续蒸发(如熬盐)。如果结晶时希望得到较大的晶体,则不易浓缩得太浓。若物质的溶解度较小或高温时溶解度较大而室温(或低温)溶解度较小时,则不必蒸发到液面出现晶膜就可冷却。某些只能在低温下析出的晶体,如磷酸氢二钠在低于 30℃ 下,在水溶液中结晶时,得到的是十二水合物;高于 30℃ 时,得到的是七水合物。因此,对于要求在特定低温下结晶的物质,则不能用蒸发、浓缩而后结晶的方法,一般用直接冷却结晶法。

用蒸发的方法还可以除去溶液中的某些组分。例如,加入硫酸并加热至产生大量 SO_3 白烟时,可除去 Cl^-、NO_3^- 等。若要除去溶液中的有机物,可加硫酸蒸发至产生白烟,这时再加入硝酸使最后微量的有机物氧化。

2.10.3　结晶

晶体析出的过程称为结晶。结晶时要求物质溶液的浓度达到饱和程度。在结晶时,加入一小粒晶体(晶种)或搅拌溶液可加速晶体析出。析出晶体的颗粒与结晶条件有关。如果溶液的浓度较高,溶质在水中的溶解度随温度下降而显著减小时,冷却速度越快,析出晶体颗粒越细小。若溶液浓度不高,加入一小粒晶种后使溶液慢慢冷却,则得到较大的晶体。搅拌溶液有利于细小晶体的生成,静止溶液有利于大晶体的生成。从纯度来看,快速生成的细小晶体纯度较高,缓慢生长的大晶体纯度较低。因为在大晶体的间隙易包裹母液或杂质,因而影响纯度。但晶体也不能太细小,否则会生成稠厚的糊状物,挟带母液较多,不易洗净,也影响纯度。因此,晶体颗粒大小要适中且均匀,才有利于得到纯度较高的晶体。

如溶液易发生过饱和现象,可以用搅拌、摩擦器壁或投入几粒小晶体(晶种)等办法,形成结晶中心,过量的溶质便会全部结晶析出。

如果第一次得到的晶体纯度不符合要求时,可进行重结晶。重结晶是提纯固体物质常用的重要方法之一,它适用于溶解度随温度有显著变化的化合物的提纯。具体方法是在加热的情况下使被纯化的物质溶于尽可能少的溶剂中,形成饱和溶液,趁热过滤,除去不溶性杂质。待滤液冷却后,被纯化的物质即结晶析出,而杂质则留在母液中。这样第二次得到的晶体纯度就较高。根据对物质纯度的要求,可进行多次结晶。

2.11　固、液分离

固、液分离一般有三种方法:倾析法、过滤法和离心分离法。

2.11.1　倾析法

当沉淀的结晶颗粒或相对密度较大,静止后容易沉降到容器的底部,可用倾析法进行分离与洗涤。倾析法的操作如图2.30所示。待溶液和沉淀分层后，倾斜器皿，将玻璃棒横放在烧杯嘴上，将上部清液沿玻璃棒缓慢地倾入另一只烧杯中，使沉淀与溶液分离。如沉淀需要洗涤，则往沉淀中加入少量蒸馏水(或其他洗涤剂)，用玻璃棒充分搅拌、静置、沉降，再用倾析法倾出洗涤液。重复洗涤2～3次，即可洗净沉淀。

图2.30　倾析法分离与洗涤

2.11.2　过滤法

过滤法是分离沉淀和溶液最常用的操作方法，分为常压过滤和减压过滤两种方法。

1. 常压过滤

在常压下用普通漏斗过滤的方法称为常压过滤法。当沉淀物为胶体或细小的晶体时，用此法过滤较好，缺点是过滤速度较慢。具体操作步骤如下：

先把一圆形或方形滤纸对折两次成扇形(方形滤纸需剪成扇形)，展开后成锥形(半边一层，另半边为三层)，如图2.31所示。放入干洁的60°角的漏斗中，漏斗颈的直径不能太大，一般应为3～5 mm，颈长为15～20 cm，颈口处磨成45°角度，如图2.32所示。

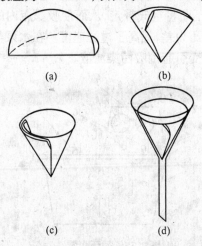

(a)　　　　　(b)

(c)　　　　　(d)

图2.31　滤纸的折叠与安放

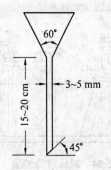

图2.32　漏斗规格

过滤时漏斗的大小应与滤纸的大小相适应，使滤纸与漏斗贴紧，否则会影响过滤速度。如果漏斗不标准，可适当改变所折滤纸的角度使之与漏斗相密合。为保证滤纸与漏斗壁之间在贴紧后无空隙，可在三层滤纸的那一边将外层撕去一小角，保存于干燥的表面皿上备用。用食指把滤纸紧贴在漏斗内壁上，三层的一边应在漏斗出口短的一边，用少量蒸馏水润湿滤纸，再用食指(或玻璃棒)轻压滤纸四周，挤出滤纸与漏斗间的气泡，使滤纸紧贴在漏斗壁上。此时漏斗颈内部应全部充满水，形成水柱，由于液体的重力可起抽滤作用，从而加快过滤速度。若不形成完整的水柱，可以用手堵住漏斗下口，稍掀起滤纸三层的一边，用洗瓶向滤纸与漏斗间的空隙里加水，直到漏斗颈和锥体的大部分被水充满，然后按紧滤纸边，放开堵住出口的手指，此时水柱即可形成。

过滤时，漏斗要放在漏斗架上，调整漏斗的高度(以过滤过程中漏斗颈的出口不接触滤

液为准),使漏斗颈口长的一边紧靠容器内壁,使滤液沿器壁流下,以
消除空气阻力,加快过滤速度,避免滤液溅失。为避免沉淀堵塞滤纸
的空隙,影响过滤的速度,多采用倾析法过滤(图2.33),即将容器中
沉淀沉降后,先将清液倒入漏斗中,后转移沉淀。溶液应沿玻璃棒流
下,尽量不搅起沉淀,玻璃棒的下端应对着三层滤纸的一边,并尽可能
接近滤纸,但不能接触滤纸。漏斗中滤纸的边缘应略低于漏斗的边
缘,漏斗中的液面应低于滤纸的边缘 5 mm,以免少量沉淀因毛细管作
用越过滤纸上缘,造成损失,且不便洗涤。如果沉淀需要洗涤,应待溶

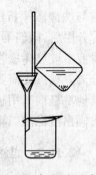

图 2.33　倾析法过滤

液转移完毕,将少量洗涤剂倒入沉淀,然后用玻璃棒充分搅动,静止一
段时间,待沉淀下降后,将上清液倒入漏斗中。如此重复洗涤两三遍,
最后将沉淀转移到滤纸上。洗涤沉淀时,应遵循"少量多次"的原则,
这样洗涤效率才高。

　　2.减压过滤

　　减压过滤可缩短过滤时间,并可把沉淀抽得比较干燥,但它不适用于胶状沉淀和颗粒太
细的沉淀的过滤。因为前者将更易透过滤纸而后者将更易堵塞滤纸孔隙,或在滤纸上形成
一层密实的沉淀,使溶液不易通过。减压过滤装置如图2.34所示,由布氏漏斗、吸滤瓶、水
泵及安全瓶组成。利用水泵(图2.35)中急速的水流不断将空气带走,从而使吸滤瓶内的压
力减小,在布氏漏斗内的液面与吸滤瓶之间造成一个压力差,提高了过滤速度。在水泵与吸
滤瓶之间安装一个安全瓶,防止关闭水泵后流速的改变引起倒吸污染滤液。

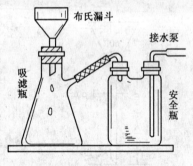

图 2.34　减压过滤装置

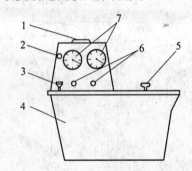

图 2.35　循环水泵
1—电动机;2—指示灯;3—电源开关;4—水箱;
5—水箱盖;6—抽气管接口;7—真空表

　　吸滤操作应按如下步骤进行:

　　(1) 检查装置,布氏漏斗下端的斜面应与吸滤瓶的支管相对,以便于吸滤。

　　(2) 把滤纸放入漏斗内,滤纸大小应剪得比布氏漏斗内径略小,恰好能盖住瓷板上的所
有小孔为好。先用少量水润湿滤纸,再开启水泵,使滤纸紧贴在漏斗上,然后才能进行吸滤
操作。

　　(3) 吸滤时,应采用倾析法,先将澄清的溶液沿玻璃棒倒入漏斗中(溶液不要超过漏斗
容量的2/3),然后转移沉淀,继续抽吸至沉淀比较干燥为止。

　　(4) 过滤时,吸滤瓶内的液面不能达到支管的水平位置,否则滤液将被抽出。

　　(5) 过滤完毕,应先拔掉橡皮管,再关水泵,防止倒吸。用玻璃棒轻轻掀起滤纸边缘,取

出滤纸和沉淀,滤液则从吸滤瓶的上口倒出,不能从支管倒出。

在布氏漏斗中洗涤沉淀时,应拔掉橡皮管,关闭水泵,加入洗涤液润湿沉淀,让洗涤液慢慢通过沉淀,然后再进行吸滤。如沉淀需洗涤多次,则重复以上操作,洗至达到要求为止。

强酸、强碱和强氧化性溶液,过滤时不能用滤纸,因为溶液会和滤纸作用而破坏滤纸。若过滤后只需要保留滤液,则可用石棉纤维代替滤纸;若过滤后留用的是沉淀,则可用玻璃砂漏斗代替滤纸,但这种漏斗不适用强碱性溶液的过滤,因为强碱会腐蚀玻璃。

3.热过滤

如果某些溶质在温度降低时容易析出晶体,若不希望它在过滤中析出时,通常使用热过滤法过滤(图 2.36)。热过滤时,把玻璃漏斗放在铜质的热水漏斗内。热水漏斗内装有热水,用酒精等加热热水漏斗,以维持溶液的温度。热过滤法选用的玻璃漏斗,其颈的外露部分要短(为什么?)。

2.11.3　离心分离法

少量的沉淀和溶液分离时,不适合用过滤法,因为沉淀会粘在滤纸上难以取下,此时可用离心分离法。实验室内常用电动离心机进行离心分离,如图 2.37 所示。操作时,将盛有沉淀的离心试管放入离心机的试管套内,在与之相对称的试管套内也要装入一支盛有相同体积水的离心试管,使离心机的两臂保持平衡,否则易损坏离心机的轴。然后打开电源,调整转速,转动 1～3 min,关闭电源,使离心机自然停下,切勿用手强制其停下。

离心沉降后,沉淀紧密地聚集在离心管的底部,溶液则变澄清。用滴管把沉淀和清液分开,如图 2.38 所示。若沉淀需要洗涤,可以加入少量洗涤液,用玻璃棒充分搅拌,离心分离,溶液用吸管尽量吸出。如此重复洗涤 2～3 次,即可洗去沉淀里的溶液和吸附的杂质。洗涤剂的用量约等于沉淀体积的 2～3 倍即可。必要时可检验是否洗净,以决定是否要继续洗涤。

　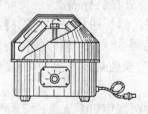　

图 2.36　热过滤装置　　　图 2.37　离心机　　　图 2.38　离心分离

2.12　重量分析

重量分析法是分析化学中重要的经典分析方法。沉淀重量分析法是利用沉淀反应,使待测物质转变成一定的称量形式,并测定物质含量的方法。

沉淀类型主要分成两类,一类是晶型沉淀,另一类是无定形沉淀。对晶形沉淀(如 $BaSO_4$)使用的重量分析法,一般过程是

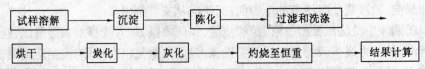

1. 试样溶解

溶样方法主要分为两种,一是用水、酸溶解,二是高温熔融法。

2. 沉淀

晶形沉淀的沉淀条件遵循稀、热、慢、搅、陈"五字原则",即:

(1) 沉淀的溶液稀度要适当。

(2) 沉淀时应将溶液加热。

(3) 沉淀速度要慢,操作时应注意边沉淀边搅拌。为此,沉淀时,左手拿滴管逐滴加入沉淀剂,右手持玻璃棒不断搅拌。

(4) 沉淀完全后要放置陈化。

3. 陈化

沉淀完全后,盖上表面皿,放置过夜或在水浴上保温 1 h 左右。陈化的目的是使小晶体长成大晶体,不完整的晶体转变成完整的晶体。

4. 过滤和洗涤

重量分析法使用的定量滤纸,称为无灰滤纸,每张滤纸的灰分质量约为 0.08 mg 左右,可以忽略。过滤 $BaSO_4$ 用的滤纸,可用慢速或中速滤纸。

(1) 沉淀的过滤。过滤一般分三个阶段进行。第一阶段采用倾析法,尽可能地过滤清液(图 2.33);第二阶段是洗涤沉淀并将沉淀转移到漏斗上;第三阶段是清洗烧杯和洗涤漏斗上的沉淀。漏斗上沉淀的洗涤将在下面讨论。

采用倾析法过滤,详见常压过滤部分的内容。

过滤过程中,带有沉淀和溶液的烧杯放置方法如图 2.39 所示,即在烧杯下放一块木头,使烧杯倾斜,以利于沉淀和清液分开,便于转移清液。同时玻璃棒不要放在烧杯嘴上,避免烧杯嘴上的沉淀沾在玻璃棒上部而损失。倾析法如一次不能将清液倾注完时,应待烧杯中沉淀下沉后再次倾注。暂停倾泻溶液时,烧杯应沿玻璃棒使其嘴向上提起,至使烧杯向上,以免使烧杯嘴上的液滴流失。

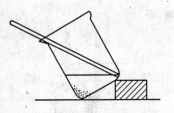

图 2.39　过滤时带沉淀

倾析法将清液完全转移后,应对沉淀作初步洗涤。洗涤时,用洗瓶每次约 10 mL 洗涤液吹洗烧杯四周内壁,使黏附着的沉淀集中在杯底部,每次的洗涤液同样用倾析法过滤。如此洗涤 3~4 次杯内沉淀,然后再加少量洗涤液于烧杯中,搅动沉淀使之混匀,立即将沉淀和洗涤液一起,通过玻璃棒转移至漏斗上。再加入少量洗涤液于杯中,搅拌混匀后再转移至漏斗上。如此重复几次,使大部分沉淀转移至漏斗中。然后按图 2.40 所示的吹洗方法将沉淀吹洗至漏斗中。即用左手把烧杯拿在漏斗上方,烧杯嘴向着漏斗,拇指在烧杯嘴下方,同时,右手把玻璃棒从烧杯中取出横在烧杯口上,使玻璃棒伸出烧杯嘴约 2~3 cm。然后,用左手食指按住玻璃棒的较高地方,倾斜烧杯使玻璃棒下端指向滤纸三层一边,用右手拿洗瓶吹洗整个烧杯壁,使洗涤液和沉淀沿玻璃棒流入漏斗中。如果仍有少量沉淀牢牢地黏附在烧杯壁上而吹洗不下来时,可将烧杯放在桌上,用沉淀帚(图 2.41,它是一头带橡皮的玻璃棒)在烧杯内壁自上而下、从左至右擦拭,使沉淀集中在底部。再按图 2.40 操作将沉淀吹入漏斗中。对牢固地粘在杯壁上的沉淀,也可用前面折叠滤纸时撕下的滤纸角来擦拭玻璃棒和烧杯内壁,将此滤纸角放在漏斗的沉淀上。

经吹洗、擦拭后的烧杯内壁,应在明亮处仔细检查是否吹洗、擦拭干净,包括玻璃棒、表面皿、沉淀帚和烧杯内壁在内都要认真检查。

必须指出,过滤开始后,应随时检查滤液是否透明,如不透明,说明有穿滤。这时必须换另一洁净烧杯承接滤液,在原漏斗上将穿滤的滤液进行第二次过滤。如发现滤纸穿孔,则应更换滤纸重新过滤。而第一次用过的滤纸应保留。

(2) 沉淀的洗涤。沉淀全部转移到滤纸上后,应对它进行洗涤。其目的在于将沉淀表面所吸附的杂质和残留的母液除去。其方法如图 2.42 所示,即洗瓶的水流从滤纸的多重边缘开始,螺旋形地往下移动,最后到多重部分停止,称为"从缝到缝",这样,可使沉淀洗得干净且可将沉淀集中到滤纸的底部。为了提高洗涤效率,应掌握洗涤方法的要领。洗涤沉淀时要遵循"少量多次"原则,即每次螺旋形往下洗涤时,用洗涤剂量要少,便于尽快沥干,沥干后,再行洗涤。如此反复多次,直至沉淀洗净为止。

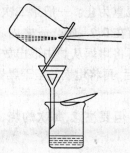
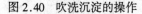

图 2.40   吹洗沉淀的操作

图 2.41   沉淀帚

图 2.42   沉淀的洗涤

5.烘干

滤纸和沉淀的烘干通常在煤气灯上或电炉上进行。首先要将沉淀进行包裹,根据沉淀性质的不同有两种包裹方法。无定形沉淀可简单地用扁头玻棒将滤纸边挑起,向中间折叠,将沉淀盖住(图 2.43(a))。再用玻棒轻轻转动滤纸包,以便擦净漏斗内壁可能沾有的沉淀。取出滤纸包,尖端向上放入坩埚中。晶型沉淀则按图 2.43(b)中所示任意一种方法包裹好沉淀后放入坩埚中。然后,将滤纸包转移至已恒重的坩埚中,将坩埚的底部放在泥三角的一边,使它倾斜放置,使多层滤纸部分朝上,以利烘烤。坩埚的外壁和盖先用蓝黑墨水或 $K_4[Fe(CN)_6]$ 溶液编号。烘干时,盖上坩埚盖,但不要盖严(图 2.44)。

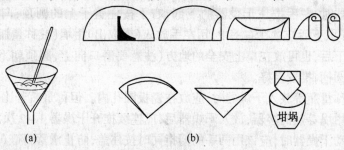

(a)   (b)

图 2.43   沉淀的包裹

6.炭化

炭化是将烘干后的滤纸烤成炭黑状。

7.灰化

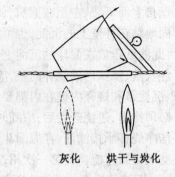

灰化是使呈炭黑状的滤纸灼烧成灰。炭化和灰化的灼烧方法如图 2.44 所示。烘干、炭化、灰化应由小火到强火,一步一步完成,不能性急,不要使火焰加得太大。炭化时如遇滤纸着火,可立即用坩埚盖盖住,使坩埚内的火焰熄灭(切不可用嘴吹灭)。着火时,不能置之不理,让其燃烬,这样易使沉淀随大气流飞散损失。待火熄灭后,将坩埚盖移至原来位置,继续加热到全部炭化(滤纸变黑)直至灰化。

图 2.44　沉淀和滤纸在坩埚中烘干、炭化和灰化的火焰位置

8.灼烧至恒重

沉淀和滤纸灰化后,将坩埚移入高温炉中(根据沉淀性质调节适当温度),盖上坩埚盖,但留有空隙。与灼烧空坩埚时温度相同,灼烧 40 ~ 45 min,与空坩埚灼烧操作相同,取出,冷至室温,称重。然后进行第二次、第三次灼烧,直至坩埚和沉淀恒重为止。一般第二次以后的灼烧 20 min 即可。所谓恒重,是指相邻两次灼烧后的称量差值在 0.2 ~ 0.4 mg 之内。

从高温炉中取出坩埚时,将坩埚移至炉口,至红热稍退后,再将坩埚从炉中取出放在洁净瓷板上,在夹取坩埚时,坩埚钳应预热。待坩埚冷至红热退去后,再将坩埚转至干燥器中。放入干燥器后,盖好盖子,随后须启动干燥器盖 1 ~ 2 次。

在干燥器中冷却时,原则是冷至室温,一般须 30 min 左右。但要注意,每次灼烧、称重和放置的时间,都要保持一致。

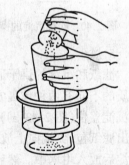

使用干燥器时,首先将干燥器擦干净,烘干多孔瓷板后,将干燥剂通过一纸筒装入干燥器的底部(应避免干燥剂沾污内壁的上部(图 2.45)),然后盖上瓷板。

干燥剂一般用变色硅胶,此外还可用无水氯化钙等。由于各种干燥剂吸收水分的能力都是有一定限度的,因此干燥器中的空气并不是绝对干燥,而只是湿度相对降低而已。所以灼烧和干燥后的坩埚和沉淀,如在干燥器中放置过久,可能会吸收少量水分而使质量增加,这点须加注意。

图 2.45　装入干燥剂的方法

干燥器盛装干燥剂后,应在干燥器的磨口上涂上一层薄而均匀的凡士林油,盖上干燥器盖。

开启干燥器时,左手按住干燥器的下部,右手按住盖子上的圆顶,向左前方推开器盖(图 2.46)。盖子取下后应拿在右手中,用左手放入(或取出)坩埚(或称量瓶),及时盖上干燥器盖。盖子取下后,也可放在桌上安全的地方(注意要磨口向上,圆顶朝下)。加盖时,也应当紧抓住盖上圆柄,推着盖好。

当坩埚或称量瓶等放入干燥器时,应放在瓷板圆孔内。但称量瓶若比圆孔小时,则应放在瓷板上。若坩埚等热的容器,放入干燥器后,应连续推开干燥器 1 ~ 2 次。

搬动或挪动干燥器时,应该用两手的拇指同时按住盖,防止滑落打破(图 2.47)。

图 2.46 开启干燥器的操作

图 2.47 搬动干燥器的操作

关于空坩埚的恒重方法和灼烧温度,均与灼烧沉淀时相同。坩埚与沉淀的恒重质量与空坩埚的恒重质量之差,即为 $BaSO_4$ 的质量。现在,生产单位常用一次灼烧法,即先称恒重后带沉淀的坩埚的质量(称为总质量),然后,用毛笔刷去 $BaSO_4$ 沉淀,再称出空坩埚的质量,用差减法即可求出沉淀的质量。

9.结果计算

根据重量分析法中换算因子的含义,钡的质量分数的计算公式为

$$w_{Ba} = \frac{m_{BaSO_4} \times \dfrac{m_{Ba}}{m_{BaSO_4}}}{m_s} \times 100\%$$

对非晶形沉淀使用的重量分析法,其分析过程是与晶形沉淀重量分析法有区别的,应查阅有关分析方法进行。

用有机试剂沉淀的重量分析法(如 Ni 的丁二酮肟沉淀法)的一般过程是:

此过程与晶形沉淀使用的重量分析法过程大致相同,但一般不采用灼烧的方法,因为灼烧会使换算因子大大增大,这是不利于测定的。其中沉淀过滤是用微孔玻璃漏斗或坩埚(图 2.48 和图 2.49)进行的。此种过滤器皿的滤板是用玻璃粉末在高温熔结而成。按照微孔的孔径,由大到小分为六级,G1 ~ G6(或称 1 ~ 6 号)。1 号孔径最大(80 ~ 120 μm),6 号孔径最小(2 μm 以下)。在定量分析中,一般用 G3 ~ G5 规格(相当于慢速滤纸)过滤细晶形沉淀。使用此类滤器时,需用减压过滤(图 2.34)。凡是烘干后即可称重或热稳定性差的沉淀(如 AgCl),均须采用微孔玻璃漏斗(或坩埚)过滤。

不能用微孔玻璃漏斗或坩埚过滤碱性溶液,因它会损坏坩埚或漏斗的微孔。

图 2.48 微孔玻璃漏斗

关于有机试剂沉淀重量分析法的其余过程可按实验操作进行。

重量分析法的特点是干扰少、准确度高,至今仍有广泛的应用。其缺点是操作繁琐、费时。近年来,有人研究了用微波炉代替马弗炉的微波技术重量分析法,其操作简单,值得进一步深入研究。

图 2.49 微孔玻璃坩埚

第 3 章 实验误差与数据处理

3.1 误 差

化学是一门实验科学,常进行许多定量测定,然后由测得的数据经过计算得到分析结果。结果的准确与否是一个很重要的问题,不准确的分析结果往往导致错误的结论。在任何一种测量中,无论所用仪器多么精密,测量方法多么完善,测量过程多么精细,但测量结果总是不可避免地带有误差。在测量过程中,即使是技术非常娴熟的人,用同一方法,对同一试样进行多次测量,也不可能得到完全一致的结果。这就是说,绝对准确是没有的,误差是客观存在的。应根据实际情况正确测量、记录并处理实验数据,使分析结果达到一定的准确度。

测量中的误差按其来源和性质可分为:系统误差、偶然误差和过失误差。

3.1.1 系统误差

由于实验方法、所用仪器、试剂、实验条件以及实验者本人的一些主观因素等造成的误差,称为系统误差。对同一试样的多次测量,系统误差的绝对值和符号总是保持恒定,或者观测条件改变时,它按一定的规律变化。系统误差按其来源又分为:仪器误差、方法误差、试剂误差、环境和人员误差。

3.1.2 偶然误差

偶然误差又称随机误差,是由一些偶然因素(如温度、湿度、气压、振动等外界条件的微小变化)造成的。这种误差在实验中无法避免,但通常遵守统计和概率理论,因此能用数理统计与概率论来处理。偶然误差从多次测量整体来看,具有下列特性:

(1) 对称性。绝对值相等的正、负误差出现的几率大致相等。

(2) 单峰性。绝对值小的误差出现的几率大,而绝对值大的误差出现的几率小。

(3) 有界性。一定测量条件下的有限次测量中,误差的绝对值在一定的范围内。

(4) 抵偿性。在相同条件下对同一过程多次测量时,随着测量次数的增加,偶然误差的代数和等于零。

由上可见,在实验中可以通过增加平行测定次数和采用求算术平均值的方法来减小偶然误差。

3.1.3 过失误差

过失误差是一种与事实显然不符的误差,它主要是由测量者的过失或错误引起的。含有过失误差的测量值称为坏值或反常值,处理数据时不可取。

3.1.4　误差的表示方法

1.绝对误差和相对误差

误差可分为绝对误差和相对误差。绝对误差表示测定值和真实值之间的差,具有与测定值相同的量纲;相对误差表示绝对误差与真实值之比,一般用百分率或千分率表示,无量纲。

$$绝对误差 = 测定值 - 真实值$$

$$相对误差 = \frac{测定值 - 真实值}{真实值} \times 100\%$$

绝对误差和相对误差都有正、负值。正值表示测量结果偏高,负值表示测量结果偏低。

2.偏差

一般来说,真实值(真值)是未知的。但在某些情况下,我们可以认为真值是已知的。例如一些理论设计值、理论公式表达值、国际基本单位定义值,都是约定的真值;在实际中,还可用多次测量的算术平均值($\overline{X}$)来代替真值。这时某次的测量值 X_i 与算术平均值 $\overline{X}$ 之差称为偏差 ΔX_i。

算术平均值

$$\overline{X} = \frac{X_1 + X_2 + \cdots + X_n}{n}$$

绝对偏差　　　　　　$\Delta X_i = X_i - \overline{X}　　　i = 1,2,3,\cdots,n$

相对偏差　　　　　　　$\dfrac{\Delta X_i}{\overline{X}} \times 100\%$

平均偏差　　　$\Delta X = \dfrac{|\Delta X_1| + |\Delta X_2| + |\Delta X_3| + \cdots + |\Delta X_n|}{n}$

相对平均偏差　　$\dfrac{\Delta X}{\overline{X}} \times 100\% = \dfrac{|\Delta X_1| + |\Delta X_2| + \cdots + |\Delta X_n|}{n\overline{X}} \times 100\%$

3.方差和标准差

方差和标准差是统计学上用来表示数据的离散程度的。可分为总体和样本两种方差和标准差。在统计学中,被测量对象的全体称总体,总体中的每一个测量结果称为个体。任何数目的实际重复的测量结果可作为来自该总体的一个随机样本,简称样本。

总体方差和总体标准差分别表示为

$$(总体方差)^2 = \frac{\sum\limits_{i=1}^{n}(观察值 - 真实值)^2}{n}$$

$$总体标准差 = \sqrt{\frac{\sum\limits_{i=1}^{n}(观察值 - 真实值)^2}{n}}$$

式中, n 为观察测量次数。

用算术平均值代替真实值算得的方差和标准差,称为样本方差和样本标准差,分别表示为

$$(样本方差)^2 = \frac{\sum\limits_{i=1}^{n}(观察值 - 算术平均值)^2}{n - 1}$$

$$样本标准差 = \sqrt{\dfrac{\displaystyle\sum_{i=1}^{n}(观察值 - 算术平均值)^2}{n-1}}$$

样本标准差在实际中应用较多,可用下面的简便等效式计算,即

$$样品标准差 = \sqrt{\dfrac{\displaystyle\sum_{i=1}^{n}观察值^2 - \dfrac{\displaystyle\sum_{i=1}^{n}(观察值)^2}{n}}{n-1}} =$$

$$\sqrt{\dfrac{\displaystyle\sum_{i=1}^{n}观察值^2 - n(算术平均值)^2}{n-1}}$$

4.准确度和精密度

准确度是指测定值与真实值之间的偏离程度,通常用绝对误差和相对误差来表示。误差越小,表示分析结果的准确度越高。精密度是各次测定结果相互接近的程度,通常用偏差来表示。精密度好,不一定准确度高。但要准确度高,必须有精密度好这一先决条件。

3.2　有效数字

3.2.1　有效数字的概念

有效数字与数学上的数字有着不同的含义,数学上的数字只表示大小;而有效数字不仅表示量的大小及测定数据的可靠程度,还反映出所用仪器和所选实验方法的准确程度。

例如"称取 $K_2Cr_2O_7$ 8.4 g",这不仅说明了 $K_2Cr_2O_7$ 质量为 8.4 g,而且表明用精度为 0.1 g 的台秤称量就可以了。若是"称取 $K_2Cr_2O_7$ 8.400 0 g",则表明须在分析天平上称量。这样的有效数字还表示了称量误差。所以,记录测量数据时,不能随便乱写。

所谓有效数字就是在实验中能测出的数字,每一位都有实际意义,它的位数表明了测量的准确程度。它包括除最后一位以外的可靠数字和可疑的最后一位数字。

"0"在数字中的位置不同,其含义是不同的,有时算作有效数字,有时则不算。

(1)"0"在数字前,仅起定位作用,本身不算有效数字。如 0.002 54,数字 2 前面的三个 0 都不算有效数字,该数的有效数字位数是三位。

(2)"0"在数字中间,算有效数字。如 4.006 中的两个 0 都是有效数字,该数是四位有效数字。

(3)"0"在数字后,也算有效数字。如 0.035 0 中,"5"后面的"0"是有效数字,"3"前面的"0"就不是有效数字,0.035 0 是三位有效数字。

(4)以"0"结尾的正整数,有效数字位数不定。如 2 500,可能是两位、三位甚至是四位。这种情况应根据实际改写成 2.5×10^3(两位),或 2.50×10^3(三位)等。

(5)pH 值,lg K 等对数的有效数字的位数仅取决于小数部分(尾数)数字的位数。如 pH = 10.20,其有效数字为两位,所以 $[H^+] = 6.3 \times 10^{-11}$ mol·L^{-1}。

3.2.2　有效数字的运算规则

1.加减法

在进行几个数字的相加或相减运算时,所得和或差的有效数字的位数应以小数点后位数最少的为准。如将 2.011 3、31.25 及 0.357 三数相加,运算时,首先确定有效数字保留的位数,弃去不必要的数字,然后再作运算。上述三个数,31.25 的小数点后仅有两位数,其位数最少,故应以它作标准,取舍后为 2.01、31.25、0.36 相加,具体计算为

$$
\begin{array}{ll}
2.0113 \rightarrow & 2.01 \\
31.25 \rightarrow & 31.25 \\
0.357 \rightarrow & +\ \ 0.36 \\
\hline
& 33.62
\end{array}
$$

2.乘除法

在进行几个数相乘除运算时,其积或商的有效数字应以有效数字位数最少的数为准。如 1.312×23.1,计算为

$$
\begin{array}{r}
1.312 \\
\times \quad 23.1 \\
\hline
1312 \\
3936 \\
2624 \\
\hline
30.3072 \quad \rightarrow 30.3
\end{array}
$$

在乘除运算中,常会遇到数字第一位是 8、9 的大数,如 9.00、8.97 等。其与 10.00 这类四位有效数字的数值相接近,所以通常将它们当做四位有效数字的数值处理。

另外,在较复杂的计算中,中间各步可暂时多保留一位数字,以免多次四舍五入,造成误差的积累。待到最后结束时,再弃去多余的数字。

3.3　实验数据及其表达方式

从实验中得到的大量数据最终要得出某　个量值的实验值,或者由此找出某种规律来,这就是数据处理的任务。一般可对数据进行计算、作图和列表处理。

3.3.1　数据的计算处理

对要求不太高的实验,一般只要求重复两三次,如数据的精密度较好,可用平均值作为结果。如若必须注明结果的误差,可根据方法误差求得或者根据所用仪器的精度估计出来,对于要求较高的实验,往往要多次重复进行,所获得的一系列数据要经过严格处理,其具体做法是:

(1) 首先整理数据。

(2) 算出平均值 $\overline{X}$。

(3) 算出各个数据对平均值的绝对偏差 ΔX_i。

(4) 计算方差、标准差等。

3.3.2　数据的列表处理

实验完成后,应将获得的数据尽可能整齐地、有规律地列表表达出来,使得全部数据能一目了然,便于处理和运算。列表时应注意以下几点:

(1) 每个表应有简明、达意、完整的名称。

(2) 格的横排称为行,竖排称为列。每个变量占表格一行或一列,每一行或一列的第一栏,要写出变量的名称和量纲。

(3) 表中数据应化为最简单的形式表示,公共的乘方因子应在第一栏的名称下注明。

(4) 表中数据排列要整齐,应注意有效数字的位数,小数点要对齐。

(5) 处理方法和运算公式要在表下注明。

3.3.3　数据的作图处理

利用图形表达实验结果能直接显示出数据的特点和变化规律,并能利用图形作进一步的处理。如求得斜率、截距、外推值、内插值等。作图时注意的事项如下:

1. 正确选择坐标纸、比例尺度

坐标纸有直角普通坐标纸、半对数坐标纸、对数坐标纸等,应根据具体情况选择。在基础化学实验中多使用直角坐标纸。习惯上以横坐标为自变量,纵坐标为因变量。坐标轴上比例尺的选择极为重要,选择时要注意:

(1) 能够表示全部有效数字,这样可使由图形所求出的物理量的准确度与测量的准确度相一致。

(2) 坐标标度应选取便于计算的分度,即每一小格应代表 1、2 或 5 的倍数,而不要采用 3、6、7、9 的倍数。而且应把数字标在逢 5 或逢 10 的粗线上。

(3) 要使数据点在图上分散开,占满纸面,使全图布局匀称。

(4) 如若图形是直线,则比例尺的选择应使直线的斜率接近 1。

2. 点和线的描绘

代表某一数值的点可用△、⊙、⊕、×、◆等不同的符号表示。符号的重心所在即表示读数值。描出的线必须平滑,尽可能接近(或贯穿)大多数的点(并非要求贯穿所有的点),并且使处于平滑曲线(或直线)两边的点的数目大致相等。这样描出的线能表示出被测量数值的平均变化情况。在曲线的极大、极小或转折处应多取一些点,以保证曲线所表示的规律的可靠性。如果发现有个别的点远离曲线,又不能判断被测物理量在此区域会发生什么突变,就要分析是否有偶然性的过失误差,如果属于后一种情况,描线时可不考虑这一点。但是如果重复实验仍有同样的情况,就应在这一区域重复进行仔细的测量,搞清是否有某些必然的规律。总之,切不可毫无理由地丢弃离曲线较远的点。

第4章 现代化学基础实验常用仪器

4.1 天平的使用

4.1.1 分析天平的使用方法

分析天平是定量分析化学实验中最主要、最常用的仪器之一,在进行分析工作之前,必须先熟悉如何正确使用天平。在定量分析中,总希望得到具有一定准确度的结果,而所要求的准确度,在不同的分析任务中可能不同。在常量分析中,允许的测定误差常常不超过被测量数值的千分之几,如果分析天平能准确称量到 0.1 mg,每次取样需要进行两次称量,称量误差为 0.2 mg,若取样质量为 0.2 g,则称量的相对误差为 0.1%,能满足这个准确度要求的天平,通常称做感量为 1/10 000 g 的分析天平,它们的最大载量一般为 100~200 g。

1.天平的构造原理及分类

杠杆式机械天平是根据杠杆原理制成的一种衡量用的精密仪器,用已知质量的砝码来衡量被称物体的质量。从力学原理上看,设杠杆 A、B、C(图 4.1)的支点为 B,力点分别在两端 A 和 C 上。两端所受的力分别为 P 和 Q,P 表示砝码的质量,Q 表示被称物体的质量。对等壁天平而言,支点两边的臂长相等,即 $L_1 = L_2$。当杠杆处于水平平衡状态时,支点两边的力矩相等,即

$$Q \times L_1 = P \times L_2$$

因为 $\qquad\qquad L_1 = L_2$

所以 $\qquad\qquad Q = P$

上式说明,当等臂天平处于平衡状态时,被称物体的质量等于砝码的质量。这就是等臂天平的基本原理。

等臂分析天平用三个玛瑙三棱体的锐利的棱边(刀口)作为支点 B(刀口朝下)和力点 A、C(刀口朝上)。这三个刀口必须完全平行并且位于同一水平面上,如图 4.2 中虚线所示。

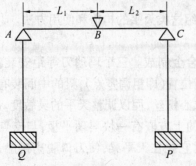

图 4.1 等臂天平原理

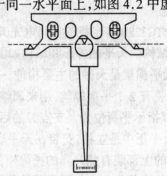

图 4.2 等臂天平横梁

分析天平必须具有足够的灵敏度。天平的灵敏度是指在一个秤盘上加 1 mg 质量时所引起指针偏斜的程度,一般以分度·mg^{-1}表示。指针倾斜程度大,表示天平的灵敏度高。设天平的臂长为 1, d 为天平横梁的重心与支点间的距离, m 为梁的质量, α 为在一个盘上加 1 mg 质量时引起指针倾斜的角度,它们之间存在如下关系

$$\alpha = 1/m \cdot d$$

式中, α 为天平的灵敏度。由上式可见,天平梁越轻,臂越长,支点与重心间的距离越短(即重心越高),则天平的灵敏度越高。

天平的灵敏度常用感量或分度值表示,它们之间的关系为

$$感量 = 分度值 = 1/灵敏度$$

由于同一台天平的横梁臂长及质量是一定的,所以只能通过调整重心螺丝的高度来改变支点到重心的距离,以得到合适的灵敏度。

根据天平的结构特点,可分为等臂(双盘)天平、不等臂(单盘)天平和电子天平三类。根据用途,又可分为"标准天平"和"工作用天平"两大类。凡直接用于检定传递砝码质量量值的天平均称为标准天平,其他的天平一律称为工作用天平。实验室常用天平中,根据分度值大小,又惯称为常量分析天平(0.1 mg·分度$^{-1}$)、微量天平(0.01 mg·分度$^{-1}$)和超微量天平(0.001 mg·分度$^{-1}$)。

表 4.1　常用分析天平的规格型号

种　类	型　号	名　称	规　格
双盘天平	TG328A	全机械加码电光天平	200 g/0.1 mg
	TG328B	半机械加码电光天平	200 g/0.1 mg
	TG332A	微量天平	20 g/0.01 mg
单盘天平	DT－100	单盘精密天平	100 g/0.1 mg
	DTG－160	单盘电光天平	160 g/0.1 mg
	BWT－1	单盘微量天平	20 g/0.01 mg
电子天平	MD100－2	上皿式电子天平	100 g/0.1 mg
	MG200－3	上皿式电子天平	200 g/1 mg

各种型号的双盘等臂天平,构造和使用方法大同小异,本书实验中主要使用 TG328B 型分析天平。

现以 TG328B 型半机械加码电光天平为例,介绍这类天平的构造和使用方法。

(1) 结构。天平的外形和结构如图 4.3 所示。

① 天平横梁是天平的主要构件,一般由铝铜合金制成。三个玛瑙刀等距安装在梁上,梁的两边装有 2 个平衡螺丝,用来调整横梁的平衡位置(即粗调零点),梁的中间装有垂直的指针,用以指示平衡位置。支点刀的后上方装有重心螺丝,用以调整天平的灵敏度。

② 天平正中是立柱,安装在天平底板上。柱的上方嵌有一块玛瑙平板,与支点刀口相接触。柱的上部装有能升降的托梁架,关闭天平时它托住天平梁,使刀口脱离接触,以减少磨损。柱的中部装有空气阻尼器的外筒。

③ 悬挂系统。吊耳:它的平板下面嵌有光面玛瑙,与力点刀口相接触,使吊钩及秤盘、

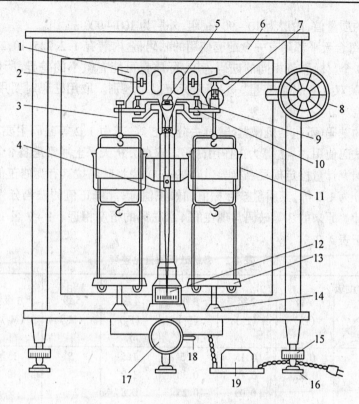

图 4.3　TG328B 型半机械加码电光天平

1—横梁；2—平衡铊；3—吊耳；4—指针；5—支点刀；6—框罩；7—圈形砝码；8—指数盘；9—支力销；10—折叶；
11—阻尼器内筒；12—投影屏；13—秤盘；14—盘托；15—螺旋脚；16—垫脚；17—升降旋钮；18—投影屏调节杆

阻尼器内筒能自由摆动。

空气阻尼器：由两个特制的铝合金圆筒构成，外筒固定在立柱上，内筒挂在吊耳上。两筒间隙均匀，没有摩擦，开启天平后，内筒能自由上下运动，由于筒内空气阻力的作用使天平横梁很快停摆而达到平衡。

秤盘：两个秤盘分别挂在吊耳上，左盘放被称物，右盘放砝码。

吊耳、阻尼器内筒、秤盘上一般都刻有"1"、"2"标记，安装时要分左右配套使用。

④ 读数系统。指针下端装有缩微标尺，光源通过光学系统将缩微标尺上的分度线放大，再反射到光屏上，从屏上可看到标尺的投影，中间为零，左负右正。屏中央有一条垂直刻线，标尺投影与该线重合处即为天平的平衡位置。天平箱下的投影屏调节杆可将光屏在小范围内左右移动，用于细调天平零点。

⑤ 天平升降旋钮。位于天平底板正中，它连接托梁架、盘托和光源。开启天平时，顺时针旋转升降旋钮，托梁架即下降，梁上的三个刀口与相应的玛瑙平板接触，吊钩及秤盘自由摆动，同时接通了光源，屏幕上显出标尺的投影，天平已进入工作状态。停止称量时，关闭升降旋钮，则横梁、吊耳及秤盘被托住，刀口与玛瑙平板离开，光源切断，屏幕黑暗，天平进入休止状态。

⑥ 天平箱下装有三个脚，前面的两个脚带有旋钮，可使底板升降，用以调节天平的水平位置。天平立柱的后上方装有气泡水平仪，用来指示天平的水平位置。

⑦ 机械加码。转动圈码指数盘，可使天平梁右端吊耳上加 10 ~ 990 mg 圈形砝码。指数

盘上刻有圈码的质量值,内层为 10 ~ 90 mg 组,外层为 100 ~ 900 mg 组。

⑧ 砝码。每台天平都附有一盒配套使用的砝码,盒内装有 1,2,2,5,10,20,20,50,100 g 的 3 等砝码共 9 个。标称值相同的砝码,其实际质量可能有微小的差异,所以分别用单点"·"或单星"＊"、双点"··"或双星"＊＊"作标记以示区别。取用砝码时要用镊子,用完及时放回盒内并盖严。

我国生产的砝码(不包括机械挂码)过去分为 5 等,其中 1、2 等砝码主要在计量部门作为基准或标准砝码使用,3 ~ 5 等为工作用砝码。双盘分析天平上通常配备 3 等砝码。

新修订的国家计量检定规程《砝码》(JJG 99—90)中将砝码按其有无修正值分为两类:有修正值的砝码分为 1、2 等,其质量按标称值加修正值计;无修正值的砝码分为 9 个级别,其质量按标称值计。原来的 3 等砝码与现在的 4 级砝码的精度相近。1 ~ 7 级 100 g 以下砝码的质量允差列于表 4.2。

表 4.2 各级砝码质量允差表

标称质量值	1 级 (E₁)	2 级 (E₂)	3 级 (F₁)	4 级 (F₂)	5 级 (M₁)	6 级 (M₂)	7 级 (O)
100 g	0.05	0.15	0.5	1.5	5	15	5×10
50 g	0.030	0.10	0.30	1.0	3	10	
20 g		0.08	0.25	0.8	2.5	8	
10 g	0.020	0.06	0.20	0.6	2.0	6	
5 g	0.015	0.05	0.15	0.5	1.5	5	
2 g	0.012	0.04	0.12	0.4	1.2	4	
1 g	0.010	0.03	0.10	0.3	1.0	3	
500 mg	0.008	0.025	0.08	0.25	0.8		
200 mg	0.006	0.020	0.06	0.20	0.6		
100 mg	0.005	0.015	0.05	0.15	0.5		
50 mg	0.004	0.012	0.04	0.12	0.4		
20 mg	0.003	0.010	0.03	0.10	0.3		
10 mg	0.002	0.006	0.02	0.06	0.2		
5 mg	0.002	0.006	0.02	0.06	0.2		
2 mg	0.002	0.006	0.02	0.06	0.2		
1 mg	0.002	0.006	0.02	0.06	0.2		

砝码产品均附有质量检定证书,无检定证书或其他合格印记的砝码不能使用。砝码使用一定时期(一般为 1 年)后应对其质量进行校准。

砝码在使用及存放过程中要保持清洁,2 等及 4 等以上的砝码不得赤手拿取,要防止划伤或腐蚀砝码表面,应定期用无水乙醇或丙酮擦拭,擦拭时应使用真丝绸布或鹿皮,要避免溶剂渗入砝码的调整腔。

(2) 使用方法。分析天平是精密仪器,使用时要认真、仔细,要预先熟悉使用方法,否则容易出错,使得称量不准确或损坏天平部件。

① 拿下防尘罩,叠平后放在天平箱上方。检查天平是否正常:天平是否水平;秤盘是否洁净;圈码指数盘是否在"000"位;圈码有无脱位;吊耳是否错位等。

② 调节零点。接通电源,打开升降旋钮,此时在光屏上可以看到标尺的投影在移动,当标尺稳定后,如果屏幕中央的刻线与标尺上的"0.00"位置不重合,可拨动投影屏调节杆,移动屏的位置,直到屏中刻线恰好与标尺中的"0"线重合,即为零点。如果屏的位置已移到尺头仍调不到零点,则需关闭天平,调节横梁上的平衡螺丝(这一操作由教师进行),再开启天平继续拨动投影屏调节杆。直至调定零点,然后关闭天平,准备称量。

③ 称量。将欲称物体先在架盘药物天平(本书惯称称台秤)上粗称,然后放到天平左盘中心。根据粗称的数据在天平右盘上加砝码至克位。半开天平,观察标尺移动方向或指针倾斜方向(若砝码加多了,则标尺的投影向右移,指针向左倾斜)以判断所加砝码是否合适及如何调整。克码调定后,再依次调整百毫克组和十毫克组圈码,每次均从中间量(500 或 50 mg)开始调节。调定圈码至 10 mg 位后,完全开启天平,准备读数。

加减砝码的顺序是由大到小,依次调定。砝码未完全调定时不可完全开启天平,以免横梁过度倾斜,造成错位或吊耳脱落。

④ 读数。砝码调定,关闭天平门,待标尺停稳后即可读数,被称物的质量等于砝码总量加标尺读数(均以克计)。标尺读数在 9 ~ 10 mg 时,可再加 10 mg 圈码,从屏上读取标尺负值,记录时将此读数从砝码总量中减掉。

⑤ 复原。称量、记录完毕,随即关闭天平,取出被称物,将砝码夹回盒内,圈码指数盘退回到"000"位,关闭两侧门,盖上防尘罩。

2.称量方法

根据不同的称量对象,须采用相应的称量方法。对机械天平而言,大致有如下几种常用的称量方法:

(1) 直接法。天平零点调定后,将被称物直接放在秤盘上,所得读数即被称物的质量。这种称量方法适用于称量洁净干燥的器皿、棒状或块状的金属及其他整块的不易潮解或升华的固体样品。注意,不得用手直接取放被称物,而可采用戴汗布手套、垫纸条、用镊子或钳子等适宜的办法。

(2) 减量法(差值法)。取适量待称样品置于一干燥洁净的容器(称量瓶、纸簸箕、小滴瓶等)中,在天平上准确称量后,取出欲称取量的样品置于实验器皿中,再次准确称量,两次称量读数之差,即所称得样品的质量。如此重复操作,可连续称取若干份样品。这种称量方法适用于一般的颗粒状、粉末状试剂或试样及液体试样。

称量瓶的使用方法:称量瓶(图 4.4)是减量法称量粉末状、颗粒状样品最常用的容器。用前要洗净烘干,用时不可直接用手拿,而应用纸条套住瓶身中部,用手指捏紧纸条进行操作,这样可避免手上汗液和体温的影响。先将称量瓶放在台秤上粗称,然后将瓶盖打开放在同一秤盘上,根据所需样品量(应略多些)向右移动游码或加砝码。用药勺缓缓加入样品至台秤平衡。盖上瓶盖,再拿到天平上准确称量并记录读数。拿出称量瓶,在盛接样品的容器上方打开瓶盖并用瓶盖的下面轻敲称量瓶口的右上部,使样品缓缓倾入容器(图 4.5)。估计倾出的样品已够量时,再边敲瓶口边将瓶身扶正,盖好瓶盖后方可离开容器的上方,再准确称量。如果一次倾出的样品质量不够,可再次倾倒样品,直至倾出样品的量满足要求后,再记录第二次天平称量的读数。

图 4.4　称量瓶　　　　　　　　图 4.5　倾出试样的操作

(3) 固定量称量法(增量法)。直接用基准物质配制标准溶液时,有时需要配成一定浓度值的溶液,这就要求所称基准物质的质量必须是一定的,例如配制 100 mL 含钙 1.000 mg·mL^{-1}的标准溶液,必须准确称取 0.247 9 g $CaCO_3$ 基准试剂。称量方法是:准确称量洁净干燥的小烧杯(50,100 mL),读数后再适当调整砝码,在天平半开状态下,小心缓慢地向烧杯中加 $CaCO_3$ 试剂,直至天平读数正好增加了 0.247 9 g 为止。这种称量操作的速度很慢,适用于不易吸潮的粉末状或小颗粒(最小颗粒应小于 0.1 mg)样品。

(4) 液体样品的称量。液体样品的准确称量比较麻烦。根据不同样品的性质而有多种称量方法,主要的称量方法有以下三种:

① 性质较稳定、不易挥发的样品可装在干燥的小滴瓶中用减量法称取,应预先粗测每滴样品的大致质量。

② 较易挥发的样品可用增量法称量,例如称取浓 HCl 试样时,可先在 100 mL 具塞锥形瓶中加 20 mL 水,准确称量后,加入适量的试样,立即盖上瓶塞,再进行准确称量,然后即可进行测定(例如用 NaOH 标准溶液滴定 HCl)。

③ 易挥发或与水作用强烈的样品需要采取特殊的方法进行称量,例如冰乙酸样品可用小称量瓶准确称量,然后连瓶一起放入已盛有适量水的具塞锥形瓶,摇开称量瓶盖,样品与水混匀后进行测定。发烟硫酸及浓硝酸样品一般采用直径约 10 mm、带毛细管的安瓿球称取。已准确称量的安瓿球经火焰微热后,毛细管尖插入样品,球泡冷却后可吸入 1~2 mL 样品,然后用火焰封住管尖再准确称量。将安瓿球放入盛有适量水的具塞锥形瓶中,摇碎安瓿球,样品与水混合并冷却后即可进行测定。

3.使用天平的操作要点

(1) 开、关天平升降旋钮或停动手钮,开、关天平侧门,加、减砝码,放、取被称物等操作,其动作都要轻、缓,切不可用力过猛,否则,往往会造成天平部件脱位。

(2) 调定零点及记录称量读数后,应随手关闭天平。加、减砝码和被称物必须在天平处于关闭状态下进行(单盘天平允许在半开状态下调整砝码)。砝码未调定时不可完全开启天平。

(3) 称量读数时必须关闭两个侧门,并完全开启天平。双盘天平的前门仅供安装或检修天平时使用。

(4) 双盘天平的砝码必须用镊子夹取,并要防止掉在台上或地上。

(5) 称量读数必须立即记在实验记录本中,不得记在其他地方。

(6) 如果发现天平不正常,应及时报告教师或实验室工作人员,不要自行处理。

(7) 称量完毕,应随即将天平复原,并检查天平周围是否清洁。

(8) 天平使用一定时间(半年或一年)后,要清洗、擦拭玛瑙刀口和砝码,并检查计量性能和调整灵敏度,这项工作由实验室技术人员进行。

4.1.2　电子分析天平

电子天平是高精度电子测量仪器,可以精确地测量到 0.000 1 g,称量准确而迅速。

1. sartoriusBP221S 型天平操作方法

电子天平的型号很多,如 sartoriusBP221S 型电子天平(图 4.6)是多功能、上皿式常量分析天平,感量为 0.000 1 g,最大载荷为 210 g,其显示屏和控制键板如图 4.7 所示。

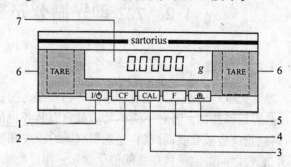

图 4.7　sartoriusBP221S 型电子天平显示屏及控制键板
1—开/关键;2—清除键(CF);3—校准/调整键(CAL);4—功能键(F);5—打印键;6—除皮/调零键(TARE);7—质量显示屏

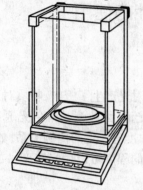

图 4.6　sartoriusBP221S 型电子天平外形

一般情况下,只使用开/关键、除皮/调零键和校准/调整键。使用时的操作步骤如下:

(1) 接通电源(电插头),屏幕右上角显出一个"o",预热 30 min 以上。

(2) 检查水平仪(在天平后面),如不水平,应通过调节天平前边左、右两个水平支脚而使其达到水平状态。

(3) 按一下开/关键,显示屏很快出现"0.000 0 g"。

(4) 如果显示不正好是"0.000 0 g",则要按一下 TARE 键。

(5) 将被称物轻轻放在秤盘上,这时可见显示屏上的数字在不断变化,待数字稳定并出现质量单位"g"后,即可读数(最好再等几秒钟)并记录称量结果。

(6) 称量完毕,取下被称物,如果不久还要继续使用天平,可暂不按"开/关键",天平将自动保持零位,或者按一下开/关键(但不可拔下电源插头),让天平处于待命状态,即显示屏上数字消失,左下角出现一个"o",再来称样时按一下开/关键就可使用。如果较长时间(半天以上)不再用天平,应拔下电源插头,盖上防尘罩。

(7) 如果天平长时间没有用过,或天平移动过位置,应进行一次校准。校准要在天平通电预热 30 min 以后进行,程序是:调整水平,按下开/关键,显示稳定后如不为零则按一下TARE 键,稳定地显示 0.000 0 g 后,按一下校准键(CAL),天平将自动进行校准,屏幕显示出"CAL",表示正在进行校准。10 s 左右,"CAL"消失,表示校准完毕,应显示出"0.000 0 g",如果显示不正好为零,可按一下 TARE 键,然后即可进行称量。

2. 使用注意事项

(1) 电子天平的开机、通电预热、校准均由实验室工作人员负责完成,学生只按 TARE键,不要触动其他控制键。

(2) 电子天平的体积较小,质量较轻,容易被碰位移,从而可能造成水平改变,影响称量结果的准确性。所以应特别注意使用时动作要轻、缓,防止开门及放置被称物时动作过重,并时常检查水平是否改变,注意及时调整水平。

(3) 要注意克服可能影响天平示值变动性的各种因素,例如空气对流、温度波动、容器不够干燥、开门及放置被称物时动作过重等。热的物体必须放在干燥器内冷却至室温然后再进行称量,药品不能直接放在天平盘上称量。

(4) 其他有关的注意事项与机械天平大致相同。

4.2　722 型光栅分光光度计的使用

4.2.1　原理

分光光度计的基本原理是溶液中的物质在光的照射下,对光产生了吸收,物质对光的吸收是具有选择性的。各种不同的物质都具有其各自的吸收光谱,因此当某单色光通过溶液时,其能量就会被吸收而减弱,光能量减弱的程度和物质的浓度有一定的比例关系,如图4.8所示,它们之间的定量依据是朗伯－比尔定律。物质吸收光的程度可以用光密度 A 或透光率 T 表示。

$$A = \lg \frac{I_0}{I}, T = \frac{I}{I_0}$$

式中,I_0 为入射光强度,I 为透射光强度。所以

$$A = \lg \frac{1}{T}$$

朗伯－比尔定律的数学表达式为

$$A = \varepsilon b c$$

式中,A 为光密度;c 为溶液的浓度($mol \cdot L^{-1}$);b 为液层厚度(cm);ε 为摩尔吸收系数($L \cdot mol^{-1} \cdot cm^{-1}$)。

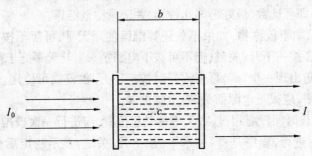

图 4.8　光吸收原理图

从以上公式可以看出,当入射光、吸收系数和溶液的光程长度不变时,透射光随溶液的浓度变化,722 型光栅分光光度计的基本原理就是根据朗伯－比尔定律设计的。

4.2.2　结构

1.光学系统

722 型光栅分光光度计采用光栅自准式色散系统和单光束结构光路,如图 4.9 所示。

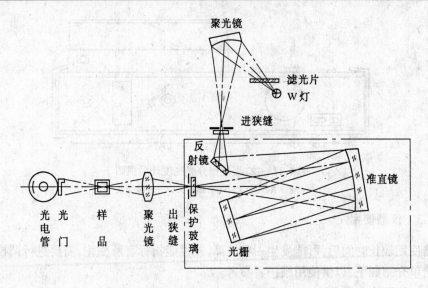

图 4.9　722 光栅分光光度计光学系统

　　钨灯发出的连续辐射经滤光片、聚光镜聚光后投向单色器进狭缝,此狭缝正好处于聚光镜及单色器内准直镜的焦平面上,因此进入单色器的复合光通过平面反射镜反射到准直镜,准直变成平行光射向色散元件光栅,光栅将入射的复合光通过衍射作用形成按照一定顺序排列的连续单色光谱,此光谱经准直镜后利用聚光原理成像在出射狭缝上,出射狭缝选出指定带宽的单色光通过聚光镜入射在被测样品上,样品吸收后的透射光经光门射向光电管阴极面。为防止灰尘进入单色器设保护玻璃。

　　2.外形与结构

　　722 型光栅分光光度计的外形及后视图如图 4.10 和图 4.11 所示。

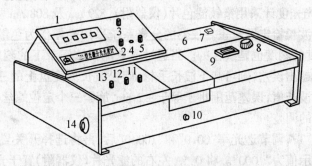

图 4.10　722 型光栅分光光度计外形

1—数字显示器;2—光密度调零旋钮;3—选择开关;4—光密度调斜
率电位器;5—浓度旋钮;6—光源室;7—电源开关;8—波长手轮;
9—波长刻度窗;10—试样架拉手;11—100%T 旋钮;12—0%T 旋钮;
13—灵敏度调节旋钮;14—干燥器

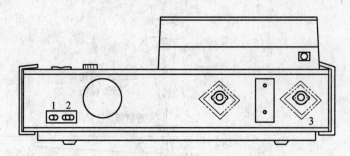

图 4.11　722 型光栅分光光度计后视图
1—1.5 A 保险丝；2—电源插头；3—外接插头

4.2.3　仪器使用

仪器使用较长时间后，可能发生一些故障，或性能指标有所变化，需要进行调校或修理，现分别简单介绍如下，以供使用维护者参考。

1. 钨灯的更换和调整

722 型光栅分光光度计的光源灯采用 12 V 30 W 插入式钨卤素灯，光源灯是易损件，更换或仪器搬运后均可能偏离正常位置，更换钨灯时应先切断电源，然后用附件中的扳手旋松钨灯架上的二个紧固螺丝，取出损坏的钨灯，换上新钨灯后，将波长选择在 550 mn 左右，开启主机电源开关，移动钨灯上、下、左、右位置，直到成像在入射狭缝上。选择适当的灵敏度开关，观察数字表读数，经过调整至数字表读数为最高即可。

最后将二紧固螺丝旋紧。注意：二紧固螺丝为钨灯稳压电源的输出电压，当钨灯点亮时，千万不能短路，否则会损坏钨灯稳压电源电路元件。

2. 波长精度检验与校正

722 型光栅分光光度计采用错钕滤色片(仪器附)，529 nm 及 808 nm 两个特征吸收峰，通过逐点测试法进行波长检定及校正。仪器的分光系统采用光栅作为色散元件，其色散是线性的，因此波长分度的刻度也是线性的。当通过逐点测试法记录下的刻度波长与错钕滤色片特征吸收波长值超出误差，则可卸下波长手轮，旋松波长刻度盘上的三个定位螺丝，将刻度指示置特征吸收波长值，误差范围小于等于 ±2 nm，旋紧三个定位螺丝即可。

3. 吸光度精度的调整

选择开关置于"T"，调节透光率"00.0"和"100.0"后，再将选择开关置"A"，旋动"光密度调零"旋钮，使得显示值为".000"。将 0.5A 左右的滤光片(仪器附)置于光路，测得其光密度值。选择开关置"T"，测得其透光率。

4.2.4　操作方法

(1) 将灵敏度旋钮置"1"挡(放大倍率最小)。

(2) 开启电源，指示灯亮，仪器预热 20 min，选择开关置于"T"。

(3) 旋动波长手轮，将波长置测试所需波长。

(4) 打开试样室(光门自动关闭)，调节"0"旋钮，使数字显示为"000.0"。

(5) 将装有参比溶液和样品溶液的比色皿置于比色皿架上。

(6) 盖上样品室盖，将参比溶液置于光路中，调节透光率"100"旋钮，使数字显示为

1 00.0(若不到 100.0,则适当增加灵敏度的档数。同时应重复调"000.0"和"100.0")。

(7) 将样品溶液置于光路中,数字表上直接显示出被测溶液的透光率(T)值。

(8) 若测量吸光度 A,调整仪器的"000.0"和"100.0"后,将选择开关置于 A,调节吸光度调零旋钮,使数字显示为"000.0",将样品溶液移入光路,显示值即为被测试液的吸光度值。

(9) 若测量浓度,将选择开关旋至 c,将已知浓度的溶液移入光路,调节浓度旋钮,使数字显示为标定值,将被测试液移入光路,显示值即为被测溶液相应的浓度值。

4.3　pH 计的使用

pH 计(又称酸度计)是一种电化学测量仪器,主要用于测定溶液 pH 值,此外,还可用于测量多种电极的电极电势。它的型号有多种,如雷磁 25 型、pHS－2 型、pHS－3C 型、pHSW－3D型等。各种型号的结构虽有不同,但基本上由电极和电计两大部分组成,电极是 pH 计的检测部分,电计是指示部分。原理上是利用电极在不同 pH 值溶液中能产生不同的电动势,经过一组转换器转变为电流,在微安计上以 pH 值读出。现以 pHS－3C 型酸度计为例介绍。

4.3.1　仪器主要技术性能

(1) 测量范围:pH 为 0.00～14.00 pH;mV 为 0～±1 999 mV。

(2) 分辨率:0.01 pH,1 mV。

(3) 精确度:pH 为 ±0.01 pH;mV 为 ±1 mV ±一个字。

(4) 稳定性:±0.01 pH ±1 个字/3h。

4.3.2　仪器的外形结构

1.pHS－3C 型 pH 计外形结构(图 4.12)

(1) 显示屏:数字显示 pH、mV 值。

(2) 定位调节旋钮(pH＝7):调节电极的不对称电势,可调范围 ±2pH。

(3) 斜率补偿调节旋钮(pH＝4 或 pH＝7):可在 80%～102% 范围内调节,以满足仪器的两点校正。

(4) 温度补偿调节旋钮:用手动温度补偿时,可在 273～373 K 范围内调节。

2.后面面板

(1) 测量电极插座。测 pH 值时,用以插入 201－C 塑壳 pH 复合电极。如不用复合电极,则在测量电极插座处插上电极换器的插头;玻璃电极插头插入转换器插座,参比电极接入参比电极接口。测 mV 值时,用以插入各种离子选择电极,离子选择电极应换上 Q9－J3 高频插口,或使用插口转换装置。

(2) 电源插座。连接 AC 220 V、50 Hz 电源。

(3) 保险座。内有 0.5 A 保险丝。

4.3.3　复合电极的结构

电极主要由电极球泡、电极支持杆、内参比电极、内参比溶液、电极塑壳、外参比电极、外

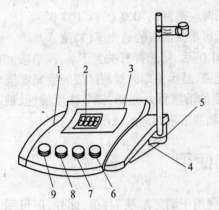
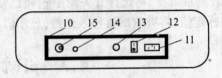

图 4.12　pHS – 3C 型 pH 计外形结构

1—机箱盖;2—显示屏;3—面板;4—机箱底;5—电极梗插座;6—定位调节旋钮;7—斜率补偿调节旋钮;
8—温度补偿调节旋钮;9—选择开关旋钮;10—仪器后面板;11—电源插座;12—电源开关;13—保险丝;
14—参比电极接口;15—测量电极插座

参比溶液、液接界、电极导线等部分组成,201 – C 型塑壳 pH 复合
电极结构图如图 4.13 所示。

4.3.4　测量原理

复合电极在溶液中组成如下电池:

内参比电极|内参比溶液|电极球泡 ┊ 被测溶液|外参比溶液|
外参比电极

（ – ）　　$E_{内参}$　　$E_{内玻}$　　$E_{外玻}$　　$E_{液接}$　　$E_{外参}$　　（ ＋ ）

式中,$E_{内参}$为内参比电极与内参比溶液之间的电势差;$E_{内玻}$为内
参比溶液与玻璃球泡内壁之间的电势差;$E_{外玻}$为玻璃球泡外壁与
被测溶液之间的电势差;$E_{液接}$为被测溶液与外参比溶液之间的接
界电势;$E_{外参}$为外参比电极与外参比溶液之间的电势差。

电池的电极电势为各级电势之和。

$$E = - E_{内参} - E_{内玻} + E_{外玻} + E_{液接} + E_{外参}$$

其中　　　　　$E_{外玻} = E_{玻}^{\ominus} - \dfrac{2.303 RT}{F}\text{pH}$

再设　　　　$A = - E_{内参} - E_{内玻} + E_{液接} + E_{外参} + E_{玻}^{\ominus}$

在固定条件下,A 为常数,所以

$$E = A - \dfrac{2.303 RT}{F}\text{pH}$$

可见电极电势 E 与被测溶液的 pH 呈线性关系,其斜率为
$- 2.303 RT/F$。

因为上式中常数项 A 随各支电极和各种测量条件而异,因此,
只能用比较法,即用已知 pH 值的标准缓冲溶液定位,通过 pH 计中
的定位调节器消除式中的常数项 A,以便保持相同的测量条件,来
检测被测溶液的 pH 值。

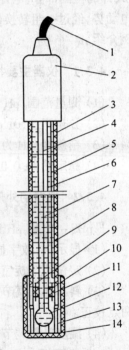

图 4.13　201 – C 型塑壳
pH 复合电极结构图

1—电极导线;2—电极帽;3—
电极塑壳;4—内参比电极;5—
外参比电极;6—电极支持杆;
7—内参比溶液;8—外参比溶
液;9—液接界;10—密封圈;
11—硅胶圈;12—电极球泡;
13—球泡护罩;14—护套

4.3.5　pH 的调节功能

1.定位调节

用来消除常数 A，使测量标准化的步骤叫做"定位"。实际操作时，利用 pH 计的定位旋钮将数字直接调整到已知的标准缓冲溶液的 pH 值，进行"定位"。这是 pH 计最重要的调节功能。

2.斜率调节

pH 电极的实际斜率与斜率项 $2.303RT/F$ 的理论值总有一定偏差，大多低于理论值，而且随着使用时间的增加，电极老化，偏差会更大，因此，必须对电极的斜率进行补偿后方能使测量标准化。设置斜率调节旋钮，能提高 pH 计的精度，使测量的准确度达到要求。

4.3.6　使用方法

1.准备工作

(1) 插上电源，按下开关，仪器预热约 30 min。

(2) 将 pH 复合电极在去离子水或蒸馏水中搅动洗净，甩干或用滤纸吸干。旋下插座护罩，将 pH 电极插入插座，将已配制的标准缓冲液分别倒入烧杯中。

2.仪器标定

仪器使用前先要标定。一般说来，仪器在连续使用时，每天要标定一次。

(1) 把选择开关旋钮调到 pH 挡。

(2) 调节温度补偿旋钮，使旋钮白线对准溶液温度值。

(3) 把斜率调节旋钮顺时针旋到底(即调到 100% 位置)。

(4) 把清洗过的电极插入 pH = 6.86 的标准缓冲溶液中。调解定位旋钮，使仪器显示读数与该缓冲溶液当时温度下的 pH 值相一致(如用混合磷酸盐定位温度为 10℃时，pH = 6.92)。

(5) 用蒸馏水清洗电极，甩干再插入 pH = 4.00(或 pH = 9.18)的标准缓冲溶液中，调节斜率旋钮使仪器显示读数与该缓冲溶液当时温度下的 pH 值一致。

(6) 重复(4)、(5)步骤，直至不用再调节定位或斜率两调节旋钮，仪器标定即告完成。

注意:经标定后，定位调节旋钮及斜率调节旋钮不应再有变动。标定的缓冲溶液第一次应用 pH = 6.86 的溶液，第二次应接近被测溶液的值，如被测溶液为酸性时，缓冲溶液应选 pH = 4.00;如被测溶液为碱性时，则选 pH = 9.18 的缓冲溶液。

一般情况下，在 24 h 内仪器不需再标定。

3.pH 测量

(1) 被测溶液与定位溶液温度相同时，测量步骤如下:

用蒸馏水清洗电极头部，用被测溶液清洁一次;把电极浸入被测溶液中，用玻璃棒搅拌溶液，使溶液均匀，在显示屏上读出溶液的 pH 值。

(2) 被测溶液和定位溶液温度不同时，测量步骤如下:

用蒸馏水清洗电极头部，用被测溶液清洁一次;用温度计测出被测溶液的温度值;调节温度调节旋钮，使白线对准被测溶液的温度值;把电极插入被测溶液内，用玻璃棒搅拌溶液，使溶液均匀后，读出该溶液的 pH 值。

4.电极电势的测量(mV)

(1) 把选择开关旋钮调到"mV"挡。

(2) 分别接上离子选择电极或金属电极和甘汞电极。

(3) 用蒸馏水清洗电极头部,用被测溶液清洁一次。

(4) 把两种电极插在被测溶液内,将溶液搅拌均匀后,即可在显示屏上读出该离子选择电极的电极电位(mV 值),还可自动显示正、负极性。

4.3.7　电极使用维护注意事项

(1) 电极在测量前必须用已知 pH 值的标准缓冲溶液进行定位校准,其值越接近被测值越好。

(2) 取下电极套后,应避免电极的敏感玻璃泡与硬物接触,因为任何破损或擦毛都会使电极失效。

(3) 测量后,及时将电极保护套套上,套内应放少量补充液以保持电极球泡的湿润。切忌浸泡在蒸馏水中。

(4) 复合电极的外参比补充液为 $3\ mol \cdot L^{-1}$ 氯化钾溶液,补充液可以从电极上端小孔加入。

(5) 电极的引出端必须保持清洁干燥,绝对防止输出两端短路,否则将导致测量失准或失效。

(6) 电极应与输入阻抗较高的酸度计($\geqslant 10^{12}\ \Omega$)配套,以保持良好的特性。

(7) 电极应避免长期浸在蒸馏水、蛋白质溶液和酸性氟化物溶液中。

(8) 电极避免与有机硅油脂接触。

(9) 电极经长期使用后,如发现斜率略有下降,则可把电极下端浸泡在质量分数为 4%HF 中 $3 \sim 5\ s$,用蒸馏水洗净,然后在 $0.1\ mol \cdot L^{-1}$ 盐酸溶液中浸泡,使之复新。

(10) 被测溶液中如含有易污染敏感球泡或堵塞液接界的物质而使电极钝化,会出现斜率降低现象,显示读数不准。如发生该现象,则应根据污染物质的性质,用适当溶液清洗,使电极复新。不同污染物的清洗溶液如表 4.3 所示。

表 4.3　污染物质和清洗剂参考表

污　染　物	清　洗　剂
无机金属氧化物	低于 $1\ mol \cdot L^{-1}$ 稀酸
有机油脂类物质	稀洗涤剂(弱碱性)
树脂高分子物质	稀酒精、丙酮、乙醚
蛋白质血球沉淀物	酸性酶溶液(如食母生片)
颜料类物质	稀漂白液、过氧化氢

下编　现代化学基本实验

第 5 章　无机化学实验

实验 1　量气法测定镁条中镁的质量分数

一、实验目的

(1) 练习测量气体体积的操作。

(2) 熟悉理想气体状态方程和分压定律的应用。

(3) 学会正确使用电子天平。

二、实验原理

本实验通过活泼金属镁与稀盐酸反应,置换出氢气,反应式为

$$Mg + 2HCl \xrightarrow{\quad\quad} MgCl_2 + H_2 \uparrow$$

由反应式可知,一定量的镁与过量的稀 HCl 作用,在一定温度和压力下,测量被置换出米的湿氢气的体积,由理想气体方程式可计算出氢气的摩尔数: $n_{H_2} = \dfrac{p_{H_2} V}{RT}$,从而便可求出镁条中镁的质量分数。式中,$p_{H_2}$ 为氢气的分压,$p_{H_2} = p_{大气压} - p_{H_2O}$。

三、仪器及试剂

仪器:电子天平(0.000 1 g),量气管(碱式滴定管,50 mL),橡皮塞,试管,长颈漏斗,橡皮连接管,气压计,温度计,滴定台。

试剂:HCl(6 mol·L^{-1}),金属镁条。

四、实验内容

(1) 在电子天平上准确称取三根 0.025 0~0.040 0 g (准确至 0.000 1 g)的镁条。

(2) 按图 5.1 所示连接装置后,打开试管 2 的胶塞,由漏斗 3 往量气管 1 内装水至略低于"0"刻度的位置。上下移动漏斗 3 以赶尽胶管和量气管内的气泡,然后将试管 2 的塞子塞紧。

(3) 检查装置的气密性。降低漏斗的高度,若量气管中水面

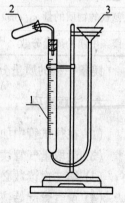

图 5.1　气体体积测定装置

1—量气管;2—反应试管;

3—漏斗

有少许下降后即保持恒定,则表明装置不漏气;若水面不断下降,则表明装置漏气,应查找漏气原因,并加以纠正。

(4) 检漏后,如果装置气密性良好,小心取下试管,用长颈漏斗在试管底部加入 3 mL 6 mol·L^{-1}的HCl,注意不要使盐酸沾湿试管的上半部。倾斜试管,将已称重的镁条用少量蒸馏水贴在试管壁上半部(不要与 HCl 接触),小心将试管按图 5.1 连接好。检查量气管内液面是否处于"0"刻度以下,再次检查装置气密性。

(5) 调整漏斗位置,使量气管内水面与漏斗内水面齐平(为什么?),然后准确读出量气管内水面读数 V_1(准确至 0.01 mL)。

(6) 轻轻托起试管底部,使镁条落入盐酸中,此时开始有氢气产生。为了不使量气管内气压增大而造成漏气,在量气管内水面下降的同时,慢慢下移漏斗,使漏斗内的水面和量气管内的水面基本保持相同水平。反应停止后,待试管冷却至室温(约 10 min),移动漏斗,使漏斗内的水面和量气管内的水面相平。读出反应后量气管内水面的位置 V_2。1～2 min 后,再读一次量气管水面位置,若两次读数相同,则表明管内气体温度与室温相同,计算出产生 H$_2$ 的体积 V。

(7) 平行测量三次,记录数据,取平均值。

(8) 记录实验时的室温 t 和大气压 p。

(9) 从附录中查出此温度时水的饱和蒸气压 p_{H_2O}。

五、数据记录及结果

表 5.1

实　验　编　号	1	2	3
镁条样品质量 m/g			
反应前量气管内读数 V_1/mL			
反应后量气管内读数 V_1/mL			
置换出的氢气体积 V/mL			
氢气的物质的量 n_{H_2}/mol			
镁条中镁的质量分数			

镁条中镁的质量分数平均值(_____)。

六、注意事项

(1) 在往试管中加盐酸时,注意不要沾污试管壁,否则与镁条接触就会反应。

(2) 读取量气管读数时,必须保持量气管与漏斗中液面水平。

(3) 第二次读数必须待试管冷却至室温再读。

(4) 量气管起始液面不要太低,否则反应后会低于 50 mL,使体积无法读取。

七、思考题

(1) 实验中需要测定哪些数据?

（2）为什么必须检查装置是否漏气？

（3）在读取量气管中水面读数时，为什么要使水平管中的水面与量气管中的水面相平？

（4）结果的计算公式如何表达？

实验 2　葡萄糖相对分子质量的测定——冰点降低法

一、实验目的

（1）了解用冰点降低法测定溶质相对分子质量的原理和方法，练习绘制冷却曲线。

（2）学习温度计（0.1 度刻度）、移液管和天平的使用等基本操作。

二、实验原理

溶剂中溶解有溶质时，溶剂的凝固点要下降。若溶质和溶剂不生成固溶体，而且浓度很小时，溶液的凝固点下降值 Δt_f 与溶质的质量摩尔浓度或摩尔质量有如下关系

$$\Delta t_f = t_f^0 - t_f = K_f \cdot m = K_f \frac{1\,000 \cdot G_1}{M \cdot G_2} \qquad ①$$

式中，Δt_f 为凝固点下降值；t_f^0 为纯溶剂的凝固点；t_f 为溶液的凝固点；K_f 为溶剂摩尔凝固点下降常数，每种溶剂都有自己的 K_f 值；m 为溶质的质量摩尔浓度，M 为溶质的摩尔质量；G_1 和 G_2 分别表示溶质和溶剂的质量。如果取一定量（G_1）的溶质溶解于一定量（G_2）的溶剂中，通过实验测得 Δt_f，溶质的摩尔质量便可通过下式计算出来，即

$$M = 1\,000 K_f \frac{G_1}{G_2 \cdot \Delta t_f} \qquad ②$$

纯溶剂的凝固点就是它的液相和固相共存的平衡温度。若将纯溶剂逐步冷却，在未冷却之前，温度将随时间均匀下降。凝固时由于放出热量（融化热），使因冷却而散失的热量得到了补偿，故温度将保持不变，直到全部液体凝固后才继续均匀下降。其冷却曲线如图 5.2（Ⅰ）所示，但是在实际过程中常发生过冷现象（一般可以加强搅拌来避免或减弱），即在超过其凝固点

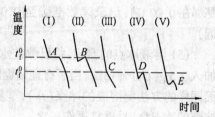

图 5.2　冷却曲线

以下才开始析出固体，当开始结晶时由于放出热量，温度又开始上升，待液体全部凝固，温度再开始下降。这种冷却曲线如图 5.2（Ⅱ）所示，点 B 所对应的温度 t_f^0 才是溶剂的凝固点。溶液的凝固点是该溶液的液相与溶剂的固相共存时的平衡温度。若将溶液逐步冷却，其冷却曲线与纯溶剂不同。因为当溶剂一旦开始从溶液中析出，溶液的浓度便随着增大，溶液的凝固点也随着进一步下降。但又因为在溶剂结晶析出的同时伴有热量放出，温度下降的速率就与溶剂的第一次开始凝固析出之前有所不同，因而在冷却曲线（Ⅲ）上就出现一个转折点 C，这个转折点就是溶液的凝固点。它相当于溶剂从溶液中第一次开始凝固析出的温度。这时如果有过冷现象，则会出现曲线（Ⅳ）上的点 D。这时温度回升后出现的最高点才是溶液的凝固点。如果过冷现象严重，则得曲线（Ⅴ），就会使凝固点的测定结果偏低。

三、仪器及试剂

仪器:简易冰点测定器一套(图 5.3),移液管(10 mL),读数放大镜,烧杯(500 mL)。
试剂:葡萄糖(固),食盐(固),冰。

四、实验内容

(1) 如图 5.3,温度计装在内管里,此温度计分格应为 0.1 ℃。

(2) 烧杯中装有冰、盐及少量水组成的冷冻剂,温度需保持在 $-5 \sim 7$℃。

(3) 预先称量好 0.5 g 及 0.2 g 葡萄糖各一份,每份称量准确至 0.02 g,包在纸内备用。

(4) 纯水冰点的测定。取出温度计,用 10 mL 移液管向内管中加入 10.00 mL 蒸馏水(近似作为 10.00 g),装好温度计及搅拌棒,将有关数据记录后,在 500 mL 烧杯中加入冰块、水和粗盐(盐粒应尽可能放在冰块上面)作冷冻剂。开始可将内管从外套管中取出,直接插入冷冻剂内,轻轻拉动搅拌棒使温度快速降至近 0℃,但不能使水结冰,取出内管将管外水擦干后,重新放入外套管中塞紧塞子,二管间隔位置要保持始终一致,不能在某个方向偏近外套管壁,然后再拉搅拌棒使温度均匀,并让其继续冷却。

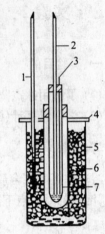

图 5.3　简易冰点测定器
1,2— 温度计;3— 搅拌棒;
4— 盖;5— 烧杯;6— 冷冻剂杯;7— 被测液体

每 30 s 读一次温度。在读取温度时,应用放大镜。由于存在过冷现象,所以温度将先降至零度以下,但一旦到了过冷点后,温度会突然上升,此时应密切观察并记下其回升到某个最高点温度,此温度即为纯水的冰点 t_p^0(由于温度计质量问题,每个温度计指示出水的冰点不是都在 0.00℃),记录读数准确至 0.02℃(重复操作一次,过冷点不一定重复,但冰点应相近)。

(5) 溶液冰点的测定。将已测纯水冰点的内管取出,以手掌温热使冰融化,取出温度计,加入 0.5 g(G_1)葡萄糖,当所有葡萄糖颗粒全部进入水中再温热此内管,使其全部溶解,用前面同样的方法测溶液的冰点(t_{f1}),重复一次。再加第二份葡萄糖 0.2 g G_1',方法完全同上测溶液的冰点(t_{f2}),重复操作一次。

数据记录及结果处理:

葡萄糖质量(g)　　$G_1 =$　　　　　$G_1' =$
水的质量(g)　　　$G_2 =$

表 5.2　水在冷却过程中温度和时间的记录

时间 /s							
温度 /℃							

表 5.3　溶液在冷却过程中温度和时间的记录

时间 /s							
温度 /℃							

表 5.4　绘制纯水和溶液的冷却曲线（通过实验）

平行测定	第一次	第二次
纯水冰点 t_f^0/℃		
0.5 g 葡萄糖溶液冰点 t_{f1}/℃		
0.7 g 葡萄糖溶液冰点 t_{f2}/℃		
冰点下降值 Δt_f/℃		
葡萄糖相对分子质量 M		

五、思考题

(1) 冷冻剂的粗盐为什么要尽可能加在冰粒上,而不是投放在水底?

(2) 重复测量冰点的意义何在?

(3) 什么叫过冷?

(4) 根据测量仪器的精确度来回答,在你的测定结果中应保留几位有效数字?

附　注

1. 注意事项

本实验装置中外管为空气套管,它有助于消除由于溶剂或溶液冷却过快造成的误差。要做好这个实验应注意三点:

(1) 首先弄清温度计的读数意义,此外由于温度计的质量问题,有些温度计的冰点不在 0.00℃,因此要特别注意读数的真实性,才能得到真正的 Δt_f 值。

(2) 冰水体系冷冻剂中,水不要太多,冰粒大小应适中,使测定容器适于插入冰中,盐粒应尽量放在冰的最上面,不要投到水底。

(3) 温度读数,在过冷到一个最低温度后水银柱会突然上升,此时应密切注意观察上升的最高点温度,其读数即是应记录之数,以后的读数会有 0.02℃ 左右的上下波动,这些数据总的趋势是逐渐减小。

2. 制冷

实验室中常用的制冷方法有以下四种:

(1) 冰。通常状况下冰的温度为 0℃。冰融化时要吸收大量的热(每克冰融化成同温度的水吸热 333.55 J)。利用这一性质可以进行冷却。例如,把冰块投入水中,即可使水温度降到室温以下。显然用这种方法可将温度最低降到 0℃。

(2) 冰(雪)盐。附表是实验室常用的一些冰盐合剂的成分及其所能达到的低温,供实验时参考。

冰(雪)和盐混合在一起,盐会溶解在其中的少量水中,而大部分盐溶解时都是吸热的。盐溶解在水中后又使水的冰点下降,使冰融化,0℃ 的冰融化时要吸热。冰再融化,盐再溶解。利用这种性质也可以达到制冷的目的。

(3) 干冰。液态二氧化碳自由蒸发时,一部分冷凝成雪花状。固体 CO_2 直接升华汽化而不融化。在 −78.5℃ 时的蒸气压为 101 325 Pa,因此常用固体 CO_2 作制冷剂,叫干冰。干冰同乙醚、氯仿或丙酮等有机溶剂所组成的冻膏,温度可低到 −77℃,在实验工作中用于低温冷浴。

(4) 电冰箱。近年来,电冰箱的应用已普及,为实验室带来了很大方便。

电冰箱是利用氟利昂(即氟氯烷,如 CCl_2F_2 等)或氨等制冷剂受压缩时放热,用小风扇鼓风冷却,使其变为液体,再使液体制冷剂在蒸发器内蒸发吸收箱内热量而制冷的。

利用冰箱可以得到零下几度至十几度的低温。

3.温度计的使用

(1) 实验室中最常用的测量温度的仪器是水银温度计和酒精温度计。一般常用的水银温度计有三种规格:100℃,250℃,360℃,可测准至 0.1℃。刻度为(1/100℃)的温度计比较精密,可测准至 0.01℃。

(2) 测量正在加热的液体时,最好把温度计悬挂起来,并使水银球完全浸在液体中,还要注意使温度计在液体内处于适中位置,不要使水银球靠在容器的底部或壁上。

(3) 温度计不能作搅拌用,以免把水银球碰破,刚刚测过高温物体的温度计不能立即用冷水去洗,以免水银球炸裂。使用温度计时要轻拿轻放,不要甩动,以免打碎。温度计的水银球一旦打碎,洒出的水银,一定要立即回收或用硫黄粉覆盖处理。

表 5.5　常用冰盐合剂

盐类	与 100 g 冰或雪作用时的盐量/g	能达到的最低温度/℃
$Na_2S_2O_3 \cdot 5H_2O$	67.5	− 55.0
NaCl	33.0	− 21.2
$(NH_4)_2SO_4$	62.0	− 19.0
NH_4NO_3	45.0	− 17.3
NH_4Cl	25.0	− 15.8
NH_4NO_3	52.0	− 25.8
$NaNO_3$	55.0	
NH_4Cl	20.0	− 30.0
NaCl	40.0	
NH_4ClO_3	41.6	− 40.0
NaCl	41.6	

4.秒表的使用

秒表是准确测定时间的仪器。它有各种规格,实验室常用的一种秒表的秒针转一周为 30 s,分针转一周为 15 min。这种表有两个针,长针为秒针,短针为分针,表面上也相应地有两圈刻度,分别表示秒和分的数值。这种表可读准至 0.01 s。表的上端有柄头,用它旋紧发条,控制表的启动和停止。

使用时,先旋紧发条,用手握住表体,用拇指或食指按柄头,按一下,表即走动。需停表时,再按柄头,秒针、分针就都停止,便可读数。第三次按柄头时,秒针、分针即返回零点,恢复原状。有的秒表有暂停装置,需暂停时,推动暂停钮,表即停止,退回暂停钮时,秒针继续走动,连续什时。

实验 3　氯化铵生成焓的测定

一、实验目的

(1) 掌握测量物质生成焓的一般方法。
(2) 通过物质生成焓的计算,进一步掌握盖斯($\Gamma.И.\Gamma ecc$)定律的应用。
(3) 熟悉天平的使用,学会使用移液管和滴定管。

二、实验原理

在恒温恒压下,由纯态的稳定单质生成 1 mol 某物质时,其反应热称为该物质的生成焓。在恒温恒压条件下,由稳定态的纯态单质于 101 325 Pa 的标准状态下,生成 1 mol 某物质时的等压反应热(焓变),为该物质的标准生成焓,以符号 $\Delta H_f^{\ominus},_T$ 表示,通常是用 298.15 K 时的标准生成焓 $\Delta H_f^{\ominus},_{298.15}$。有些物质往往不能由单质直接生成,这些物质的生成焓则无法直接测定,只能依靠间接的方法,通过盖斯定律求得该物质的生成焓。

例如,$NH_4Cl(s)$ 的生成可以设想通过下列不同途径来实现

$$\underbrace{\frac{1}{2}N_2(g)+\frac{3}{2}H_2(g)}+\underbrace{\frac{1}{2}H_2(g)+\frac{1}{2}Cl_2(g)}\xrightarrow{\Delta H_f^{\ominus}} NH_4Cl(s)$$

$$\Delta H_1^{\ominus}\Big| H_2O(l) \qquad \Delta H_2^{\ominus}\Big| H_2O(l) \qquad -\Delta H_4^{\ominus}\; \Big\| \begin{matrix} H_2O(l) \\ \Delta H_4^{\ominus} \end{matrix}$$

$$NH_3(aq) \qquad + \qquad HCl(aq) \xrightarrow{\Delta H_3^{\ominus}} NH_4Cl(aq)$$

根据盖斯定律

$$\Delta H_1^{\ominus}+\Delta H_2^{\ominus}+\Delta H_3^{\ominus}+(-\Delta H_4^{\ominus})=\Delta H_f^{\ominus}$$

$$\Delta H_f^{\ominus}=\Delta H_1^{\ominus}+\Delta H_2^{\ominus}+\Delta H_3^{\ominus}-\Delta H_4^{\ominus}$$

已知
$$\Delta H_1^{\ominus}=-81.2\ kJ\cdot mol^{-1}$$
$$\Delta H_2^{\ominus}=-165.1\ kJ\cdot mol^{-1}$$

通过实验测定 $NH_3\cdot H_2O(aq)$ 和 $HCl(aq)$ 的反应焓和 $NH_4Cl(s)$ 的溶解焓即可确定 $NH_4Cl(s)$ 的生成焓。

为了提高实验的准确度,减小实验误差,本实验要求:

(1) $NH_3\cdot H_2O$ 和 HCl 的中和反应在低浓度的 HCl 和 $NH_3\cdot H_2O$ 的溶液中进行。
(2) 实验要求在绝热、保温良好的量热器中进行,以确保热损失最小。本实验采用的是简易量热器(保温杯式量热计,如图 5.4 所示)。

中和焓和 $NH_4Cl(s)$ 溶解焓可以通过溶液的比热和反应过程中溶液温度的改变来计算。计算公式为

$$\Delta H=-\Delta t\cdot C\cdot V\cdot d\cdot\frac{1}{n}\cdot\frac{1}{1\,000}$$

式中,ΔH 为反应的焓变($kJ \cdot mol^{-1}$);Δt 为反应前后温差(℃);C 为溶液比热($J \cdot g^{-1} \cdot K^{-1}$);$V$ 为溶液体积(mL);d 为溶液体积($g \cdot mL^{-1}$);n 为 V mL 溶液中 NH_4Cl 的物质的量(mol)。

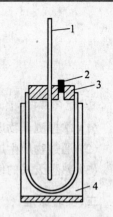

图 5.4　简易量热器装置图
1—温度计;2—小软水塞;
3—量热器盖;4—量热器

三、仪器及试剂

仪器:移液管(50 mL),量热器,搅拌器,温度计,碱式滴定管。
试管:HCl($1.5\ mol \cdot L^{-1}$),$NH_3 \cdot H_2O$($1.6\ mol \cdot L^{-1}$),NH_4Cl(固)。

四、实验内容

1. 中和焓

(1) 用 50 mL 移液管,移取 50.00 mL $1.500\ mol \cdot L^{-1}$ HCl 放入事先洗净且干燥的保温杯中,在软木塞盖上插入 1/10℃刻度温度计,盖上此盖,如图 5.4 所示。按水平方向不断摇动量热器,至溶液温度恒定后(大约需 3~5 min),记下中和反应前的温度。

(2) 用滴定管从保温杯盖子上的小孔中放入 50.00 mL $1.6\ mol \cdot L^{-1}$ 的 $NH_3 \cdot H_2O$,立即盖上小软木塞,按水平方向不断地摇动,并记下中和反应后上升的最高温度。

将中和反应前后的温度填入表 5.6 中。

(3) 测定完毕将 NH_4Cl 溶液倒入回收瓶中,洗净并擦干量热器和温度计,准备下一个实验用。

表 5.6

中　和　反　应　前						中和反应后溶液的最高温度/℃	中和反应的温升 Δt/℃
HCl			$NH_3 \cdot H_2O$				
温度/℃	浓度/($mol \cdot L^{-1}$)	体积/mL	浓度/($mol \cdot L^{-1}$)	体积/mL			

2. 溶解焓

(1) 在 1/100 天平上准确称取 NH_4Cl(s)10~12 g。

(2) 用移液管准确量取 100.00 mL 蒸馏水放入保温杯中,把盖子上的小软木塞去掉(保存好,实验完毕后再盖在大软木塞上),插入塑料搅拌器,盖上量热器盖,上下移动搅拌器,不断搅拌溶液至水温保持恒定为止(大约需要 3~5 min),记下水温。

迅速将称取的 NH_4Cl(s)倒入量热器中,立即盖紧盖子并不断搅拌,也可以按水平方向摇动量热器,直至温度下降至稳定的最低值后,记下温度。

测量完毕后把保温杯中的 NH_4Cl 溶液倒入回收瓶,洗净量热器、温度计和搅拌器,放回原处。将以上数据填入表 5.7 中。

表 5.7

NH_4Cl(无水)的摩尔质量/g	NH_4Cl(无水)的质量/g	溶解 NH_4Cl 蒸馏水的温度 t_1/℃	溶解 NH_4Cl 后溶液的最低温度 t_2/℃	$\Delta t = (t_2 - t_1)$/℃

五、数据处理

(1) 根据实验原理中的公式计算反应热(中和焓或溶解焓)。

设溶液的比热为 $4.18\ \mathrm{J\cdot g^{-1}\cdot ^{\circ}C^{-1}}$,$NH_4Cl$ 溶液的密度 $d \approx 1.00\ \mathrm{g\cdot mL^{-1}}$,反应器的热容可以忽略不计。

(2) 计算测得 $NH_4Cl(s)$ 的标准生成焓。

$$\Delta H_f^{\ominus}(NH_4Cl,实) = \Delta H_1^{\ominus} + \Delta H_2^{\ominus} + \Delta H_3^{\ominus} - \Delta H_4^{\ominus}$$

$$\Delta H_1^{\ominus} = -81.2\ \mathrm{kJ\cdot mol^{-1}}$$

$$\Delta H_2^{\ominus} = -165.1\ \mathrm{kJ\cdot mol^{-1}}$$

$$\Delta H_f^{\ominus}(NH_4Cl,理) = 314.5\ \mathrm{kJ\cdot mol^{-1}}$$

$$\Delta H_3^{\ominus} = \underline{\qquad\qquad}\ \mathrm{kJ\cdot mol^{-1}}$$

$$\Delta H_4^{\ominus} = \underline{\qquad\qquad}\ \mathrm{kJ\cdot mol^{-1}}$$

六、思考题

(1) 在中和焓测定中,为什么以 HCl 为基准,$NH_3\cdot H_2O$ 则必须过量?

(2) 实验中所用量热器(包括保温杯、搅拌器及温度计等)有什么要求?是否允许有残留的洗涤水滴?为什么?

(3) 本实验中造成误差的主要原因是什么?

(4) 设计一个合理的测定方案,测定下列置换反应的焓变

$$Zn + CuSO_4 =\!=\!= Cu + ZnSO_4 \quad \Delta H_{298.15}^{\ominus}$$

实验 4　反应速率与活化能的测定

一、实验目的

(1) 了解浓度、温度和催化剂对化学反应速率的影响。

(2) 测定过二硫酸铵与碘化钾的反应速率,并计算该反应在一定温度下的反应速率常数,反应的活化能和反应级数。

(3) 掌握用作图法归纳和处理实验数据的方法。

二、实验原理

在酸性介质中,$(NH_4)_2S_2O_8$ 与 KI 发生下列反应

$$S_2O_8^{2-} + 3I^- \xrightarrow{H^+} 2SO_4^{2-} + I_3^- \qquad ①$$

反应的反应速率 v 若用 $S_2O_8^{2-}$ 的浓度随时间的不断降低来表示,则

$$v = -\frac{\mathrm{d}c(S_2O_8^{2-})}{\mathrm{d}t} = k\cdot c^m(S_2O_8^{2-})\cdot c^n(I^-) \qquad ①$$

式中，$dc(S_2O_8^{2-})$ 为 $S_2O_8^{2-}$ 在 dt 时间内浓度的改变量；$c(S_2O_8^{2-})$ 和 $c(I^-)$ 分别为 $S_2O_8^{2-}$ 和 I^- 的浓度；k 为反应速率常数。

由于在实验中无法测得 dt 时间内微观量的变化值 $dc(S_2O_8^{2-})$，因此，在本实验中以宏观时间的变化"Δt"代替"dt"，以宏观量的变化 $\Delta c(S_2O_8^{2-})$ 代替微观量的变化 $dc(S_2O_8^{2-})$，即以平均速率 $[\Delta c(S_2O_8^{2-})/\Delta t]$ 代替瞬间速率 $[dc(S_2O_8^{2-})/dt]$。这是本实验产生误差的主要原因。在上述原则下，式①′可以改写为式②′

$$\bar{v} = -\frac{\Delta c(S_2O_8^{2-})}{\Delta t} \approx k \cdot c^m(S_2O_8^{2-}) \cdot c^n(I^-) \qquad ②′$$

为了能够测出在一定时间（Δt）内 $S_2O_8^{2-}$ 浓度的变化，在 $(NH_4)_2S_2O_8$ 溶液和 KI 溶液混合时，加入一定体积的已知浓度的 $Na_2S_2O_3$ 溶液和作为指示剂的淀粉溶液，这样在反应①进行的同时，还进行着下列反应

$$2S_2O_3^{2-} + I_3^- \Longrightarrow S_4O_6^{2-} + 3I^- \qquad ②$$

反应②进行得非常快，几乎瞬间完成，而反应①比反应②慢得多，所以由反应①生成的 I_2 立即与 $S_2O_3^{2-}$ 作用，生成无色的 $S_4O_6^{2-}$ 和 I^-。因此，在反应的开始阶段，看不到碘与淀粉作用显示的蓝色。但是，一旦 $Na_2S_2O_3$ 耗尽，反应①生成的微量碘就很快与淀粉作用，使溶液变蓝。

从反应①和②看出，$S_2O_8^{2-}$ 减少的量为 $S_2O_3^{2-}$ 消耗量的 1/2，即

$$\Delta c(S_2O_8^{2-}) = \Delta c(S_2O_3^{2-})/2$$

$$v = -\frac{\Delta c(S_2O_8^{2-})}{\Delta t} = -\frac{\Delta c(S_2O_3^{2-})}{2\Delta t} \qquad ③$$

由于在 Δt 时间内 $S_2O_3^{2-}$ 基本上全部耗尽，浓度近似于零，所以 $c(S_2O_3^{2-})$ 实际上就是反应开始时 $S_2O_3^{2-}$ 的浓度，根据式③即可求得反应速率 v。

对方程式②′两边取对数，得

$$\lg \bar{v} = m\lg c(S_2O_8^{2-}) + n\lg c(I^-) + \lg k$$

当 $c(I^-)$ 不变时，以 $\lg \bar{v}$ 对 $\lg c(S_2O_8^{2-})$ 作图，可得一直线，斜率即为 m。同理，当 $c(S_2O_8^{2-})$ 不变时，以 $\lg \bar{v}$ 对 $\lg c(I^-)$ 作图，可得 n。求出 m 和 n 后，可求得反应速率常数 k。

根据阿仑尼乌斯经验方程式，反应速率常数 k 与反应温度 T 之间有如下关系

$$\lg k = -\frac{E_a}{2.303RT} + \lg A$$

式中，E_a 为反应的活化能（$kJ \cdot mol^{-1}$）；R 为气体常数（$8.314\ J \cdot mol^{-1} \cdot K^{-1}$）；$T$ 为反应温度（K）；A 为给定反应的特征常数。测得不同温度时的 k 值，以 $\lg k$ 对 $1/T$ 作图，可得一直线，其斜率为

$$斜率 = -\frac{E_a}{2.303R} \qquad ④$$

根据式④可求得反应的活化能 E_a。

三、仪器及试剂

仪器：恒温水浴，量筒（20，10 mL），烧杯（100 mL），秒表。

试剂：$(NH_4)_2S_2O_8$（$0.20\ mol \cdot L^{-1}$），KI（$0.20\ mol \cdot L^{-1}$），$Na_2S_2O_3$（$0.01\ mol \cdot L^{-1}$），KNO_3

$(0.20\ mol \cdot L^{-1})$，$(NH_4)_2SO_4(0.20\ mol \cdot L^{-1})$，淀粉溶液$(0.4\%)$。

四、实验内容

1. 浓度对反应速率的影响，反应级数的测定

在室温下，用量筒量取 20.0 mL KI、8.0 mL $Na_2S_2O_3$ 和 2.0 mL 淀粉，加到 100 mL 烧杯中搅拌、混合均匀，再用另一个量筒量取 20.0 mL $(NH_4)_2S_2O_8$ 溶液迅速加到烧杯中，同时启动秒表，并不断搅拌。当溶液刚出现蓝色时，停止计时。用同样步骤按表 5.8 进行余下的实验。为了使每次实验中溶液的总体积和离子强度保持不变，以减少测量的误差，不足的体积用 KNO_3 或 $(NH_4)_2SO_4$ 溶液补充。将反应温度和每次反应时间记入表 5.8 中。

表 5.8　浓度对反应速率的影响　　　　　反应温度(室温):_____

	实验序号	1	2	3	4	5
试剂的用量/mL	$0.20\ mol \cdot L^{-1}$ KI 溶液					
	0.2 % 淀粉溶液					
	$0.01\ mol \cdot L^{-1}$ $Na_2S_2O_3$ 溶液					
	$0.20\ mol \cdot L^{-1}$ KNO_3 溶液					
	$0.20\ mol \cdot L^{-1}$ $(NH_4)_2SO_4$ 溶液					
	$0.20\ mol \cdot L^{-1}$ $(NH_4)_2S_2O_8$ 溶液					
反应物的起始浓度/$(mol \cdot L^{-1})$	$(NH_4)_2S_2O_8$ 溶液					
	KI 溶液					
	$Na_2S_2O_3$ 溶液					
反应时间 $\Delta t/s$						
反应速率 $v/(mol \cdot L^{-1} \cdot s^{-1})$						
反应速率常数 k						

2. 温度对反应速率的影响，活化能的测定

按表 5.8 中的序号 4 的用量，量取 KI、$Na_2S_2O_3$、KNO_3 和淀粉溶液放入烧杯中，量取规定量的$(NH_4)_2S_2O_8$ 溶液放入另一烧杯中，并把它们同时放在冰水中冷却，待溶液冷却到低于室温 10℃时，迅速将两种溶液混合并计时搅拌。当溶液刚出现蓝色时，记下时间。在高于室温 10℃和 20℃的条件下，重复上面的实验，将上述三个温度下的反应时间和实验序号 4 测得的室温下的反应时间一起记入表 5.9，计算反应速率和反应速率常数。

表 5.9　温度对反应速率的影响

实验序号	5	6	7	8
反应温度/℃				
反应时间/t				
反应速率 $v/(mol \cdot L^{-1} \cdot s^{-1})$				
反应速率常数 k				
$\lg k$				
$1/T$				

3. 催化剂对化学反应速率的影响

再次按表 5.8 中的实验编号 4 的用量配置溶液,加入 2 滴 $Cu(NO_3)_2$ 溶液,摇匀后,迅速加入 $(NH_4)_2S_2O_8$ 溶液,搅拌计时,记下反应时间,并与实验编号 4(不加催化剂)的反应时间相比较,得出定性结论。

五、数据处理

1. 反应级数的计算

把表 5.8 中实验序号 1 和 3 的结果代入下式

$$-\frac{\Delta c(S_2O_8^{2-})}{\Delta t} = k \cdot c^m(S_2O_8^{2-}) \cdot c^n(I^-)$$

可得

$$\frac{v_1}{v_3} = \frac{kc_1^m(S_2O_8^{2-}) \cdot c_1^n(I^-)}{kc_3^m(S_2O_8^{2-}) \cdot c_3^n(I^-)}$$

由于

$$c_1^n(I^-) = c_3^n(I^-)$$

所以

$$\frac{v_1}{v_3} = \frac{c_1^m(S_2O_8^{2-})}{c_3^m(S_2O_8^{2-})}$$

$v_1, v_3, c_1(S_2O_8^{2-})$ 和 $c_3(S_2O_8^{2-})$ 都是已知数,可求出 m。

用同样的方法把实验序号 1 和 5 的结果代入,可得

$$\frac{v_1}{v_5} = \frac{kc_1^m(S_2O_8^{2-}) \cdot c_1^n(I^-)}{kc_5^m(S_2O_8^{2-}) \cdot c_5^n(I^-)}$$

$$c_1^m(S_2O_8^{2-}) = c_5^m(S_2O_8^{2-})$$

$$\frac{v_1}{v_5} = \frac{c_1^n(I^-)}{c_5^n(I^-)}$$

由上式可求出 n,再由 m 和 n 值求得反应总级数 $(m+n)$ 值。

2. 计算反应速率常数 k

$$v = \frac{\Delta c(S_2O_8^{2-})}{\Delta t} = k \cdot c^m(S_2O_8^{2-}) \cdot c^n(I^-)$$

已知 m, n 求出 k 值填入表 5.9 中。

3. 活化能的计算

根据表 5.9 的结果,以 $\frac{1}{T}$ 为横坐标,$\lg k$ 为纵坐标作图,得一直线,此直线的斜率为 $-\frac{E_a}{2.303R}$,由此可求出该反应活化能 E_a。

4. 相对误差的分析

由文献查得

$$S_2O_8^{2-} + 3I^- \xrightarrow{\text{H}^+} 2SO_4^{2-} + I_3^-$$

$$E_a = 56.7 \text{ kJ} \cdot \text{mol}^{-1}$$

根据实验测得的活化能 E_a 计算相对误差,分析原因。

六、思考题

(1) 根据实验结果,总结浓度、温度和催化剂对反应速率及 k 的影响。

(2) 实验中 $Na_2S_2O_3$ 溶液用量过多或过少对结果有何影响?

(3) 在向 KI、$Na_2S_2O_3$ 和淀粉的混合液中加入 $(NH_4)_2S_2O_8$ 溶液时,为什么必须越快越好?

(4) 若不用 $c(S_2O_8^{2-})$ 而用 $c(I^-)$ 或 $c(I_3^-)$ 表示反应速率,速率常数 k 是否一样?

(5) 上述反应中,溶液出现蓝色是否反应中止?

实验 5　醋酸解离常数的测定

(一) pH 值测定法

一、实验目的

(1) 了解弱酸解离常数的测定方法。

(2) 了解酸度计的使用方法。

(3) 加深解离平衡基本概念的理解。

二、实验原理

醋酸(HAc)是一元弱酸,在水溶液中存在下列解离平衡

$$HAc \rightleftharpoons H^+ + Ac^-$$

其解离常数的表达式为

$$K^\ominus (HAc) = \frac{[c(H^+)/c^\ominus][c(Ac^-)/c^\ominus]}{c(HAc)/c^\ominus}$$

设醋酸的起始浓度为 c_0,并且忽略水的解离,平衡时溶液中 H^+ 浓度为 x,则平衡时

$$c(HAc) = (c_0 - x)$$
$$c(H^+) = c(Ac^-) = x$$
$$K^\ominus (HAc) = \frac{x^2}{c_0 - x}$$

在一定温度下,用酸度计测定一系列已知浓度的 HAc 的 pH 值,根据 pH $= -lg[c(H^+)/c^\ominus]$,计算出 $c(H^+)$ 代入上式,可求得一系列对应的 $K^\ominus$ 值,取其平均值,即为该温度下 HAc 的解离常数。

三、仪器及试剂

仪器:pHS - 3C 型酸度计,酸式滴定管,碱式滴定管,烧杯(100 mL)。

试剂:NaOH 标准溶液(已知准确浓度),酚酞酒精溶液,HAc(约 $0.1 \ mol \cdot L^{-1}$,实验室标定浓度)标准溶液。

四、实验内容

1. 用 NaOH 标准溶液测定 HAc 溶液的浓度(准确至四位有效数字)

在酸式滴定管中装满 HAc,碱式滴定管中装满已知浓度的 NaOH 溶液。用酸式滴定管准确量取 20.00 mLHAc 溶液于 150 mL 锥形瓶中,加入 1~2 滴酚酞指示剂。用标准 NaOH 溶液滴定至溶液呈现微红色,放置 30 s 内不褪色,即为滴定终点,记下所用 NaOH 溶液的毫升

数。平行滴定 3 份,取平均值,要求滴定误差在 ±0.02 mL 以内,计算出 HAc 的浓度,结果填入表 5.10。

表 5.10

滴定次数	1	2	3	平均值
NaOH 用量/mL				
HAc 浓度/$(mol \cdot L^{-1})$				

2.测定不同浓度 HAc 溶液的 pH 值

将 5 只干燥、洁净的 50 mL 烧杯编成 1~5 号。在 1 号烧杯中,从滴定管准确放入 48.00 mL HAc 溶液。在 2 号烧杯中,放入 24.00 mL HAc 溶液,再从另一滴定管放入 24.00 mL 蒸馏水。

用同样的方法按表 5.11 配制不同浓度的 HAc 溶液。

用酸度计测定溶液的 pH 值,记入表 5.11 中,根据所测的 pH 值计算出 $c(H^+)$,再根据 $K^{\ominus}(HAc) = \dfrac{x^2}{c_0 - x}$ 计算出 $K^{\ominus}$ 值,最后计算 $K^{\ominus}$ 的平均值。

表 5.11

编　号	HAc 的体积/mL	H$_2$O 的体积/mL	HAc 浓度/$(mol \cdot L^{-1})$	pH 值	H$^+$ 浓度/$(mol \cdot L^{-1})$	$K^{\ominus}$
1	48.00	0.00				
2	24.00	24.00				
3	12.00	36.00				
4	6.00	42.00				
5	3.00	45.00				

五、思考题

(1) 25℃时,醋酸的解离常数为 1.76×10^{-5},实验温度下所测的解离常数和其比较有何不同?

(2) 测定 HAc 溶液的 pH 值时,为什么要采取浓度由稀到浓的顺序进行?

(3) 不同浓度 HAc 其解离度是否相同? 解离常数是否相同?

(二) 电导率法

一、实验目的

(1) 了解用电导率法测量弱酸解离常数的方法。

(2) 掌握电导率仪的使用方法。

二、实验原理

醋酸一是元弱酸,它的标准解离平衡常数 $K^{\ominus}$ 和解离度 α 具有如下关系

$$HAc \rightleftharpoons H^+ + Ac^-$$

起始浓度$(mol \cdot L^{-1})$ 　　　　c 　　0 　　0

平衡时浓度$(mol \cdot L^{-1})$ 　　$c - c\alpha$ 　　$c\alpha$ 　　$c\alpha$

$$K^{\ominus} = \frac{c(H^+) \cdot c(Ac^-)}{c(HAc)} = \frac{(c\alpha)^2}{c - c\alpha} = \frac{c^2\alpha^2}{c(1-\alpha)} = \frac{c\alpha^2}{1-\alpha} \qquad ①$$

解离度可通过测定溶液的电导率来求得,从而求得解离常数。

导体导电能力的大小,通常以电阻(R)或电导(G)表示,电导为电阻的倒数

$$G = \frac{1}{R} (电阻的单位为 \Omega,电导的单位为 S)$$

和金属导体一样,电解质溶液的电阻也符合欧姆定律。当温度一定时,两极间溶液的电阻与两极间的距离 L 成正比,与电极面积 A 成反比。

$$R \propto \frac{L}{A} \qquad 或 \qquad R = \rho\frac{L}{A}$$

式中,ρ 为电阻率($\Omega \cdot cm$),它的倒数称为电导率,以 χ 表示,$\chi = \frac{1}{\rho}(S \cdot cm^{-1})$。

将 $R = \rho\frac{L}{A}$,$x = \frac{1}{\rho}$ 代入 $G = \frac{1}{R}$ 中,则可得

$$G = \chi\frac{A}{L} \qquad 或 \qquad \chi = \frac{L}{A}G \qquad ②$$

电导率 χ 表示相距 1 cm,面积为 1 cm^2 的两个电极之间溶液的电导。$\frac{L}{A}$ 称为电极常数或电导池常数,因为在电导池中,所用的电极距离和面积是一定的,所以对某一电导池来说,$\frac{L}{A}$ 为常数。

在一定温度下,不同浓度的同一电解质溶液的电导与两个变量有关,即溶液的电解质总量和溶液的电离度。如果把含 1 mol 的电解质溶液放在相距 1 cm 的两个平行电极之间,这时溶液无论怎样稀释,溶液的电导只与电解质的电离度有关。在这种条件下测得的电导称为该电解质的摩尔电导。如以 Λ_m 表示摩尔电导($S \cdot cm^2 \cdot mol^{-1}$),$V$ 表示 1 mol 电解质溶液的体积(mL),c 表示溶液的浓度($mol \cdot L^{-1}$),χ 表示溶液的电导率,则

$$\Lambda_m = \chi V = \chi\frac{1\,000}{c} \qquad ③$$

对弱电解质来说,在无限稀释时,可看做完全电离,这时溶液的摩尔电导称为极限摩尔电导(Λ_∞)。在一定温度下,弱电解质的极限摩尔电导是一定的,表 5.12 列出了无限稀释时醋酸溶液的极限摩尔电导 Λ_∞。

表 5.12

温度/℃	0	18	25	30
$\Lambda_\infty/(S \cdot cm^2 \cdot mol^{-1})$	245	349	390.7	421.8

对弱电解质来说,某浓度时的解离度等于该浓度时的摩尔电导与极限摩尔电导之比,即

$$\alpha = \frac{\Lambda_m}{\Lambda_\infty} \qquad ④$$

将④式代入①式,得

$$K^{\ominus} = \frac{c\alpha^2}{1-\alpha} = \frac{c\Lambda_m^2}{\Lambda_\infty(\Lambda_\infty - \Lambda_m)} \qquad ⑤$$

这样,可以从实验中测定浓度为 c 的醋酸溶液的电导率 χ,然后代入式③,算出 Λ_m,将 Λ_m 的值代入式⑤,即可算出醋酸的解离常数 $K^{\ominus}$。

三、仪器及试剂

仪器:烧杯(100 mL),电导率仪,酸式滴定管(50 mL)。
试剂:HAc($0.1mol \cdot L^{-1}$)。

四、实验内容

1.配制不同浓度的醋酸溶液

将5只烘干的100 mL烧杯编成1~5号,然后按表5.13的烧杯号数,用两支滴定管准确放入已标定的 $0.1 mol \cdot L^{-1}$ HAc溶液和蒸馏水。

2.由稀到浓的顺序用电导仪测定1~5号HAc溶液的电导率,将结果记录在表5.13、表5.14中。

表 5.13

烧杯编号	HAc 体积/mL	H_2O 的体积/mL	HAc 浓度/($mol \cdot L^{-1}$)	电导率/($S \cdot cm^{-1}$)
1	3.00	45.00		
2	6.00	42.00		
3	12.00	36.00		
4	24.00	24.00		
5	48.00	0		

五、数据处理

电导池常数_____
室温_____
在室温下 HAc 的 Λ_∞(查表)_____

表 5.14

编　号	1	2	3	4	5
χ/($S \cdot cm^{-1}$)					
Λ_m/($S \cdot cm^2 \cdot mol^{-1}$)					
$K^\ominus$					

六、思考题

(1)电解质溶液导电的特点是什么?
(2)什么叫电导、电导率和摩尔电导?
(3)弱电解质的解离度与哪些因素有关?
(4)测定 HAc 溶液的电导时为什么按溶液的浓度由稀到浓的顺序进行?

实验 6　硫氰酸铁配位离子配位数的测定

一、实验目的

(1)了解利用分光光度法测定配位离子配位数的原理和方法。

(2) 学会分光光度计的正确使用。

二、实验原理

当一束波长一定的单色光通过有色溶液时,光的一部分被溶液吸收,一部分则透过溶液。如果入射光的强度为 I_0,吸收光的强度为 I_a,透过光的强度为 I_t,则

$$I_0 = I_a + I_t$$

透过光的强度 I_t 与入射光的强度 I_0 之比叫透光率,以 T 表示,则

$$T = \frac{I_t}{I_0}$$

当 I_0 一定时 T 越大,说明有色溶液的透光程度越大,对光的吸收程度则越小。

有色溶液对光的吸收程度除了可用透光率 T 表示外,还可用透光率的负对数 —— 光密度(D) 来表示,又称消光度(F)。

$$D = -\lg T = \lg \frac{I_0}{I_t}$$

D 值大,表明光被吸收的程度大,D 值小,则光被吸收的程度小。实验表明,当一束单色光通过有色溶液时,有色溶液的光密度与溶液的浓度(c) 和液层的厚度(L) 的乘积成正比。这一规律称做郎伯 – 比耳定律。即

$$D = \varepsilon c L$$

式中,ε 为比例常数,称为吸光系数(光密度系数),它是有色物质的一个特征常数。当入射光波长一定时,某一吸光物质的 ε 值是一定的。所以当溶液厚度一定时,光密度只与有色溶液的浓度成正比。分光光度法就是以郎伯 – 比耳定律为基础的分析方法。中心离子(M)和配位体(X) 在一定条件下反应,只生成一种有色配合物 MX_n,即

$$M + nX \rightleftharpoons MX_n$$

如果 M 和 X 基本上是无色的,而 MX_n 是有色的,则此溶液的光密度在溶液厚度一定时,只与溶液中配合物 MX_n 的浓度成正比。因此测定溶液的光密度,就可以求出该配合物的配位数。

应用分光光度法测定配位离子的组成,常用的实验方法是等摩尔系列法,即保持中心离子的浓度(c_M) 与配位体的浓度(c_X) 之和不变(即总摩尔数不变),改变 c_M 与 c_X 的相对量,配制一系列溶液。显然,在这一系列溶液中,有一些溶液中心离子过量,而另一些溶液中的配位体过量。这两部分溶液中,配位离子的浓度都不可能达到最大值,只有当溶液中的中心离子与配位体的摩尔数之比与配位离子的组成一致时,配位离子浓度才能最大,对应的光密度也最大。若以光密度(D) 为纵坐标,以体积分数($\frac{V_X}{V_M + V_X}$,即摩尔分数) 为横坐标作图,得一曲线,从图上的最大光密度(D) 处的摩尔分数,即可求得配位离子的配位数(n 值)。如图 5.5 所示,在摩尔分数为 0.5 处光密度最大,即金属离子与配位体摩尔数之比是 1:1,所以该配位离子中配位体的数目 n 为 1。

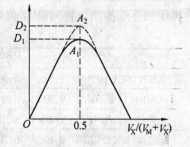

图 5.5　吸收曲线

$$\frac{V_X}{V_M + V_X} = \frac{n_X}{n_M + n_X} = 0.5$$

$$\frac{n_M}{n_M + n_X} = 0.5$$

$$\frac{n_X}{n_M} = \frac{0.5}{0.5} = 1$$

从图 5.5 中可以看出,最大光密度应在 A_2 点,其对应值为 D_2,此时 M 与 X 全部结合。但是,由于配位离子有一部分解离,其实际浓度要小一些,所以,实验测得的最大光密度只能是在点 A_1 的所对应的 D_1 值。D_2 为理论最大光密度值。

本实验是测定 SCN^- 与 Fe^{3+} 形成的配位离子中配位体的数目,其反应式为

$$Fe^{3+} + nSCN^- \rightleftharpoons [Fe(SCN)]_n^{3-n}$$

由于形成的配位离子的组成随溶液的 pH 值改变,故本实验在 pH ≈ 2 的条件下进行。用 pH = 2 的 $0.5\ mol \cdot L^{-1}$ KNO_3 溶液作为溶剂来配制 $Fe(NO_3)_3$ 和 KSCN 溶液,其主要目的是保证测定溶液的 pH 值和基本恒定的离子强度,并抑制 Fe^{3+} 水解。

三、仪器及试剂

仪器:分光光度计,烧杯(50 mL),吸量管(10 mL),天平。

试剂:$Fe(NO_3)_3 \cdot 9H_2O$(固),KSCN(固体,烘干)。

四、实验内容

1.配制浓度为 $5.000 \times 10^{-3}\ mol \cdot L^{-1}$ 的 $Fe(NO_3)_3$、KSCN 溶液

计算出所需 $Fe(NO_3)_3 \cdot 9H_2O$ 和 KSCN 的量,在电子天平上用小烧杯准确称取(精确到 0.000 1 g)。然后加入少量蒸馏水溶解,转移到 100 mL 容量瓶中,用蒸馏水稀释至刻度,摇匀备用。

2.配制混合溶液

取干燥、洁净的 9 只烧杯编号,按下表的用量,用两支吸量管分别取 $Fe(NO_2)_3$ 和 KSCN 溶液,依次放入烧杯中,混合均匀待用。

3.测定溶液的光密度

取 4 个 1 cm 的比色皿,分别装入空白液(KSCN)和 1、2、3 号溶液。在 $\lambda = 550$ nm,灵敏度为 0.1 档处,测定 1、2、3 号溶液的光密度 D,然后依次测定 4~9 号溶液的 D 值。使用比色皿时要先用蒸馏水冲洗,再用待测液洗 2~3 次,装好溶液,用滤纸吸去光面外大部分液体,再用擦镜纸擦净。将测得 D 值记录于表 5.15 中。

表 5.15

	1	2	3	4	5	6	7	8	9
KSCN 体积/mL	1.00	2.00	3.00	4.00	5.00	6.00	7.00	8.00	9.00
$Fe(NO_3)_3$ 体积/mL	9.00	8.00	7.00	6.00	5.00	4.00	3.00	2.00	1.00
总体积/mL	10.00	10.00	10.00	10.00	10.00	10.00	10.00	10.00	10.00
配位体摩尔分数	0.10	0.20	0.30	0.40	0.50	0.60	0.70	0.80	0.90
光密度(D)									

五、数据处理

以 D 值为纵坐标,配位体的摩尔分数为横坐标绘制曲线,确定硫氰酸铁配位离子的配位数,并写出硫氰酸铁配位离子的化学式。

六、思考题

(1) 使用分光光度计时,在操作上应注意些什么?

(2) 如果比色皿外水分未擦干,对测定 D 值有什么影响?

(3) 本实验中,为什么能用体积分数 $\dfrac{V_X}{V_M + V_X}$ 代替摩尔分数作为横坐标?

实验 7　四氨合铜的 $\triangle G^0$ 和 $K_稳$ 的测定

一、实验目的

(1) 掌握一种测定配位离子 $\triangle G^0$ 和 $K_稳$ 的方法。

(2) 学会用酸度计测量电动势 ε。

二、实验原理

Cu^{2+} 在过量 $NH_3 \cdot H_2O$ 中能生成 $Cu(NH_3)_4^{2+}$,反应式为

$$Cu^{2+}(aq) + 4NH_3(aq) \Longrightarrow Cu(NH_3)_4^{2+}(aq)$$

在一定温度下,当反应达到平衡时有

$$K_稳 = \frac{\left[Cu(NH_3)_4^{2+}\right]}{\left[Cu^{2+}\right]\left[NH_3\right]^4}$$

式中,$K_稳$ 为配合物的稳定常数,该常数越大,则生成的配位离子越稳定。用电动势法可以测定配合物的稳定常数。本实验装置如下电池:

$$Cu(s) \mid Cu(NH_3)_4^{2+} \; \| \; Cu^{2+} \mid Cu(s)$$

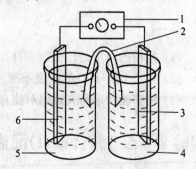

在左边将铜片浸在含有 $0.5\ mol \cdot L^{-1}$ $Cu(NH_3)_4^{2+}$ 及 $NH_3 \cdot H_2O$ 溶液中构成的半电池,右边是铜片浸入含有 $0.5\ mol \cdot L^{-1}$ Cu^{2+} 溶液而构成的半电池,中间用盐桥连接,如图 5.6 所示。相应的半电池反应为

负极　　　$Cu + 4NH_3 == Cu(NH_3)_4^{2+} + 2e$

正极　　　　　　　$Cu^{2+} + 2e == Cu$

电池反应为　　　$Cu^{2+} + 4NH_3 == Cu(NH_3)_4^{2+}$

将 $Cu(NH_3)_4^{2+}$、Cu^{2+}、NH_3 的活度系数近似地看作 1,则由能斯特方程可知,在 25 ℃时电池电动势为

图 5.6　实验装置
1—酸度计;2—盐桥;3,6—铜片;
4—Cu^{2+} 溶液;5—$Cu(NH_3)_4^{2+}$ 溶液

$$\varepsilon = \varepsilon^0 - \frac{0.0591}{2} \lg \frac{[Cu(NH_3)_4^{2+}]}{[Cu^{2+}][NH_3]^4}$$

当 $Cu(NH_3)_4^{2+}$、Cu^{2+} 和 NH_3 的浓度已知时,测定电池电动势 ε,可由上式计算出电池的标准电动势 ε^0,通过关系式 $\triangle G^0 = -nfq^0$,可求出反应的标准自由能,再由 $\triangle G^0 = -2.303\ RT\lg K_稳$ 就可求出 $Cu(NH_3)_4^{2+}$ 的稳定常数。

三、仪器及试剂

仪器:酸度计,电极,移液管(10 mL),烧杯(50 mL),铜片,盐桥,导线。

试剂:$CuSO_4$(1.00 mol·L^{-1}),浓 NH_3·H_2O 溶液,饱和 KCl 溶液。

四、实验内容

用移液管分别取 10.00 mL 1 mol·L^{-1}$CuSO_4$ 和 10.00 mL 浓 NH_3·H_2O 于另一个干燥、洁净的烧杯中,充分搅拌,直至沉淀完全溶解,生成深蓝色溶液。

用砂纸将两个铜电极擦亮,洗净并干燥,按图 5.6 装好电池,然后用宽约 1 cm,长约 8 cm 的滤纸条浸上饱和 KCl 溶液作为盐桥。

将左边半电池引线与酸度计负极连接,右边半电池引线与正极连接,将酸度计的 pH – mV 开关置于 + mV 位置,测定电池的电动势。实验在室温下进行。

五、数据处理

Cu^{2+} 浓度/(mol·L^{-1})_____

$Cu(NH_3)_4^{2+}$ 浓度/(mol·L^{-1})_____

浓 NH_3·H_2O 浓度/(mol·L^{-1})_____

游离氨的浓度/(mol·L^{-1})_____

电池的电动势/V _____

$Cu(NH_3)_4^{2+}$ 的 $\triangle G^0$ _____

$Cu(NH_3)_4^{2+}$ 的 $K_稳$_____

六、思考题

(1) 盐桥的作用是什么?

(2) 如浓 NH_3·H_2O 的浓度不准,对实验结果有何影响?

(3) 将实验结果与文献值对比,分析产生误差的原因。

实验 8 乙二胺合银(I)配离子配位数及稳定常数的测定——电势法

一、目的要求

(1) 了解实验原理,熟悉有关 Nernst 公式的计算。

(2) 测定乙二胺合银(I)配离子配位数及稳定常数。

二、实验原理

在装有 Ag^+ 和 en(乙二胺)的混合水溶液的烧杯中插入饱和甘汞电极和银电极,两电极分别与酸度计的电极插孔相连,按下 mV 键,调整好仪器,测得两电极间的电位差为 ε(mV)。

$$\varepsilon = E_{Ag^+/Ag} - E_{Hg_2Cl_2/Hg} =$$
$$E^0_{Ag^+/Ag} + 0.059\ 1\ lg[Ag^+] - 0.241\ V =$$
$$0.800\ V - 0.241\ V + 0.059\ 1\ lg[Ag^+] =$$
$$0.059\ 1\ lg[Ag^+] + 0.559\ V \qquad ①$$

含有 Ag^+、en 的溶液中,必然会存在着下列平衡

$$Ag^+ + n\,en \Longrightarrow Ag(en)_n^+, K_稳 = \frac{[Ag(en)_n^+]}{[Ag^+][en]^n}$$

$$[Ag^+] = \frac{[Ag(en)_n^+]}{K_稳[en]^n}$$

两边取对数得 $lg[Ag^+] = -n\,lg[en] + lg[Ag(en)_n^+] - lg\,K_稳$

若使 $[Ag(en)_n^+]$ 基本保持恒定,则由 $lg[Ag^+]$ 对 $lg[en]$ 作图可得一直线,由直线斜率得配位数 n,由直线截距 $lg[Ag(en)_n^+] - lg\,K_稳$,求得 $K_稳$。

由于 $Ag(en)_n^+$ 配离子很稳定,当体系中 en 的浓度 c_{en} 远远大于 Ag^+ 的浓度 c_{Ag^+} 时

$$[en] \approx c_{en}, \quad [Ag(en)_n^+] \approx c_{Ag^+}$$

测定两电极间的电位差 ε,并通过式①可求得各种不同[en]时的 $lg[Ag^+]$。

三、仪器及试剂

仪器:酸度计,饱和甘汞电极,银电极,烧杯(250 mL)。
试剂:乙二胺溶液(7 mol·L^{-1}),AgNO$_3$(0.2 mol·L^{-1})。

四、实验内容

(1) 在一干净的 250 mL 烧杯中,加入 96.0 mL 蒸馏水,再加入 2.00 mL 已知准确浓度(7 mol·L^{-1})的 en 溶液和 2.00 mL 已知准确浓度(0.2 mol·L^{-1})的 AgNO$_3$ 溶液。

(2) 向烧杯中插入饱和甘汞电极和银电极,并把它们分别与酸度计的甘汞电极接线柱和玻璃电极插口相接。用酸度计的 mV 挡,在搅拌下测定两电极间的电位差 ε,这是第一次加 en 溶液后的测定。

(3) 向烧杯中再加入 1.00 mL en 溶液(此时累计加入的 en 溶液为 3.00 mL),并测定相应的 ε。

(4) 再继续向烧杯中加 4 mL en 溶液,使每次累计加入 en 溶液的体积分别为 4.00,5.00,7.00,10.00 mL,并测定相应的 ε,将数据填入表 5.16。

表 5.16

滴定次数	1	2	3	4	5	6
加入 en 的累计体积/mL	2.00	3.00	4.00	5.00	7.00	10.00
ε/V						
en/(mol·L^{-1})						
lg[en]						
lg[Ag$^+$]						

用 $\lg[\mathrm{Ag}^+]$ 对 $\lg[\mathrm{en}]$ 作图,由直线斜率和截距分别求算配离子的配位数及 $K_{稳}$。由于实验中,总体积变化不大,$[\mathrm{Ag(en)}_n^+]$ 可被认为是一个定值并等于 $\dfrac{V_{\mathrm{AgNO_3}} \cdot c_{\mathrm{AgNO_3}}}{(V_1 + V_6)/2}$。$V_{\mathrm{AgNO_3}}$ 与 $c_{\mathrm{AgNO_3}}$ 分别为加入 $\mathrm{AgNO_3}$ 溶液的体积和浓度,V_1、V_6 分别为第一次和第六次测定 ε 时的总体积。

五、思考题

参考上述实验自己设计步骤测定:

(1) $\mathrm{Ag(S_2O_3)}_n^{-2n+1}$、$\mathrm{Ag(NH_3)}_n^+$ 等配离子的配位数及稳定常数。

(2) AgBr、AgI 等难溶盐的 K_{sp}。

实验 9　氯离子选择性电极法测定试样中氯含量及氯化铅的溶度积常数

一、实验目的

(1) 掌握直接电位法测定氯离子含量及溶度积常数的原理和方法。

(2) 学会使用电磁搅拌器。

二、实验原理

以氯离子选择性电极为指示电极,双液接甘汞电极为参比电极,插入试液中组成工作电池(图 5.7)。当氯离子浓度在 $1 \sim 10^{-4}\ \mathrm{mol \cdot L^{-1}}$ 范围内,在一定的条件下,电池电动势与氯离子活度的对数呈线性关系,即

$$E = K - \frac{2.303RT}{nF} \lg a_{\mathrm{Cl}^-}$$

分析工作中要求测定的是离子的浓度 c_i,根据 $a_i = \gamma_i \cdot c_i$ 的关系,可以在标准溶液和被测溶液中加入总离子强度调节缓冲液(TISAB),使溶液的离子强度保持恒定,从而使活度系数 γ_i 为一常数,$\lg \gamma_i$ 可并入 K 项中以 K' 表示,设 $T = 298\ \mathrm{K}$,则上式可变为

$$E = K' - 0.0591 \lg c_{\overline{\mathrm{Cl}}}$$

即电池电动势与被测离子浓度的对数呈线性关系。

一般的离子选择性电极都有其特定的 pH 值使用范围,本实验所用的 301 型氯离子选择性电极的最佳 pH 值范围为 $2 \sim 7$,这个 pH 值范围是通过加入总离子强度调节缓冲液(TI-SAB)来控制的。

在含有难溶盐 $\mathrm{PbCl_2}$ 固体的饱和溶液中,存在着下列平衡反应

$$\mathrm{PbCl_2(s)} \Longrightarrow \mathrm{Pb^{2+}} + 2\mathrm{Cl^-}$$

且
$$[\mathrm{Pb^{2+}}] = \frac{[\mathrm{Cl^-}]}{2}$$

按溶度积规则　　$K_{\mathrm{sp, PbCl_2}} = [\mathrm{Pb^{2+}}][\mathrm{Cl^-}]^2 = \frac{1}{2}[\mathrm{Cl^-}][\mathrm{Cl^-}]^2 = \frac{1}{2}[\mathrm{Cl^-}]^3$

由氯离子选择性电极测得饱和 $PbCl_2$ 溶液中的 $[Cl^-]$ 后，即可求得 $K_{sp,PbCl_2}$。

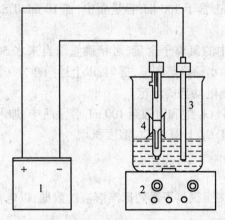

图 5.7　用氯离子选择性电极测定 a_{Cl^-} 的工作电池示意图

1—通用离子计；2—电磁搅拌器；3—Cl^- 离子选择性电极；4 双液接甘汞电极

三、仪器及试剂

仪器：pHS – 3C 型酸度计，301 型氯离子选择性电极，217 型双液接甘汞电极（内盐桥为饱和 KCl 溶液，外盐桥为 $0.1\ mol\cdot L^{-1}KNO_3$ 溶液），电磁搅拌器，移液管（10 mL），容量瓶（100 mL）。

试剂：NaCl 标准溶液（$1.00\ mol\cdot L^{-1}$），总离子强度调节缓冲液（TISAB）（由 $NaNO_3$ 加 HNO_3 组成，pH 值为 2～3）。

四、实验内容

1. 标准曲线的制作

（1）氯离子系列标准溶液的配制。吸取 $1.00\ mol\cdot L^{-1}$ 氯离子标准溶液 10.00 mL 置于 100 mL 容量瓶中，加入 TISAB 10 mL，用蒸馏水稀释至刻度，摇匀，得 $pCl_1 = 1$。

吸取 $pCl_1 = 1$ 的溶液 10.00 mL 置于另一 100 mL 容量瓶中，加入 TISAB 9 mL，用蒸馏水稀释至刻度，摇匀，得 $pCl_2 = 2$。

吸取 $pCl_2 = 2$ 的溶液 10.00 mL 置于 100 mL 容量瓶中，加入 TISAB 9 mL，配得 $pCl_3 = 3$，用同样的方法依次配制 $pCl_4 = 4$，$pCl_5 = 5$。

（2）氯离子系列标准溶液平衡电动势的测定。将标准溶液系列由稀到浓逐个转入小烧杯中，将指示电极和参比电极浸入被测溶液中，加入搅拌珠，开动电磁搅拌器，按下读数开关，这时指针所指位置即为被测液的电动势值。若指针超出读数刻度，可调节分档开关到适当的位置，使指针在可读范围内。待指针无明显变化即可读数。

表 5.17

pCl	$pCl_1 = 1$	$pCl_2 = 2$	$pCl_3 = 3$	$pCl_4 = 4$	$pCl_5 = 5$
E/mV					

2. 试样中氯离子的测定

(1) 吸取试样 10.00 mL 置于 100 mL 容量瓶中,加 10 mL TISAB,加蒸馏水稀释至刻度,测定其电位值 E_x。

(2) 如欲测定自来水中的氯离子含量,可精确量取自来水 50.00 mL 于 100 mL 容量瓶中,加 10 mL TISAB,加蒸馏水稀释至刻度,摇匀,以上述同样方法测定其电位值。

3. 饱和 $PbCl_2$ 溶液平衡电动势的测定

用移液管吸取 10 mL $PbCl_2$ 饱和溶液至 100 mL 容量瓶中,加入 10 mL TISAB,用去离子水稀释至刻度,测定其电位值 E_x,计算 $PbCl_2$ 溶度积。

五、数据处理

(1) 绘制工作曲线。按照氯离子系列标准溶液的数据,以电位值 E 为纵坐标,pCl 为横坐标绘制标准曲线。

(2) 在标准曲线上找出 E_x 值相应的 pCl,求容量瓶中氯离子的浓度,换算出试样中氯离子的总含量(质量分数),以 $mg \cdot L^{-1}$ 表示,并求出饱和 $PbCl_2$ 中 $[Cl^-]$,算出 $K_{sp,PbCl_2}$。

六、操作要点

(1) 氯离子选择性电极在使用前应在 $10^{-3}\ mol \cdot L^{-1}$ NaCl 溶液中浸泡活化 1 h,再用去离子水反复清洗至空白电势值达 -260 mV 以上方可使用,这样可缩短电极响应时间并改善线性关系;电极响应膜切勿用手指或尖硬的东西碰划,以免沾上油污或损坏,影响测定;使用后立即用去离子水反复冲洗,以延长电极使用寿命。

(2) 双液接甘汞电极在使用前应拔去加在 KCl 溶液小孔处的橡皮塞,以保持足够的液压差,并检查 KCl 溶液是否足够;由于测定的是 Cl^-,为防止电极中的 Cl^- 渗入被测液而影响测定,需要加 $0.1\ mol \cdot L^{-1}$ KNO_3 溶液作为外盐桥。由于 Cl^- 不断渗入外盐桥,所以外盐桥内的 KNO_3 溶液不能长期使用,应在每次实验后将其倒掉洗净、放干,在下次使用时重新加入 $0.1\ mol \cdot L^{-1}$ KNO_3 溶液。

(3) 安装电极时,两支电极不要彼此接触,也不要碰到杯底或杯壁。

(4) 每次测试前,需要少量被测液将电极与烧杯淋洗三次。

(5) 切勿把搅拌珠连同废液一起倒掉。

七、思考题

(1) 为什么要加入总离子强度调节缓冲液?

(2) 本实验中与电极响应的是氯离子的活度还是浓度? 为什么?

(3) 氯离子选择性电极在使用前为什么要浸泡活化 1 h?

(4) 本实验中为什么要用双液接甘汞电极而不用一般的甘汞电极? 使用双液接甘汞电极时应注意什么?

实验 10　钴、镍分离(萃取法)

一、实验目的

(1) 通过钴、镍的萃取分离,初步了解溶剂萃取法的基本原理。

(2) 掌握溶剂萃取的基本操作方法。

二、实验原理

溶剂萃取分离法是分离元素最常用的方法之一。它具有设备简单,方法简便的特点,广泛用于元素的和微量元素的富集。

溶剂萃取分离法通常是利用试液(水溶液)和有机相(与水不相溶)混合振荡后,通过物理或化学过程,使一种或几种组分转入有机相,而另一些组分仍留在试液中(水相),达到分离的目的。

根据相似相溶规则,非极性物质(如碘)易溶于 CCl_4 等有机溶剂,在水溶液中可以直接被有机溶剂萃取。但是许多无机化合物在水溶液中受极性水分子作用,电离成为带电荷的离子,并与水分子进一步结合成水合离子。如果用非极性或弱极性有机溶剂就很难从水溶液中把它们萃取出来。为此,必须加入一种试剂使欲萃取的亲水性的离子转变为疏水性化合物,以便于溶于有机溶剂,达到萃取的目的。这种试剂称为萃取剂。因此,萃取过程本质上是将物质的亲水性转化为疏水性的过程。相反的过程称为反萃取过程,即将疏水性转化为亲水性。萃取和反萃取在不同条件下配合使用,可提高萃取分离的选择性。

在萃取过程中,当某一溶质 A 同时接触水相和有机溶剂时,溶质 A 就被分配在这两种溶剂中。当分配过程达到平衡后,溶质 A 在两种溶剂中的浓度比值在一定温度下是常数,称为分配系数(K_0)。

$$K_0 = \frac{c_{有}(A)}{c_{水}(A)}$$

考虑到溶质 A 在溶剂中可能发生解离或配合等过程,因此,应以 A 在有机相或水相中各种形式的总浓度 $c_{有}$、$c_{水}$ 代替 $c_{有}(A)$、$c_{水}(A)$,其比值 D 称为分配比。

对于分配比(D)较大的物质,如果 $D > 10$,则该溶剂萃取时极大部分进入有机相,萃取的完全程度(萃取率 E)就高。

$$萃取率(E) = \frac{被萃取物在有机相中总量}{被萃取物的总量} \times 100\%$$

若体系中同时存在 A、B 两种物质(如 A 为易被萃取,B 为难被萃取)可以利用它们在萃取过程中分配比、萃取率的不同达到分离的目的。这就是溶剂萃取分离法的简单原理。分离的效果决定于各自分配比的比值,即分离系数 β 的大小。

$$\beta = D_A / D_B$$

式中,D_A 为 A 物质的分配比,D_B 为 B 物质的分配比。分离系数越大,分离效果应越好。对于性质相似,分离系数不同的物质,一次萃取达不到分离目的时,可采用多级萃取。

本实验选用工业生产中应用的萃取剂 P_{507} 和有机溶剂煤油的混合物进宪 Co^{2+}、Ni^{2+} 的

萃取分离。P_{507}为 2 - 乙基己基膦酸 - 2 - 乙基己基酯,其分子式为

$$
\begin{array}{c}
\quad\quad\quad\quad\quad C_2H_5 \\
\quad\quad\quad\quad\quad | \\
C_4H_9 - CH - CH_2 - O \quad\quad O \\
\quad\quad\quad\quad\quad\quad \backslash \quad // \\
\quad\quad\quad\quad\quad\quad\quad P \\
\quad\quad\quad\quad\quad\quad // \quad \backslash \\
C_4H_9 - HC - H_2C \quad\quad OH \\
\quad\quad | \\
\quad\quad C_2H_5
\end{array}
$$

可简写为 HA,它通常以二聚体(H_2A_2)形态存在。P_{507}萃取反应按下式进行

$$ M^{2+} + \frac{2+x}{2}H_2A_2 \rightleftharpoons MA_2 \cdot xHA + 2H^+ $$

使亲水性的 M^{2+} 转化为疏水性的 P_{507} - M 盐(溶于煤油)。这是一个可逆反应,反应所释放的 H^+ 增加到一定程度时便达到平衡,从而限制了 P_{507} 对金属离子的萃取。为了控制萃取过程的 pH 值,可预先用碱将 P_{507} 部分转变为铵盐或钠盐。这一步骤称为皂化处理。

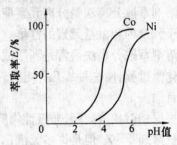

图 5.8　P_{507}萃取钴、镍的 pH - E 曲线

使用 P_{507} - 煤油进行萃取,不同的金属离子要求的 pH 值各不相同。对于同一金属离子的萃取反应,在温度、萃取剂浓度、金属离子浓度诸因素都固定的情况下,萃取率是 pH 值的函数,如图 5.8 所示。由图可知,当水相 pH < 1 时,有机相中金属离子的浓度接近于零,这就是反萃取的条件。

根据上述原理,本实验采用控制 pH 值的方法使 Co^{2+} 有较高的萃取率,大部分进入有机相,而 Ni^{2+} 萃取率极低,绝大部分留在水相中。如此通过几次萃取,水相中基本上只含有 Ni^{2+} 而不含 Co^{2+},达到分离的目的。在第一级萃取的有机相中 Co^{2+} 的含量最高,但也含有较少量的 Ni^{2+},可以通过加入极稀的 HCl 溶液,用洗涤的方法以除掉 Ni^{2+}。最后在有机相中加入 1 $mol \cdot L^{-1}$ 的 HCl 进行反萃取,Co^{2+} 即可被反萃取到水相中。

温度是影响分配系数、萃取效率及分离系数的重要因素,因此,本实验必须控制好萃取温度,以不低于 20℃ 为宜。

三、仪器及试剂

仪器:分液漏斗(125 mL),烧杯(50 mL),量杯(50 mL),点滴板。

试剂:萃取液,$NH_3 \cdot H_2O$ (1.0 $mol \cdot L^{-1}$),HCl(1.0 $mol \cdot L^{-1}$),KSCN(固),丙酮,丁二酮肟,Co^{2+}、Ni^{2+} 混合液($CoCl_2$ 0.7 $mol \cdot L^{-1}$,$NiCl_2$ 0.02 $mol \cdot L^{-1}$),精密 pH 试纸 4.0 ~ 4.9。

四、实验内容

1. 皂化有机相

取两份萃取液各 20 mL,分别置于两只分液漏斗中,将分液漏斗编为 1、2 号。在两只分液漏斗中分别加入 1.0 $mol \cdot L^{-1}$ $NH_3 \cdot H_2O$ 3.5 mL、2.0 mL 进行皂化处理,充分振荡 10 min,静置,待分层后弃去水相。

2. 萃取

量取 15.0 mL Co^{2+}、Ni^{2+} 混合液,加入 1 号分液漏斗中,充分振荡 10 min,静置、分层后将

水相放入 50 mL 烧杯中。测试 pH 值是否在 4.1～4.2 之间，如不在，需将水相倒回 1 号分液漏斗中，滴加 HCl 或 $NH_3 \cdot H_2O$(5～6 滴)调整 pH 值后，重新萃取一次。将一级萃取后的水相放入试管中保留。此时溶液中基本只含 Ni^{2+}(Co^{2+} 的含量极少)，如增加萃取级数，镍可达到更高的纯度。

3. 洗涤

用 1.0 mol·L^{-1} 的 HCl 配制 20 mL 0.1 mol·L^{-1} HCl，取 10 mL 加入一级萃取后的有机相中进行洗涤。洗涤方法同萃取操作，洗涤后弃去水相。再将 HCl 洗涤液稀释一倍，并取 10 mL 进行第二次洗涤(如发现水相中有粉红色 Co^{2+} 被反萃取出来，则加入 5～10 滴 $NH_3 \cdot H_2O$ 充分振荡，使 Co^{2+} 被萃取到有机相中，水相中粉红色变得很浅为止)。洗涤后弃去水相。最后可加入 10 mL 蒸馏水，轻轻摇动分液漏斗(不要振荡)将第二次洗涤后的残留水相洗去。

4. 反萃取

在 1 号分液漏斗的有机相中加入 5 mL 1.0 mol·L^{-1}HCl，充分振荡 2 min，此时水相变为粉红色，Co^{2+} 几乎全部转入水相中，分层后，将水相放入试管中保留。在有机相中再加入 5 mL 1.0 mol·L^{-1}HCl 进行反萃取，水相弃去。最后在有机相中加入 10 mL 蒸馏水，洗涤掉残留的酸。回收有机相，萃取剂可反复使用。

同上，将 2 号分液漏斗中的有机相直接进行两次反萃取，分离掉水相，最后用蒸馏水洗涤一次。回收有机相。

5. 检验

(1) 检验 Ni^{2+} 溶液中的 Co^{2+}。取由 2 得到的含 Ni^{2+} 溶液 1 滴，滴在点滴板上，用 KSCN 固体、丙酮检验，并另取一滴原混合液进行对比。

(2) 检验 Co^{2+} 溶液中的 Ni^{2+}。配制 0.2 mol·L^{-1} $NH_3 \cdot H_2O$ 20 mL 置于 50 mL 烧杯中，取一小条滤纸在一端滴上两滴丁二酮肟，稍干后，用玻璃棒蘸取由 4 得到的含 Co^{2+} 溶液，置于滤纸上。再将滴有上述溶液的纸端放入稀 $NH_3 \cdot H_2O$ 水慢慢漂洗，使丁二酮合钴(Ⅱ)的配合物溶解，观察纸端是否有镍的红色斑点存在，并另取一滴混合液进行对比实验。

五、思考题

(1) 实验中为什么不直接用 P_{507} 而将其转变为盐？

(2) 萃取和反萃取在本质上有何区别？

实验 11 　工业品 $Pb(Ac)_2 \cdot 3H_2O$ 的提纯

一、实验目的

(1) 利用重结晶法精制工业品 $Pb(Ac)_2 \cdot 3H_2O$。

(2) 练习普通过滤、蒸发浓缩、结晶等基本操作。

二、实验原理

重结晶法是提纯物质的重要方法之一。可溶性晶体物质中的杂质可用重结晶法除去。重结晶的原理是基于晶体物质的溶解度一般随温度的降低而减小，当热的饱和溶液冷却时，待提纯的物质首先以结晶析出,而少量杂质由于尚未达到饱和,仍留在母液中。

工业 $Pb(Ac)_2 \cdot 3H_2O$ 中含有少量不溶性和可溶性杂质 SO_4^{2-}、Cl^-、Fe^{3+} 等,利用重结晶法可以得到精制产品。

Pb^{2+} 盐易水解,溶解时会因水解而形成碱式盐沉淀,即

$$Pb(Ac)_2 + H_2O \Longrightarrow Pb(OH)Ac\downarrow + HAc$$

因此在溶解过程中,需加少量醋酸阻止水解。

三、仪器及试剂

仪器:天平,电炉,烧杯(100 mL),蒸发皿(150 mL),量筒,布氏漏斗,吸滤瓶。

试剂:$HAc(3\ mol \cdot L^{-1})$,$Pb(Ac)_2 \cdot 3H_2O$(固)。

四、实验内容

(1) 在 100 mL 烧杯中,加入 30 mL 蒸馏水,再加 2 mL 的 $3\ mol \cdot L^{-1} HAc$ 溶液。

(2) 在台秤上称取工业品 $Pb(Ac)_2 \cdot 3H_2O$ 12.5 g,倒入上述烧杯中。用电炉小火加热,不断搅拌使固体溶解。溶解后趁热过滤,滤液收集在 150 mL 蒸发皿中。

(3) 用电炉加热蒸发皿。当滤液蒸发至原体积的二分之一时停止加热(注意沸腾后改用小火加热,并不断搅拌)。冷却结晶后(结晶后应留有少量母液),用布氏漏斗减压过滤,尽量抽干,然后称量产品,计算产率。

将精制品和母液分别倒入回收瓶。

五、思考题

(1) 如何进行减压过滤操作? 抽滤时,残留在蒸发皿中的晶体能否用蒸馏水冲洗到布氏漏斗中?

(2) 重结晶后为什么要留少量母液? 若无母液时应如何处理?

(3) 操作过程中为什么加 HAc? 可否加其他酸?

(4) 本实验所用仪器如烧杯、搅棒、漏斗、抽滤瓶等,在用自来水洗涤后,是否都要用蒸馏水冲洗后才能使用? 为什么?

实验 12　硫酸铜的提纯

一、实验目的

(1) 了解用重结晶法提纯物质的原理。

(2) 练习加热、溶解、蒸发、过滤、结晶等基本操作。

二、实验原理

粗硫酸铜中含有不溶性杂质和可溶性杂质 $FeSO_4$、$Fe_2(SO_4)_3$ 等。不溶性杂质可在溶解、过滤的过程中除去。可溶性杂质 $FeSO_4$ 可用氧化剂 H_2O_2 或 Br_2 氧化为 Fe^{3+},然后调节 $pH \approx 4$,使 Fe^{3+} 离子水解成为 $Fe(OH)_3$ 沉淀而除去。有关的反应方程式为

$$2Fe^{2+} + H_2O_2 + 2H^+ \Longrightarrow 2Fe^{3+} + 2H_2O$$

$$Fe^{3+} + 3H_2O \xrightarrow{pH \approx 4} Fe(OH)_3 \downarrow + 3H^+$$

溶液的 pH 值越高，Fe^{3+} 除得越干净。但 pH 值过高时 Cu^{2+} 也会水解（由计算可知，本实验中当溶液的 pH > 4.17 时，$Cu(OH)_2$ 开始析出），特别是在加热的情况下，其水解程度更大。

$$Cu^{2+} + 2H_2O \Longrightarrow Cu(OH)_2 \downarrow + 2H^+$$

这样就会降低硫酸铜的产率。因此本实验的 pH 值应控制在 $pH \approx 4$。

除去铁的滤液经蒸发、浓缩，即可得到 $CuSO_4 \cdot 5H_2O$ 晶体，其他的微量可溶性杂质在硫酸铜结晶时，仍留在母液中，通过抽滤与晶体分开。

三、仪器及试剂

仪器：天平，电炉，烧杯（100 mL），量筒（20 mL），布氏漏斗，吸滤瓶。

试剂：$CuSO_4 \cdot 5H_2O$（固），H_2SO_4（1 mol·L^{-1}），H_2O_2（30 g·L^{-1}），NaOH（2 mol·L^{-1}），$NH_3 \cdot H_2O$（6 mol·L^{-1}），HCl（2 mol·L^{-1}），KSCN（1 mol·L^{-1}）

四、实验内容

1.粗硫酸铜的提纯

（1）称量和溶解。用十分之一天平称取粗硫酸铜晶体 5 g，放入 100 mL 烧杯中，用量筒量取 20 mL 去离子水加入烧杯中。将烧杯放在石棉网上加热，搅拌使晶体溶解。溶解时加入 2～3 滴 1 mol·L^{-1} 的 H_2SO_4 溶液以加速溶解。

（2）沉淀和过滤。往溶液中加入 1 mL 30 g·$L^{-1}$$H_2O_2$ 溶液，使 Fe^{2+} 氧化为 Fe^{3+}。加热，边搅拌边逐滴加入 2 mol·L^{-1}NaOH 溶液至 $pH \approx 4$（用 pH 试纸检验）。再加热片刻，静置，使红棕色 $Fe(OH)_3$ 沉淀沉降。用倾析法在普通漏斗上过滤，滤液承接在清洁的蒸发皿中，用少量蒸馏水淋洗烧杯及玻璃棒，洗涤液也全部转入蒸发皿中。

（3）蒸发、结晶和减压过滤。在滤液中加入 2 滴 1 mol·$L^{-1}$$H_2SO_4$ 溶液，调 pH = 1～2，然后在电炉子上蒸发、浓缩至溶液表面出现结晶膜时立即停止加热（切不可蒸干）。冷却至室温，使 $CuSO_4 \cdot 5H_2O$ 晶体析出。将晶体转移到布氏漏斗上，减压过滤，尽量抽干，并用一干净滤纸轻轻挤压漏斗上的晶体，以除去其中少量的水分。停止抽滤，取出晶体将其夹入两张滤纸中，用手指在纸上轻压以吸干母液，母液倒入瓶中回收。

在天平上称出产品质量，计算收率。

2.硫酸铜纯度检验

用台秤称取 1 g 粗硫酸铜晶体和 1 g 提纯后的硫酸铜晶体，分别倒入小烧杯中加 10 mL 水溶解，再分别加入 1 mL H_2SO_4（1 mol·L^{-1}）酸化，加入 2 mL 30 g·$L^{-1}$$H_2O_2$ 氧化，使其中 Fe^{2+} 全部转化为 Fe^{3+}。

溶液冷却后分别滴加 6 mol·$L^{-1}$$NH_3 \cdot H_2O$ 至生成的蓝色沉淀全部溶解，溶液呈深蓝色，用普通漏斗过滤，在取出的滤纸上滴加 1 mol·$L^{-1}$$NH_3 \cdot H_2O$ 至蓝色褪去。此时 $Fe(OH)_3$ 沉淀留在滤纸上。

用滴管滴加 3 mL 2 mol·L^{-1} HCl 溶液至滤纸上，溶解 $Fe(OH)_3$ 沉淀。然后在溶解液中滴加 2 滴 KSCN（1 mol·L^{-1}）溶液，根据红色的深浅，评定提纯后硫酸铜溶液的纯度。

五、思考题

(1) 提纯中 Fe^{2+} 为何首先要转化成 Fe^{3+}？

(2) 除 Fe^{3+} 时，为什么要调 $pH \approx 4$，而在蒸发前又把 pH 值调至 1～2？

(3) $Cl_2(aq)$、$Br_2(aq)$、$H_2O_2(aq)$、$KMnO_4$、$K_2Cr_2O_7$、$NaClO_3$ 等均可将 Fe^{2+} 氧化为 Fe^{3+}，本实验中选用 H_2O_2 作氧化剂，为什么？

(4) 用 KSCN 检验 Fe^{3+} 时为什么要加盐酸？

实验 13　氯化钠的提纯及食用加碘盐的制备

一、实验目的

(1) 学习提纯氯化钠和检验其纯度的方法。

(2) 了解加碘盐的制备及其质量的检验方法。

(3) 掌握鉴定 K^+、Ca^{2+}、Mg^{2+}、Ba^{2+}、SO_4^{2-} 离子的方法。

(4) 练习溶液的蒸发、浓缩、结晶以及结晶(沉淀)的洗涤和干燥等基本操作。

二、实验原理

粗食盐中含有钙、镁、钾、硫酸根离子等可溶性杂质和泥沙等不溶性杂质。为了制得试剂或医用的纯氯化钠及可食用的加碘盐，必须除去这些杂质。通常是选择适当的沉淀剂，例如 $Ca(OH)_2$、$BaCl_2$、Na_2CO_3 等使钙、镁、硫酸根等离子生成难溶物沉淀下来而和 NaCl 分离。

粗食盐中的钾离子和这些沉淀剂不起作用，仍留在溶液中。但由于 KCl 的溶解度相当大，且含量很少，所以蒸发浓缩食盐溶液时，NaCl 结晶析出，而 KCl 则留在溶液中，从而达到提纯的目的。

为了得到更纯的 NaCl，也可以在除去钙、镁等杂质的饱和 NaCl 溶液中通入 HCl 气体，由于同离子效应的作用，NaCl 在浓盐酸中的溶解度很小，随着 HCl 气体的不断通入，NaCl 晶体会逐渐析出，而与少量的 K^+、Mg^{2+}、SO_4^{2-} 等离子分离。本实验采用前一种方法。

国际上制备碘盐的材料有 KI 和 KIO_3 两种，我国使用碘酸钾加工食用碘盐。KIO_3 为无色结晶，其中碘的质量分数为 59.3%，且无臭无味，可溶于水，不溶于醇和氨水。晶体常温下较稳定，加热至 560℃开始分解，反应式为

$$2KIO_3 \stackrel{\triangle}{=\!=\!=} 2KI + 3O_2 \uparrow$$

或

$$12KIO_3 + 6H_2O \stackrel{\triangle}{=\!=\!=} 6I_2 \uparrow + 12KOH + 15O_2 \uparrow$$

在酸性介质中 KIO_3 是较强氧化剂，遇到还原剂如食品中常含有的 Fe^{2+}、$C_2O_4^{2-}$ 和有机物等，容易发生反应而析出单质碘。

纯 KIO_3 是有毒的，但在治疗剂量范围(小于等于 $60\ mg \cdot kg^{-1}$)对人体无毒害。国家标准 GB 5461—92 规定碘盐含碘量(以碘计)出厂产品大于等于 $40\ mg \cdot kg^{-1}$，销售品大于等于 $30\ mg \cdot kg^{-1}$。

碘酸钾加碘盐的检测试剂是在酸性介质中加入还原剂如 KCNS 或 NH_4CNS，用质量分数

为 1% 淀粉溶液显色,(与 I_2 作用)可半定量检测碘酸钾含量。

三、仪器及试剂

仪器:天平,电炉,烧杯(250,100 mL),试管,布氏漏斗,吸滤瓶,量筒(50 mL),点滴板,蒸发皿,坩埚,玻璃漏斗。

试剂:粗食盐,食用加碘盐,标准 KIO_3 溶液(称 GR KIO_3 0.033 8 g 配制成 100 mL),系列标准碘盐(5 个 100 mL 烧杯中各加入经 500℃下烘干 2 h 的无碘精盐 10 g 分别加入标准碘液 0.5,1.0,1.5,2.0,2.5 mL 搅匀后,放入干燥箱内 100℃烘干 2 h,冷却,研细,放入密封的标色瓶中保存,由此时它们含碘量分别为 10,20,30,40 和 50 mg·kg^{-1}),检测试剂(由 1 % 淀粉 400 mL,85%H_3PO_4 4 mL 和 7 g KCNS 固体合并溶解制成),$Ca(OH)_2$(固),无水乙醇,饱和 $(NH_4)_2C_2O_4$ 溶液,$BaCl_2$(1 mol·L^{-1}),Na_2CO_3(1 mol·L^{-1}),HCl(2 mol·L^{-1}),镁试剂,$Na_3[Co(NO_2)_6]$试剂。

四、实验内容

1.粗盐提纯

(1) 称取 15 g 粗食盐,放入小烧杯中,加水 50 mL,用玻璃棒搅拌使其溶解。然后加入 1 小匙$Ca(OH)_2$,充分搅拌后,减压过滤(滤去何物?)。

(2) 滤液倒入烧杯中,加热近沸,在搅拌下逐滴加入 1 mol·L^{-1} $BaCl_2$ 溶液至沉淀完全(沉淀是什么?)。继续加热几分钟,使沉淀长大以易于沉降(试验沉淀是否完全?)。待沉淀沉降后,沿烧杯壁加入 $BaCl_2$ 溶液一滴,观察清液中是否还有混浊现象产生,再加入 1 mol·L^{-1}的Na_2CO_3 溶液至沉淀完全(沉淀是什么?)。

(3) 用普通漏斗过滤(为什么不用吸滤法过滤?)。在清液中逐滴加入 2 mol·L^{-1} HCl 中和过量的 Na_2CO_3 至呈微酸性(pH = 3~4)。将溶液倒入蒸发皿中,蒸发浓缩至稠液状,切不可蒸干(为什么?)。冷却后减压过滤,尽量吸干。将结晶转入蒸发皿内,在电炉上烘干后,称量。

2.产品检验

取 1 g 产品,用 5 mL 蒸馏水溶解,分盛于 5 支试管中,然后分别加入有关的试剂,以检验各杂质离子。

(1) Ca^{2+} 离子的检验。加入饱和$(NH_4)_2C_2O_4$ 溶液 2 滴,观察有无白色沉淀产生。

(2) SO_4^{2-} 离子的检验。自行设计方案。

(3) Ba^{2+} 离子的检验。自行设计方案。

(4) Mg^{2+} 离子的检验。加入 2 mol·L^{-1}NaOH 溶液 2 滴,使溶液呈碱性,再加入 2 滴镁试剂,观察有无天蓝色沉淀产生。

(5) K^+ 离子的检验。加入 $Na_3[Co(NO_2)_6]$试剂 2 滴,观察有无亮黄色 $K_2Na[Co(NO_2)_6]$ 沉淀生成。

3.食盐加碘

取 5 g 自制精盐,放入干净并干燥的坩埚中,逐滴加入 1 mL 碘的质量浓度为 200 mg·L^{-1} 的 KIO_3 溶液(标准 KIO_3)溶液,搅拌均匀。加入无水乙醇,搅匀后,将坩埚放在白瓷板上,点燃酒精,燃尽后,冷却,即得碘盐。试计算自制碘盐的碘浓度。

4. 半定量分析法测定碘盐的含碘浓度

(1) 标准碘色板的制备。从 KIO_3 浓度(以碘计)分别为空白,10,20,30,40,50 mg·kg^{-1}的标准碘盐中各取 1 g,分别放入多孔点滴板的孔中,压实后,各加入 2 滴检测试剂,制成标准色板。

(2) 分别从自制精盐、自制碘盐和市售碘盐中各取 1 g,分别放入多孔点滴板的孔中,压实后,各加入 2 滴检测试剂,显色后约 30 s,用目视比色法确定它们的含碘浓度。计算自制碘盐的理论含碘浓度,并与实验值比较,分析产生差别的原因。

五、思考题

(1) 在除去 Ca^{2+}、Mg^{2+}、SO_4^{2-} 时,为什么要先加入 $BaCl_2$ 溶液,然后再加入 Na_2CO_3 溶液?

(2) 抽滤时,应注意哪些问题?

(3) 蒸发时,溶液为什么不能蒸干?

(4) KIO_3 为什么是加入精盐中,而不是直接加入浓缩液中?

KCl、NaCl 在水中的溶解度列于表 5.18。

表 5.18　KCl、NaCl 在水中的溶解度(g/100 g H_2O)

化合物　溶解度 温度/℃	10	20	30	40	50	60	80	100
KCl	25.8	34.2	37.2	40.1	42.9	45.8	51.3	56.3
NaCl	35.7	35.8	36.0	36.2	36.7	37.1	38.0	39.2

实验 14　硫酸铝钾的制备

一、实验目的

(1) 了解复盐的制备方法和性质。

(2) 认识金属铝和氢氧化铝的两性。

(3) 掌握水浴加热、过滤等操作和测量产品熔点的方法。

二、实验原理

铝屑溶于浓氢氧化钾溶液,生成可溶性的四羟基铝酸钾 $KAl(OH)_4$,而铝屑中的其他金属或杂质则不溶。用硫酸溶液中和,可将其转化为 $Al(OH)_3$,而 $Al(OH)_3$ 又继续溶于硫酸生成 $Al_2(SO_4)_3$。$Al_2(SO_4)_3$ 能同碱金属硫酸盐在水溶液中结合成一类溶解度较小的同晶的复盐。此复盐[$KAl(SO_4)_2·12H_2O$]俗称明矾。当溶液冷却时,明矾则以大块晶体结晶出来。

$$2Al + 2KOH + 6H_2O = 2KAl(OH)_4 + 3H_2 \uparrow$$

$$KAl(OH)_4 + H_2SO_4 = 2Al(OH)_3 \downarrow + K_2SO_4 + 2H_2O$$

$$2Al(OH)_3 + 3H_2SO_4 = Al_2(SO_4)_3 + 6H_2O$$

$$KAl(OH)_4 + H_2SO_4 \Longrightarrow 2Al(OH)_3 \downarrow + Na_2SO_4 + 2H_2O$$

$$2Al(OH)_3 + 3H_2SO_4 \Longrightarrow Al_2(SO_4)_3 + 6H_2O$$

$$Al_2(SO_4)_3 + K_2SO_4 + 12H_2O \Longrightarrow KAl(SO_4)_2 \cdot 12_2O$$

三、仪器及试剂

仪器:天平,烧杯(250,100 mL),电炉,量筒,漏斗,布氏漏斗,吸滤瓶。

试剂:KOH(固),铝屑,H_2SO_4 溶液(1:1),酒精,铝试剂,$BaCl_2$ 溶液,$Na_3[Co(NO_2)_6]$溶液。

四、实验内容

1.产品制备

(1) 称量 4.5 g KOH 固体,放入 250 mL 烧杯中,加 60 mL 水使之溶解。称量 2 g 铝粉,分次放入溶液中(反应激烈,防止溅出! 在通风橱内进行为宜)。

(2) 待反应完毕后,用普通漏斗过滤热溶液,将滤液转入 100 mL 烧杯中,慢慢加入约 15 mL 1:1 H_2SO_4 溶液,并不断搅拌。将中和后的溶液加热几分钟,使沉淀完全溶解,然后将溶液蒸发浓缩至大约 50 mL。冷至室温后,放入冰浴中进一步冷却,结晶。

(3) 减压过滤,用 15 mL 1:1 的水 – 酒精混合液洗涤晶体两次;将晶体用滤纸吸干、称重。

2.产品检验

将产品干燥,用显微熔点测定仪测量产品的熔点。测量两次,取平均值。

3.性质试验

取少量产品配成溶液,实验证实溶液中存在 Al^{3+}、K^+ 和 SO_4^{2-} 离子。

五、思考题

(1) 溶解 KOH 固体时,为什么水不能加太多?

(2) 铝屑溶解后加入 1:1 H_2SO_4 会产生什么现象? 为什么?

(3) 制得的明矾溶液为何采用自然冷却得到结晶,而不采用骤冷的方法?

实验 15　硝酸钾的制备及其溶解度的测定

一、实验目的

(1) 学习利用各种易溶盐在不同温度时溶解度的差异来制备易溶盐的原理和方法。

(2) 学习测定易溶盐溶解度的方法。

(3) 掌握水浴加热、热过滤与减压过滤等基本操作。

二、实验原理

(1) 在 KCl 和 $NaNO_3$ 的混合溶液中同时存在着 Na^+、K^+、Cl^- 和 NO_3^-。由这四种离子组成的四种盐 KNO_3、KCl、$NaNO_3$ 和 NaCl 同时存在于溶液中,是一个复杂的四元交互体系。研究如何从这复杂体系中控制一定条件,利用结晶的形式分离出所需的组分,这是物理化学中的相平衡内容。本实验只简单地利用这四种盐于不同温度下在水中的溶解度差异,来粗略确定从平衡体系中分离 KNO_3 结晶的最佳条件和适宜的操作步骤。各种纯净盐在水中的溶解度列于表 5.19。

表 5.19　纯 KNO_3、KCl、$NaNO_3$、$NaCl$ 在水中的溶解度($g/100\ g\ H_2O$)

盐＼$t/℃$	0	20	40	70	100
KNO_3	13.3	31.6	63.9	138.0	245.0
KCl	27.6	34.0	40.0	43.8	56.7
$NaNO_3$	73.0	88.0	104.0	136.0	180.0
$NaCl$	35.7	36.0	36.6	37.8	39.8

从以上数据可以看出,在 20℃时,除 $NaNO_3$ 外其他三种盐的溶解度相差不大,因此不易使 KNO_3 单独结晶出来。但是随着温度的升高,$NaCl$ 的溶解度几乎没有多大改变,而 KNO_3 的溶解度却增大得很快。因此只要把 $NaNO_3$ 和 KCl 混合溶液加热蒸发,在较高温度下,$NaCl$ 由于溶解度较小而首先析出,趁热把它滤去。然后将滤液冷却,利用 KNO_3 的溶解度随温度下降而急剧下降的性质,使 KNO_3 晶体析出。

(2) 易溶盐溶解度的测定法一般可分为两种。一种是分析法,这种方法是利用分析化学的手段,测定在一定温度条件下饱和溶液中易溶盐组分的含量。此法虽然很精确,但操作比较复杂、费时。另一种方法是定组成法,即在已知组成的易溶盐的饱和溶液中,观察开始析出结晶时的温度,从而计算出在该温度下的溶解度。用同一装置与一定量的溶质,可以在连续补充定量水的情况下,测定自高温至低温的一系列数据。

三、仪器及试剂

仪器:天平,大试管,铁架台,铁夹,烧杯(500 mL),热水漏斗,恒温水浴,布氏漏斗,吸滤瓶,显微镜,电炉子,温度计,滴定管。

试剂:$NaNO_3$(固),KCl(固),甘油。

四、实验步骤

1. KNO_3 的制备

称取 22 g $NaNO_3$ 和 15 g KCl,放入一支 50 mm × 200 mm 的大试管中,加 H_2O 35 mL。将试管置于甘油浴中加热(试管用铁夹垂直地固定在铁架台上,用一只 500 mL 烧杯盛甘油约 3/4 作为甘油浴,试管中溶液的液面要在甘油浴液面之下,并在烧杯外对准试管内液面高度处做一标记)。待盐全部溶解后,继续加热使水蒸发至原有溶液体积的 2/3。这时试管中有晶体析出(此结晶是什么?),趁热用热水漏斗进行过滤,滤液盛于小烧杯中自然冷却,随着温度的下降,即有结晶析出(此结晶是什么?)。注意不要骤冷,以防结晶过于细小。用减压法过滤,KNO_3 晶体在水浴上烤干后称重,计算理论产量与产率。取少量 $NaCl$ 和 KNO_3 结晶,分别在低倍显微镜下观察它们晶形的差别。

2. KNO_3 溶解度的测定

(1) 称取烤干后的 KNO_3 产品 5.00 g(剩余产品倒入产品回收瓶中)。

(2) 用 500 mL 烧杯盛水约 3/4 作为水浴,置石棉网上将水加热至沸腾。另取一支 30 mm×200 mm 干洁的大试管,配一单孔软木塞,插上一支 110℃温度计(使温度计水银泡的位置接近试管的底部)。在试管中加入称得的 5.00 g KNO_3 晶体,并自滴定管准确地往大试管内加蒸馏水 5.00 mL,装上带有温度计的塞子,将大试管放入水浴内,使试管内的液面低于水浴的液面,轻轻摇动试管内溶液至所有晶体全部溶解(注意不要使溶液长时间加热,以免管内水分蒸发)。待晶体全部溶解后,将试管自水浴中取出,任其在室温下慢慢冷却并轻轻地水平摇动试管,在黑色背景下观察开始析出晶体时的温度。再次在水浴中加热溶解和冷却使析晶温度重复为止。

再自滴定管加入 1.50 mL 水,如前操作,加热至晶体溶解,然后冷却,测定另一饱和溶液的温度。继续加水,每次 1.5 mL,如此取得 4 个饱和溶液的温度数据。按表 5.20 整理、计算溶解度。

表 5.20

编 号	KNO_3 质量/g	加 H_2O 量/mL	结晶析出的温度/℃	溶解度/(g/100 g H_2O)
1				
2				
3				
4				

五、数据处理

(1) 以实验测得的 KNO_3 的溶解度为纵坐标,温度为横坐标,绘制溶解度 – 温度曲线 I。
(2) 根据表 5.21 中 KNO_3 溶解度的文献值,绘制标准溶解度 – 温度曲线 II。
(3) 比较曲线 I、II,分析产生误差的原因。

表 5.21 纯 KNO_3 在水中的溶解度(g/100 g H_2O)

$t/℃$	30.0	40.0	50.0	60.0	70.0
溶解度	45.8	63.9	85.5	111.0	138.0

六、思考题

(1) 实验步骤 1 中制得的 KNO_3 是否纯净,若不纯净,杂质是什么? 怎样将 KNO_3 进一步提纯?
(2) 测定溶解度为什么要记录晶体最初析出时的温度?
(3) 所得 KNO_3 产品能否直接用火烤干? 为什么?

实验 16　由钛铁矿制备锐钛型 TiO_2

一、实验目的

(1) 了解用 H_2SO_4 分解钛铁矿制备 TiO_2 的原理和方法。

（2）了解钛盐的主要特性及利用自生晶种进行水解的方法。

二、实验原理

TiO_2 为白色粉末,无毒、难溶于水、弱酸,微溶于碱,易溶于热、浓 H_2SO_4 和氢氟酸中,热稳定性好,是重要的白色颜料。TiO_2 有三种不同的结晶形态:金红石型、锐钛型和板钛型。其中以金红石型最稳定,锐钛型在 915℃下转化为金红石型,板钛型是最不稳定的晶型,加热至 650℃时即转化为金红石型。但在温度低于 900℃条件下,H_2TiO_3 灼烧后的分解产物主要是锐钛型二氧化钛。钛铁矿的主要成分是 $FeTiO_3$,并含有 Mg、Al、Mn、V、Cr 等杂质。钛铁精矿中 TiO_2 的质量分数,一般约为 50%。

锐钛型二氧化钛的制备,一般是以钛铁矿为原料,采用浓 H_2SO_4 分解法,反应为

$$FeTiO_3 + 2H_2SO_4 \mathrel{=\!=\!=} TiOSO_4 + FeSO_4 + 2H_2O$$

$$FeTiO_3 + 3H_2SO_4 \mathrel{=\!=\!=} Ti(SO_4)_2 + FeSO_4 + 3H_2O$$

上述反应为放热反应,故反应一经发生,即激烈进行。

矿石分解后的产物可用稀 H_2SO_4 浸取。此时 $TiOSO_4$、$Ti(SO_4)_2$ 和 $FeSO_4$ 及少量的 $Fe_2(SO_4)_3$ 均进入溶液中。为了制得纯净的 TiO_2,必须除去溶液中的 Fe^{3+} 和 Fe^{2+} 离子。方法是把 Fe^{3+} 用 Fe 还原为 Fe^{2+},然后利用 $FeSO_4 \cdot 7H_2O$ 在低温下溶解度较小的特性,将溶液冷却至 0～2℃。析出硫酸亚铁结晶,经过滤后得硫酸钛溶液。$FeSO_4 \cdot 7H_2O$ 的溶解度见表 5.22。

表 5.22　$FeSO_4 \cdot 7H_2O$ 的溶解度（g/100 g H_2O）

$t/℃$	0	10	20	30	40	50
溶解度	15.62	20.51	26.6	33.2	40.2	48.6

$$\varphi^{\ominus}(Fe^{2+}/Fe) = -0.440 \text{ V}$$

$$\varphi^{\ominus}(TiO^{2+}/Ti^{3+}) = 0.10 \text{ V}$$

$$\varphi^{\ominus}(Fe^{3+}/Fe^{2+}) = 0.771 \text{ V}$$

母液中残留的 $FeSO_4$,只要 Fe^{2+} 不被氧化为 Fe^{3+},可以在以后 $TiOSO_4$ 水解或 H_2TiO_3 的水洗过程中除去。为此除铁时要求加入稍过量的铁屑。从标准电极电势值可以看出 Fe^{3+} 将先于 TiO^{2+} 被 Fe 还原,因此当溶液出现紫色（Ti^{3+} 颜色）时,表明溶液中 Fe^{3+} 已基本上完全被还原。

Ti^{4+} 易水解,但其水解与一般盐类的水解有所不同。它没有一个固定的 pH 值,只要在稀释或加热条件下,即使在高酸度下,经煮沸均能水解而生成氢氧化钛的水合物沉淀。但在常温下用水稀释钛盐时,水解得到的是胶体氢氧化钛。在加热条件下,则生成白色偏钛酸沉淀。

$$TiOSO_4 + 3H_2O \xrightarrow[\text{稀释}]{\text{室温}} Ti(OH)_4 + H_2SO_4$$

$$\text{正钛酸}(\alpha - \text{钛酸})$$

$$（\text{易溶于稀酸}）$$

$$TiOSO_4 + 2H_2O \xrightarrow{\text{沸腾}} H_2TiO_3 \downarrow + H_2SO_4$$

$$\text{偏钛酸}(\beta - \text{钛酸})$$

加热水解生成的 H_2TiO_3 具有无定型结构或不明显的锐钛型 TiO_2 微晶体结构,难溶于酸,是硫酸法制备偏钛酸的基础。

钛盐热水解反应的特点是在高酸度条件下进行,且随着水解反应的进行,偏钛酸的析出水解液的酸度增大。因此其他杂质金属离子,在此高酸度下不发生水解反应。

为了实现在高酸度下使 $TiOSO_4$ 水解,可先取一部分 $TiOSO_4$ 溶液,使其水解为偏钛酸溶胶,以此作为自生晶种与其余的 $TiOSO_4$ 溶液一起,加热水解即得偏钛酸沉淀。H_2TiO_3 在高温下($<900℃$)灼烧即得锐钛型的 TiO_2。

$$H_2TiO_3 \xrightarrow{\triangle} TiO_2 + H_2O\uparrow$$

三、仪器及试剂

仪器:蒸发皿(100 mL),烧杯(100,500 mL),量筒,布氏漏斗,吸滤瓶,坩埚,天平。

试剂:浓 H_2SO_4,钛矿精粉,H_2SO_4(2 mol·L^{-1}),铁屑。

四、实验内容

1. 解矿

在 100 mL 蒸发皿中,加入 10 mL 工业浓硫酸,在沙浴上加热到 100 ~ 130℃。将称好的 10 g 钛矿精粉分批加入浓 H_2SO_4 溶液中,并不断搅拌。当温度升至 150 ~ 160℃之间,有白烟冒出(操作应在通风橱中进行),反应物变为紫色软泥状物。继续保持在 180 ~ 190℃下反应 20 min,至反应物变成干燥疏松的粉状物后,停止加热,冷却至室温。

2. 浸取

将反应物取出放入小烧杯中加入 38 mL 2 mol·L^{-1} H_2SO_4,搅拌浸取。为加速溶解和防止 $TiOSO_4$ 过早水解,浸取温度一般控制在 55 ~ 70℃。静置沉降,减压过滤,滤渣用少量 2 mol·L^{-1} H_2SO_4 洗涤一次,滤渣弃去。

3. 除铁

往滤液中加 5 mL 浓 H_2SO_4,充分搅拌后加入约 1 g 的铁屑,并不断搅拌,至溶液呈现紫黑色为止(为什么?),立即抽滤。滤液用冰盐水冷却至 0 ~ 2℃,待 $FeSO_4·7H_2O$ 结晶完全析出,用减压过滤法分离晶体。$FeSO_4·7H_2O$ 作为副产品回收。

4. 水解

先取精制液约 10 mL,在不断搅拌下逐滴加入到 400 mL 的沸水中。煮沸 10 ~ 15 min 后,再慢慢加入其余全部精制液,加完后继续煮沸 0.5 h(注意不断补充水),然后静置沉降。沉淀用倾泻法过滤并用 2 mol·L^{-1}热 H_2SO_4 洗涤二次,再用热水洗至无 Fe^{2+} 为止(如何检验?),并以自来水作对比实验,抽干即得偏钛酸。

5. 煅烧

把 H_2TiO_3 移入坩埚中,先用小火烘干,然后高温灼烧至没有分解气体产生时为止,冷却后称重。计算产率(钛铁矿含 TiO_2 率以 50%计)。

五、思考题

(1) 实验中加 Fe 粉的目的是什么? 加入 Fe 粉应稍过量,但不能过量太多,为什么?

(2) 钛盐的水解与一般盐类的水解有何不同?

实验 17　硫酸亚铁铵的制备

一、实验目的

(1) 了解摩尔盐硫酸亚铁铵的制备方法及主要性质。
(2) 熟练掌握水浴加热、蒸发、结晶、常压过滤和减压过滤等基本操作。

二、实验原理

硫酸亚铁是浅绿色晶体。其应用广泛,在化学上作为还原剂,工业上作废水处理的混凝剂。硫酸亚铁晶体不稳定,暴露在空气中容易被空气氧化呈黄色(或铁锈色)。硫酸亚铁和硫酸铵作用形成浅绿色的硫酸亚铁铵复盐,称为摩尔盐。摩尔盐比硫酸亚铁盐稳定得多。由于价格低廉,制造工艺简单,容易获得较为纯净的晶体,因此应用比硫酸亚铁更广泛。在分析化学上,作为标定重铬酸钾或高锰酸钾溶液的基准物,在农业上是农药又是肥料。

过量的 Fe 与稀 H_2SO_4 作用可制得 $FeSO_4$。由于复盐 $FeSO_4 \cdot (NH_4)_2SO_4 \cdot 6H_2O$ 的溶解度比组成它的简单盐要小,因此等摩尔 $FeSO_4$ 与 $(NH_4)_2SO_4$ 在水溶液中相互作用,可以得到浅蓝绿色单斜晶体 $FeSO_4 \cdot (NH_4)_2SO_4 \cdot 6H_2O$。

$$Fe + H_2SO_4 =\!=\!= FeSO_4 + H_2 \uparrow$$

$$FeSO_4 + (NH_4)_2SO_4 + 6H_2O =\!=\!= FeSO_4 \cdot (NH_4)_2SO_4 \cdot 6H_2O$$

三、仪器及试剂

仪器:锥形瓶(150 mL),烧杯(100,500 mL),量筒(50 mL),吸滤瓶,布氏漏斗,天平,电炉,水浴,蒸发皿,比色管(50 mL)。

试剂:HCl(2 mol·L^{-1}),H_2SO_4(3 mol·L^{-1}),NaOH(6 mol·L^{-1}),$BaCl_2$(0.5 mol·L^{-1}),Fe^{3+} 的标准溶液(0.01 mg·mL^{-1}),KSCN(1 mol·L^{-1}),Na_2CO_3(10%),$(NH_4)_2SO_4$,$BaCl_2$,$K_3[Fe(CN)_6]$,乙醇。

四、实验内容

1.铁屑去油

称取 4 g 铁屑,放在锥形瓶中,加质量分数为 10% Na_2CO_3 溶液 20 mL,在电炉上缓缓加热煮沸约 10 min,用倾析法除去碱液,用水将铁屑洗净。

2.硫酸亚铁的制备

往盛有铁屑的锥形瓶中加入 30 mL H_2SO_4(3 mol·L^{-1}),盖上表面皿,放在石棉网上用小火加热(控制 Fe 与 H_2SO_4 的反应不要过于激烈)。当溶液体积减小时,不时加入少量水,以补充被蒸发掉的水分,防止 $FeSO_4 \cdot 7H_2O$ 结晶出来。继续加热至不再有气泡冒出为止(约40 min)。趁热减压过滤,如果滤纸上有 $FeSO_4 \cdot 7H_2O$ 晶体析出,可用热蒸馏水将晶体溶解,用 2 mL 3 mol·L^{-1} H_2SO_4 洗涤未反应完的铁和残渣,洗涤液过滤合并到滤液中。滤液立即转移至蒸发皿中。将锥形瓶中和滤纸上剩下的铁屑及残渣洗净,收集起来用滤纸吸干后称重。

算出已反应的铁屑的质量,并根据此质量计算生成硫酸亚铁的理论产量。

3.硫酸亚铁铵的制备

根据 $FeSO_4$ 理论产量,在室温下称出按照反应式计算出的所需固体硫酸铵的用量,配制成饱和溶液,加入到 $FeSO_4$ 溶液中,搅拌均匀并用 H_2SO_4 溶液($3\ mol\cdot L^{-1}$)调节 pH 值为1~2。用小火蒸发浓缩溶液(蒸发过程中不宜搅动)直至表面出现晶体膜为止(切勿全部蒸干)。然后放置让溶液自然冷却,即有硫酸亚铁铵晶体析出。减压过滤出晶体,再用少量酒精洗涤两次,尽量抽干。晶体用滤纸轻压吸干,转移到滤纸上或表面皿上称重并观察晶体的形状和颜色。

4.产品检验

(1) 试用实验方法证明产品中含有 NH_4^+、Fe^{2+} 和 SO_4^{2-}。

(2) Fe^{3+} 的分析。

取 1 g 样品置于 50 mL 比色管中,用 15 mL 不含氧的去离子水溶解。加入 2 mL HCl($2\ mol\cdot L^{-1}$)和 1 mL KSCN 溶液($1\ mol\cdot L^{-1}$),再加约 25 mL 不含氧的去离子水,摇匀后继续加去离子水至 50 mL 刻度线。将所呈现的红色与下列标准溶液进行目视比色,确定 Fe^{3+} 的含量及产物符合哪一级试剂的规格。

在 3 支 50 mL 比色管中分别加入含 Fe^{3+} 的标准溶液($0.01\ mg\cdot mL^{-1}$)各 5,10,15 mL,然后分别加入 2 mL HCl($2\ mol\cdot L^{-1}$)和 1 mL KSCN 溶液($1\ mol\cdot L^{-1}$)。加不含氧的去离子水将溶液稀释到 50 mL,摇匀。上述溶液中含 Fe^{3+} $0.05\ mg\cdot 50\ mL^{-1}$ 的符合 I 级试剂,含 Fe^{3+} $0.10\ mg\cdot 50\ mL^{-1}$ 的符合 II 级试剂,含 Fe^{3+} $0.15\ mg\cdot 50\ mL^{-1}$ 符合 III 级试剂。

五、思考题

(1) 如何计算 $FeSO_4$ 的理论产量和反应所需 $(NH_4)_2SO_4$ 的质量?

(2) 为什么要保持硫酸亚铁溶液和硫酸亚铁铵溶液有较强的酸性?

(3) 设计出检验 NH_4^+、Fe^{2+} 和 SO_4^{2-} 的方法。

实验18 氯化亚铜的制备与性质

一、实验目的

(1) 掌握 Cu(I)与 Cu(II)的性质及互相转变的条件。

(2) 了解 CuCl 的制备方法及性质。

二、实验原理

在水溶液中,Cu(I)不稳定,很容易歧化为 Cu(II)和单质 Cu,反应式为

$$2Cu^+ \longrightarrow Cu^{2+} + Cu$$

也可被氧化为 Cu(II)。只有形成沉淀或相应的配合物,才能使 Cu(I)稳定存在。因而,制备 Cu(I)化合物的方法有:

(1) 在有过量的能与 Cu(I)配位的配体存在下,Cu(II)盐与金属 Cu 进行逆歧化反应,生成 Cu(I)的配合物。例如

$$Cu(Ac)_2 + Cu + 4NH_3 \xrightarrow{\quad\quad} 2[Cu(NH_3)_2](Ac)$$

(2) 利用 Cu(I)在干态高温下能稳定存在这一性质来制备。如国外 CuCl 的工业生产方法

$$2Cu + Cl_2 \xrightarrow{CuCl(熔)} 2CuCl$$

该法需要较苛刻的设备条件。所以,在有 Cu(I)配体或沉淀剂存在时,使用易得还原剂将 Cu(II)还原就很有意义。本实验依据下式完成 CuCl 的制备,即

$$2CuSO_4 + Na_2SO_3 + 2NaCl + H_2O \xrightarrow{\quad\quad} 2CuCl\downarrow + 2Na_2SO_4 + H_2SO_4$$

反应过程中需及时除去系统中生成的 H^+,使反应环境尽可能维持在弱酸或近中性条件下,以使反应进行完全。为此,使用 Na_2CO_3 作为 H^+ 消除剂。显然 Na_2CO_3 最好与还原剂 Na_2SO_3 同步加入(为什么?)。另外,反应物的添加顺序,最好是将 $Na_2SO_3 - Na_2CO_3$ 混合液加入到 Cu^{2+} 溶液中,否则将因下列反应而难以制得 CuCl,反应式为

$$2Cu^{2+} + 5SO_3^{2-} + H_2O \xrightarrow{\quad\quad} 2[Cu(SO_3)_2]^{3-} + SO_4^{2-} + 2H^+$$

纯的 CuCl 为白色四面体结晶,遇光变褐色,熔点 703 K,密度为 $3.53~g\cdot cm^{-3}$,熔融时呈铁灰色,置于湿空气中迅速氧化为 Cu(OH)Cl 而变为绿色。CuCl 多用于有机合成和燃料工业的催化剂(如丙烯腈生产)和还原剂,石油工业脱硫与脱色剂,分析化学的脱氧剂与 CO 吸收剂等。

三、仪器及试剂

仪器:天平,电磁搅拌器,滴液漏斗,抽滤装置,烧杯(500,100 mL),量筒。
试剂:$CuSO_4 \cdot 5H_2O$(固),Na_2SO_3(固),NaCl(固),Na_2CO_3(固),H_2SO_4($0.5~mol\cdot L^{-1}$),HCl(1%),NaOH($0.5~mol\cdot L^{-1}$),无水乙醇,铁粉。

四、实验内容

1. CuCl 的制备
在天平上称取 25 g $CuSO_4\cdot 5H_2O$ 和 10 g NaCl 于 500 mL 烧杯中,加 100 mL 水使其溶解。另取 7.5 g Na_2SO_3 和 5 g Na_2CO_3 共溶于 40 mL 水中,将此混合液转移至 150 mL 滴液漏斗中,把 $CuSO_4 - NaCl$ 混合液置于电磁搅拌器上,开启搅拌,使 $Na_2SO_3 - Na_2CO_3$ 混合液缓缓滴入其中,控制滴加速度使所需时间不低于 1 h 为好。加完后,继续搅拌 10 min。抽滤,并用 1% 的盐酸溶液洗涤,然后用去氧水(如何制得?)洗涤 3 次,最后用 15 mL 无水乙醇洗涤。干燥后称量,计算产率。合并所有液相,进行无害化处理。

2. CuCl 的性质实验
取 CuCl 样品少许,分别试验其与稀硫酸、NaOH、浓盐酸的作用情况,写出相应的反应方程式,并解释现象。

3. 废液无害化处理
废液中含有金属铜离子,对环境有危害,请你利用提供的试剂,拟订方案除去废液中的铜并加以回收,要求回收铜后的废液满足可以排放的标准。

五、思考题

(1) $Na_2SO_3 - Na_2CO_3$ 混合液滴加的时间为何要不小于 1 h? 滴加太快有何后果?

（2）如果将 $CuSO_4$ – NaCl 混合液往 Na_2SO_3 – Na_2CO_3 混合液中滴加,将会出现什么样的结果?

（3）洗涤滤饼为何要用去氧水?用普通去离子水如何?

实验 19　含铬(Ⅵ)废液的处理

一、实验目的

了解含铬废液的处理方法。

二、实验原理

铬(Ⅵ)化合物对人体的毒害很大,能引起皮肤溃疡、贫血、肾炎及神经炎。所以含铬的工业废水必须经过处理达到排放标准才准排放。

Cr(Ⅲ)的毒性远比 Cr(Ⅵ)小,所以可用硫酸亚铁石灰法来处理含铬废液,使 Cr(Ⅵ)转化成 $Cr(OH)_3$ 难溶物除去。

Cr(Ⅵ)与二苯碳酰二肼作用生成紫红色配合物,可进行比色测定,确定溶液中 Cr(Ⅵ)的含量。Hg(Ⅰ,Ⅱ)也与配合剂生成紫红色化合物,但在实验的酸度下不灵敏。Fe(Ⅲ)浓度超过 $1\ mg\cdot L^{-1}$ 时,能与配合剂生成黄色溶液,后者可用 H_3PO_4 消除。

三、仪器及试剂

仪器:722 型光栅分光光度计,抽滤装置,移液管(10,20 mL),吸量管(10,5 mL),比色管(25 mL)。

试剂:含铬(Ⅵ)废液,Cr(Ⅵ)标准溶液($0.100\ mg\cdot mL^{-1}$),H_2SO_4(1:1),$FeSO_4\cdot 7H_2O$(固),NaOH(固),H_3PO_4(1:1),二苯碳酰二肼溶液,H_2O_2。

四、实验内容

1.氢氧化物沉淀

在含铬(Ⅵ)废液中逐滴加入 H_2SO_4 使呈酸性,然后加入 $FeSO_4\cdot 7H_2O$ 固体充分搅拌,使溶液中 Cr(Ⅵ)转变成 Cr(Ⅲ)。加入 CaO 或 NaOH 固体,将溶液调至 pH 近似为 9,此时 $Cr(OH)_3$ 和 $Fe(OH)_3$ 等沉淀,可过滤除去。

2.残留铬的处理

将除去 $Cr(OH)_3$ 的滤液,在碱性条件下加入 H_2O_2,使溶液中残留的 Cr(Ⅲ)转变成 Cr(Ⅵ),然后除去过量的 H_2O_2。

3.标准曲线的绘制

用移液管量取 10 mL Cr(Ⅵ)标准溶液(此液含 Cr(Ⅵ) $0.100\ mg\cdot mL^{-1}$)放入 1 000 mL 容量瓶中,用蒸馏水稀释至刻度,摇匀备用。

用吸量管或移液管分别量取 1.00,2.00,4.00,6.00,8.00,10.00 mL 上面配制的 Cr(Ⅵ)标准液,放入 6 个 25 mL 的比色管中,用移液管量取 20.00 mL 步骤 2 得到的溶液,放入另一比色管中。分别往上面 7 个比色管中加入 5 滴 1:1 H_3PO_4 和 5 滴 1:1 H_2SO_4,摇匀后再分别加入 1.5 mL 二苯碳酰二肼溶液,再摇匀。用水稀释至刻度。分光光度计以 540 nm 波长、2 cm 比色皿测定各溶液的吸光度,绘制标准曲线,从曲线上查出含铬废液中 Cr(Ⅵ)的含量。

五、思考题

(1) 本实验中加入 CaO 或 NaOH 固体后,首先生成的是什么沉淀?

(2) 在实验内容 2 中,为什么要除去过量的 H_2O_2?

实验 20　单质碘的提取与碘化钾的制备

一、实验目的

(1) 了解提取单质碘的方法。

(2) 学习应用平衡原理解决实际问题,巩固基本操作技能。

二、实验原理

碘是人体必需的微量元素,可维持人体甲状腺的正常功能。碘化物可防止和治疗甲状腺肿大,碘酒可作消毒剂,碘仿可作防腐剂。碘化银用于制造照相软片和人工降雨时造云的"晶核"。碘是制备碘化物的原料。

实验室有多种含碘废液,但回收碘的方法通常是将含碘废液转化为 I^- 后,用沉淀法富集后再选择适当的氧化剂,使 I_2 析出,以升华法提纯 I_2。实验室中是用 Na_2SO_3 将废液中碘还原为 I^-,再用 $CuSO_4$ 与 I^- 反应形成 CuI 沉淀。反应为

$$I_2 + SO_3^{2-} + H_2O = 2I^- + SO_4^{2-} + 2H^+$$
$$2I^- + 2Cu^{2+} + SO_3^{2-} + H_2O = 2CuI\downarrow + SO_4^{2-} + 2H^+$$

然后用浓 HNO_3 氧化 CuI,使 I_2 析出。反应为

$$2CuI + 8HNO_3 = 2Cu(NO_3)_2 + 4NO_2\uparrow + 4H_2O + I_2$$

制取 KI 时,是将 I_2 与铁粉反应生成 Fe_3I_8,再与 K_2CO_3 反应,经过滤、蒸发、浓缩、结晶后制得 KI 晶体。反应为

$$3Fe + 4I_2 = Fe_3I_8$$
$$Fe_3I_8 + 4K_2CO_3 = 8KI + 4CO_2\uparrow + Fe_3O_4\downarrow$$

三、仪器及试剂

仪器:移液管(25 mL),锥形瓶(250 mL),酸式滴定管,烧杯(100 mL),蒸发皿,抽滤装置,电炉子,天平。

试剂:Na_2SO_3(固),$CuSO_4\cdot 5H_2O$(固),K_2CO_3(固),Fe 粉,HCl(2 mol·L^{-1}),浓 HNO_3,KI(0.1 mol·L^{-1}),$Na_2S_2O_3$ 标准溶液(0.100 0 mol·L^{-1}),KIO_3 标准溶液(0.200 0 mol·L^{-1}),含碘废液,0.5%淀粉溶液,pH 试纸。

四、实验内容

1. 含碘废液中碘含量的测定

取含碘废液 25.00 mL 置于 250 mL 锥形瓶中,用 2 mol·L^{-1} HCl 酸化,再过量 5 mL,加水 20 mL,加热煮沸,稍冷,准确加入 10.00 mL 0.200 0 mol·L^{-1} KIO$_3$,小火加热煮沸,除去 I$_2$,冷却后加入过量的 0.1 mol·L^{-1} KI 5 mL,产生的 I$_2$ 用 0.100 0 mol·L^{-1} Na$_2$S$_2$O$_3$ 标准溶液滴定至浅黄色,加入淀粉后溶液为深蓝色,继续用 Na$_2$S$_2$O$_3$ 溶液滴定至蓝色恰好褪去,即为终点。

2. 单质 I$_2$ 的提取

根据废液中 I$^-$ 的含量,计算出处理 500 mL 含碘废液使 I$^-$ 沉淀为 CuI 所需 Na$_2$SO$_3$ 和 CuSO$_4$·5H$_2$O 的理论量。先将 Na$_2$SO$_3$(s) 溶解于含碘废液中,再将 CuSO$_4$·5H$_2$O 配成饱和溶液,在不断搅拌下滴入含碘废液中,加热至 60～70℃,静置沉降,在澄清液中检验 I$^-$ 是否已完全转化为 CuI 沉淀(如何检验?),然后弃去上层清液,使沉淀体积保持在 20 mL 左右,转移到 100 mL 烧杯中,盖上表面皿,在不断搅拌下加入计算量的浓 HNO$_3$,待析出的碘沉降后,用倾泻法弃去上层清液,并用少量水洗涤碘。

3. 碘的升华

将洗净的碘置于没有凸嘴的烧杯中,在烧杯上放上一个装有冷水的圆底烧瓶,将烧杯置于水浴上加热,升华 I$_2$ 冷凝在圆底烧瓶底部,收集后称量。

4. KI 的制备

将精制的 I$_2$ 置于 100 mL 烧杯中,加入 20 mL 水和铁粉(比理论值多 20%),不断搅拌,缓缓加热使 I$_2$ 完全溶解。将黄绿色溶液,倾入另一个 100 mL 烧杯中,再用少量水洗涤铁粉,合并洗涤液。然后加入 K$_2$CO$_3$(是理论量的 110%)溶液,加热煮沸,使 Fe$_3$O$_4$ 析出,抽滤,用少量水洗涤 Fe$_3$O$_4$。将滤液置于蒸发皿中,加热蒸发至出现晶膜,冷却,抽滤,称量。

5. 产品纯度检验与含量测定

(1) 氧化性杂质与还原性杂质的鉴定:溶解 1g KI 产品于 20 mL 水中,用 H$_2$SO$_4$ 酸化后加入淀粉溶液,5 min 不产生蓝色表示无氧化性离子存在。然后加入 1 滴 I$_2$ 溶液,产生的蓝色不褪去,表示无还原性离子。

(2) KI 含量测定:自行设计测定方案。

6. 从海带中提取碘及含量测定

取 10 g 切细的干海带于蒸发皿中,加热、灼烘、灰化,冷至室温,倒入研钵中研细,加适量蒸馏水,搅拌 5 min,倾泻过滤,滤渣用水再浸提 3 次,合并提取液,加入 Na$_2$SO$_3$ 与 CuSO$_4$ 溶液使至 CuI 沉淀,经抽滤洗涤后用浓 HNO$_3$ 氧化制取单质碘。

海带中 I$^-$ 含量测定,可参阅碘量法测定 I$^-$ 含量。

五、思考题

(1) 含碘废液中测定 I$^-$ 含量时,是否可用 Na$_2$S$_2$O$_3$ 溶液直接与过量的 KIO$_3$ 反应进行测定? 为什么? 测定 I$^-$ 浓度(mg·mL^{-1})应怎样计算?

(2) 沉淀 500 mL 废液中 I$^-$,需加 Na$_2$SO$_3$(以 95% 计)及 CuSO$_4$·5H$_2$O(以 95% 计)各多少? 为什么要先加 Na$_2$SO$_3$ 后加 CuSO$_4$ 饱和液?

实验 21　金属铝的表面处理——阳极氧化法

一、实验目的

(1) 了解阳极氧化的基本原理和方法。

(2) 了解氧化膜的质量检验方法。

二、实验原理

铝在空气中形成的天然氧化膜很薄($4 \times 10^{-3} \sim 5 \times 10^{-3}$ μm),不可能有效地防止金属遭受腐蚀。用电化学方法在铝或铝合金表面生成较厚的致密氧化膜,该过程称为阳极氧化,表面氧化膜可加厚几十至几百微米,使铝的耐腐蚀性大大提高。而且氧化膜具有很高的电绝缘性和耐磨性,还可以用有机染料染成各种颜色。由于阳极氧化后铝及铝合金具有这些优良性能,所以在许多工程技术中得到广泛的应用。通过本实验可以使学生了解铝阳极氧化的基本原理及方法,了解铝阳极氧化后氧化膜的质量检验方法,并巩固天平操作技术。

以铅为阴极,铝为阳极,在 H_2SO_4 溶液中进行电解,两极反应为

阴极　　　　　　　　　　$2H^+ + 2e \Longrightarrow H_2 \uparrow$

阳极　　　　　　　　　　$Al - 3e^- \Longrightarrow Al^{3+}$

$$Al^{3+} + 3H_2O \Longrightarrow Al(OH)_3 + 3H^+$$

$$2Al(OH)_3 \Longrightarrow Al_2O_3 + 3H_2O$$

在电解过程中,H_2SO_4 又可以使形成的 Al_2O_3 膜部分溶解,所以氧化膜的生长是依赖于金属氧化速度和 Al_2O_3 膜溶解的速度。要得到一定厚度的氧化膜,必须控制氧化条件,使氧化膜形成速度大于溶解速度。

三、仪器及试剂

仪器:烧杯(500,100 mL),电解槽,量筒(100,10 mL),稳压电源,导线,铝板,铝线,恒温槽,密度计,温度计,电炉,精密天平,绝缘性检验装置。

试剂:HNO_3(2 $mol \cdot L^{-1}$),H_2SO_4(浓),NaOH(固体),腐蚀试液($K_2Cr_2O_7$,盐酸溶液),铝试样,无水酒精,溶膜液,着色液。

四、实验内容

1. 溶液配制

(1) 配制 3 $mol \cdot L^{-1}$ 的 NaOH 溶液 100 mL。将 1 个 100 mL 小烧杯放在天平上称重,再放入所需固体 NaOH 量,然后再加入所需蒸馏水。

注意:NaOH 固体有强腐蚀性,不能用手直接拿,要使用牛角勺。NaOH 溶解时会产生大量的热,注意切勿溅入眼中或皮肤上(若溅入眼中或皮肤上应该立即如何处理?)。

(2) 配制 15% H_2SO_4 溶液 500 mL。按实验室浓硫酸的密度及百分浓度计算配制此溶液所需浓硫酸及水的体积。

用量筒量取水倒入烧杯,再量取浓 H_2SO_4 缓缓倒入烧杯中,并不断搅拌,直至全部混合均匀。用密度计测量密度,核对所配制的溶液是否正确。

2. 铝片表面清洗

只有把铝片表面处理干净,阳极氧化后才能生成致密的氧化膜。

(1) 去污粉洗。取两块铝片,用去污粉刷洗,然后用自来水冲洗。

(2) 碱洗。将铝片放在 $60 \sim 70$ ℃,$3 \ mol \cdot L^{-1}$ NaOH 溶液中,浸 30 s,取出用自来水冲洗。油已除净,铝片表面应不挂水珠。

(3) 酸洗。为了除去碱处理时铝表面沉积出的杂质和中和吸附的碱,将铝片放在 $2 \ mol \cdot L^{-1}$ HNO₃ 溶液中,浸泡 1 min,取出用自来水冲洗。

经过清洗后的铝片,不能再用手接触,以免沾污。洗净的铝片可存放于盛蒸馏水的烧杯中待用。

3. 阳极氧化

(1) 计算铝片浸入电解液部分(尚留一部分不浸入电解液)的总面积(应计算铝片的两面),按照电流密度为 $10 \sim 15 \ mA \cdot cm^{-2}$。计算所需的电流。

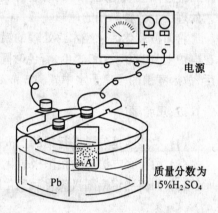
图 5.9　铝阳极氧化

(2) 将两个铝片作为阳极,铅为阴极,质量分数为 15% H_2SO_4 为电解液,按图 5.9 接好线路。通电后,调节稳压电源,开始时用较小电流密度(不大于 5 mA·cm⁻²)氧化 1 min,而后逐渐调整电流到所需的数值,观察两极反应的情况。

(3) 通电 20 min 后,切断电源,取出铝片,用自来水冲洗。

(4) 水封。由于铝氧化膜具有高的孔隙率和吸附性,因此很容易被污染,所以在氧化后,要进行封闭处理。处理方法是将铝片放入沸水中煮。其原理是利用无水三氧化二铝发生水化作用,反应为

$$Al_2O_3 + H_2O \Longrightarrow Al_2O_3 \cdot H_2O$$
$$Al_2O_3 + 3H_2O \Longrightarrow Al_2O_3 \cdot 3H_2O$$

由于氧化膜表面和孔壁的三氧化二铝水化的结果,使氧化物体积增大,将孔隙封闭。

将氧化后的一块铝片放在沸水(去离子水)中煮 10 min,取出放入无水酒精中数秒钟,再晾干备质量检验用。

4. 质量检验

(1) 绝缘性检验。利用串联小灯泡的电路(图 5.10)试验铝片氧化部分与未氧化部分的绝缘性能。

(2) 氧化膜厚度测定(选做实验)。采用溶膜法,溶膜液由 H_3PO_4 和 CrO_3 组成。此溶液可将氧化膜溶解,但不与铝反应。实验步骤如下:

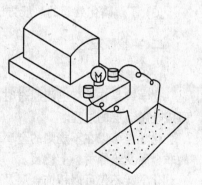
图 5.10　绝缘性检验装置

① 将铝片放于天平上称量,记下质量 m_1(称量后先做耐腐蚀实验,然后再进行溶膜)。

② 把铝片浸入 90～100℃溶膜液中煮 15 min。取出后用水冲洗,浸入无水酒精,取出放干。

③ 用同一台天平称量,记下质量 m_2。

④ 计算氧化膜厚度:设氧化膜的平均密度 $d = 2.7$ g·cm^{-3},$(m_1 - m_2)$ 为氧化膜质量。根据氧化膜的面积就可以计算出氧化膜的厚度。

(3) 耐腐蚀性(注意,此实验在溶膜试验①称量后进行)。在铝片上阳极氧化的部分和未阳极氧化部分各滴一滴 $K_2Cr_2O_7$、盐酸溶液,观察反应。比较这两部分产生气泡和液滴变绿时间的快慢。写出反应方程式。

5.铝阳极氧化膜的染色

经过阳极氧化处理得到的新鲜氧化膜,因有孔隙和较高的吸附性能,可以经过一定的工艺处理染上各种鲜艳的色彩。

将阳极氧化后未经水封处理的铝片,用水冲洗干净,立即放入着色液中着色(着色液放在电炉上,在 40～60℃着色,着色时间随所需颜色深浅而定)。染色过的铝片经水冲洗干净后,放入煮沸的去离子水中煮沸 5 min 后取出。

五、思考题

(1) 本实验是怎样进行铝的阳极氧化的?

(2) 用什么方法检验铝阳极氧化后氧化膜的绝缘性和耐腐蚀性?

(3) 如何测定铝阳极氧化后氧化膜的厚度?

实验 22　金属及非金属的表面处理技术——化学镀与磷化

一、实验目的

(1) 简单了解化学镀的一般原理。

(2) 了解玻璃上化学镀银,铜上化学镀镍的方法。

(3) 了解磷化处理的一般方法。

二、实验原理

1.化学镀

化学镀是在没有电流通过时,用还原剂将需镀的金属离子在金属(或非金属)表面上还原成金属镀层的过程。

化学镀可以在不规则的金属表面上产生均匀的镀层,也可以在经粗化、敏化、活化处理的非金属及绝缘材料上镀覆。

化学镀不仅可以精饰金属及非金属表面,同时还使材料表面上具有许多功能特性。如提高金属的抗蚀性、耐磨性和可焊性等,使非金属材料导电、导热等。

一般在具有催化活性的金属(Fe、Co、Ni…)表面上可直接得到金属镀层,而在非催化金属(Cu、Al…)表面上则不能直接镀覆,但可以采用铁件诱发(如用铁丝与黄铜制件表面接触,约 60 s,或在化学镀镍槽中悬一块镍阳极,给予 1 V 电压闪镀一层镍),由于镍镀层具有催化活性,反应便自动连续进行了。

绝缘材料如玻璃、陶瓷、塑料等在镀前必须进行一些特殊处理。如粗化、敏化、活化等处理。

敏化处理(常用酸性 $SnCl_2$ 溶液),可使非金属表面吸附一层具有较强还原性的金属离子。

活化处理(常用有较强催化活性的金属化合物,如 $AgNO_3$ 等),可使非金属表面上沉积一层金属(如 Ag)微粒。它是化学镀的结晶中心。

在玻璃上化学镀银的反应为

$$2[Ag(NH_3)_2]^+ + RCHO + 2OH^- = RCOONH_4 + 2Ag + 2NH_3 + H_2O$$

以次亚磷酸钠($NaH_2PO_2 \cdot H_2O$)作还原剂,化学镀镍的反应式为

$$Ni^{2+} + H_2PO_2^- + H_2O = H_2PO_3^- + 2H^+ + Ni$$

2. 磷化

磷化是金属在磷化液中,在一定条件下表面生成具有特殊性能的不溶性磷酸盐的过程。

磷化被广泛用于防护、抗磨损、电绝缘、润滑等。由于磷化提供齿状表面,所以磷化膜是最常用的涂漆底层。

磷酸锌盐磷化液的基本原料是工业磷酸、硝酸和氧化锌。可按一定比例配成磷化液,也可以先制成磷酸二氢锌和硝酸锌浓溶液,再按一定比例加水配成磷化液。

磷化过程包含着复杂的化学反应,涉及解离、水解、氧化还原、沉淀和配位反应等。

磷化前磷化液中存在着解离、水解两类反应为

$$Zn(NO_3)_2 = Zn^{2+} + 2NO_3^- \qquad ①$$

$$Zn(H_2PO_4)_2 = Zn^{2+} + 2H_2PO_4^- \qquad ②$$

$$H_2PO_4^- = HPO_4^{2-} + H^+ \qquad ③$$

$$HPO_4^{2-} = PO_4^{3-} + H^+ \qquad ④$$

$$Zn^{2+} + H_2O = Zn(OH)^+ + H^+ \qquad ⑤$$

$$PO_4^{3-} + H_2O = HPO_4^{2-} + OH^- \qquad ⑥$$

$$HPO_4^{2-} + H_2O = H_2PO_4^- + OH^- \qquad ⑦$$

$$H_2PO_4^- + H_2O = H_2PO_4 + OH^- \qquad ⑧$$

由于磷化液 pH 值在 2 左右,Zn^{2+} 的水解可忽略。但磷酸根水解比较显著,磷化液中 PO_4^{3-} 的浓度是极小的。

磷化时,在钢铁表面上同时发生氧化还原和沉淀两类反应

$$Fe + 2H^+ = Fe^{2+} + H_2 \uparrow \qquad ⑨$$

$$3Fe + 2NO_3^- + 8H^+ = 3Fe^{2+} + 2NO \uparrow + 4H_2O \qquad ⑩$$

$$3H_2 + 2NO_3^- + 2H^+ = 2NO \uparrow + 4H_2O \qquad ⑪$$

$$Fe^{2+} + HPO_4^{2-} = FeHPO_4(s) \qquad ⑫$$

$$3Zn + 2PO_4^{3-} = Zn_3(PO_4)_2(s) \qquad ⑬$$

伴随着⑨、⑩反应的进行在相界面处 H^+ 的浓度逐渐下降,pH 值升高,Fe^{2+} 浓度逐渐增

大,当 $c(Fe^{2+}) \cdot c(HPO_4^{2-}) \geq K_{sp}^{\ominus}(FeHPO_4)$ 和 $c^3(Zn^{2+}) \cdot c^2(PO_4^{3-}) \geq K_{sp}^{\ominus}(Zn_3(PO_4)_2)$ 时,钢铁表面上将发生⑫、⑬反应。

磷化继续进行时,磷化液中还会发生下列反应

$$[Fe(H_2O_6)]^{2+} + NO \Longrightarrow [Fe(NO)(H_2O)_5]^{2+} + H_2O \qquad ⑭$$

$$3Fe^{2+} + NO_3^- + 4H^+ \Longrightarrow 3Fe^+ + NO\uparrow + 2H_2O \qquad ⑮$$

$$Fe^{3+} + PO_4^{3-} \Longrightarrow FePO_4\downarrow(白色) \qquad ⑯$$

因此可以看到磷化液由无色透明渐渐变成浅棕色,继而溶液混浊并产生白色沉淀。

三、仪器及试剂

仪器:烧杯(50,100 mL),量筒(10,50 mL),天平,恒温水浴。

试剂:敏化液、还原液、含银氨碱液、含镍镀液、磷化液、次亚磷酸钠(固)、检测液,ZnO(99.5%),HNO$_3$(45%),HNO$_3$(6 mol·L^{-1}),H$_3$PO$_4$(85%),黄铜片、铁丝、钢片。

四、实验内容

1.节银化学镀

取敏化液 5~10 mL 放于干净的 50 mL 或 100 mL 烧杯中(或小试管中),摇荡使其充分浸润烧杯内表面,倒出敏化液。然后,用蒸馏水冲洗 2 次。

将 5 mL 含银氨碱液和 5 mL 还原液同时倒入敏化过的烧杯中,摇动 2~5 min,即可在烧杯内壁形成光亮的银镜。实验完毕,加入 6 mol·L^{-1}HNO$_3$ 洗净烧杯,废液倒入回收瓶中。

2.铜或黄铜上的化学镀镍

取 80 mL 含镍镀液放入 100 mL 干净的小烧杯中,然后加入 1.6 g 次亚磷酸钠,待搅拌溶解后放在恒温水浴槽中,将经过抛光的黄铜片放在 100 mL 小烧杯中,在 86℃(用铁丝接触黄铜片约 60 s)镀覆 10 min 左右可出现光亮的镀镍层。

3.磷化

在 100 mL 小烧杯中放入约 50 mL 磷化液,于恒温槽中加热至 50±1℃后,将经除油、除锈的干净钢片放入磷化液中,在 50℃磷化液中磷化约 15 min 左右,待生成灰色磷化膜后取出钢片并冲洗干净,风干。若磷化膜外观呈银灰色,连续、均匀无锈迹,说明磷化效果较好。

4.磷化膜的耐腐蚀性实验

15~25℃时,在磷化钢片表面上滴一滴如下组成的检测液,如在 1 min 内液滴不变成淡黄色或淡红色,视为合格。

CuSO$_4$·5H$_2$O　　　　　　　41 g·L^{-1}

NaCl　　　　　　　　　　　35 g·L^{-1}

0.1 mol·L^{-1}HCl　　　　　　13 mL·L^{-1}

膜的类型:合格变色时间

厚膜 >5 min

中等膜 >2 min

薄膜 1 min

五、思考题

(1) 化学镀的基本原理是什么？化学镀有何作用？

(2) 为什么非金属表面在化学镀前要预处理？绝缘材料、非催化金属表面在化学镀前要进行哪些预处理？

(3) 金属表面进行磷化的基本原理是什么？为什么要磷化？

附1 节银化学镀

1.敏化液

二氯化锡($SnCl_2 \cdot 2H_2O$)	0.2 g
浓盐酸(37% HCl)	0.8 mL
蒸馏水	加至 1 000 mL

2.还原液

葡萄糖	0.25 g
酒精	1 mL
蒸馏水	加至 1 000 mL

3.含银氨碱液

$AgNO_3$	0.33 g
1.6 $mol \cdot L^{-1} NH_3 \cdot H_2O$	50 mL
NaOH	12.67 g
蒸馏水	加至 1 000 mL

附2 化学镀镍镀液配方

硫酸镍	35 $g \cdot L^{-1}$
醋酸钠	15 $g \cdot L^{-1}$
柠檬酸钠	5 $g \cdot L^{1}$
2 $mol \cdot L^{-1} H_2SO_4$	15 $mol \cdot L^{-1}$
次亚磷酸钠	20 $g \cdot L^{-1}$

附3 磷化液组成

称 2.0 gZnO(99.5%)放入 100 mL 烧杯中,加 5 mL 自来水润透,用玻璃棒搅成糊状。将烧杯放在石棉网上,加 4.2 mL HNO_3(45%)和 0.9 mL H_3PO_4(85%),边加边搅拌,使固体基本溶解。将溶液倒入 50 mL 量筒中,加水稀释至 50 mL,配成磷化液。

钢片磷化工艺:除油→水洗→酸浸→水洗→磷化→水洗→钝化→水洗→烘干等步骤。

除油除锈一次进行的溶液组成:

98% H_2SO_4	200～300 mL
硫脲	20～30 g
$O\pi - 10$	10 g
蒸馏水	加至 1 000 mL

实验 23　薄层色谱法分离偶氮苯和苏丹 Ⅲ

一、实验目的

(1) 了解薄层色谱的基本原理和实验方法。
(2) 学习薄层色谱法的实验操作技术。

二、实验原理

薄层色谱法是一种微量、快速和简单的色谱方法。它可用于分离混合物,鉴定和精制化合物,是近代有机分析化学中用于定性和定量的一种非常重要的手段。它兼有纸色谱和柱色谱的优点,展开时间短(几十分钟)、分离效率高、所需样品量少,又可作为制备色谱,用于精制样品。薄层色谱特别适用于挥发性小的化合物,以及那些在高温下易发生变化,不宜用气相色谱分析的化合物。

薄层色谱法通常是将作为固定相的吸附剂在光洁的表面(如玻璃、金属层或塑料等的表面)上均匀地铺成薄层,尔后在薄层板的一端点上需要分离的样品,再以适当的流动相展开。在展开过程中,组分不断地被吸附剂吸附,又被流动相溶解、解吸而向前移动。由于吸附剂对不同的组分有不同的吸附能力,流动相也有不同的溶解能力,因此在流动相向前流动的过程中,不同组分移动不同的距离便可以使之得到分离。与纸色谱一样,在薄层色谱中也引用"比移值"的概念,即

$$R_f = \frac{原点至组分点中心距离}{原点至流动相前沿的距离}$$

偶氮类染料是迄今为止仍在普遍使用的最重要的染料之一,它是指用偶氮基(—N＝N—)连接两个芳环所形成的一类化合物。为改善颜色和提高染色效果,偶氮类染料通常需要含有成盐的基团,如酚羟基、氨基、磺酸基、羧基等。

由于偶氮类化合物染色的衣服,尤其是内衣,对人体有一定刺激性和不良作用,许多西方国家都设立了相当高的贸易绿色壁垒,对进口服装中偶氮类染料残留量进行了严格的限定。我国是服装出口大国,近年来每年都因残留量过高而受到很大的损失。因而,有必要建立良好的检测偶氮类化合物的有效方法。

本实验以偶氮苯和苏丹Ⅲ为样本,两者的结构如图 5.11 所示。

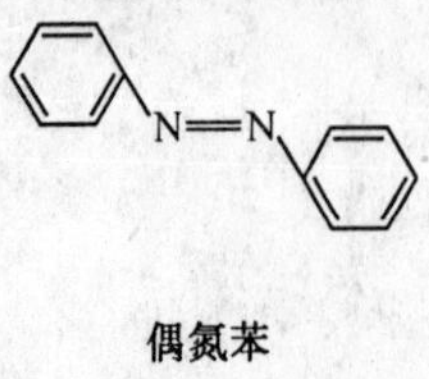

偶氮苯 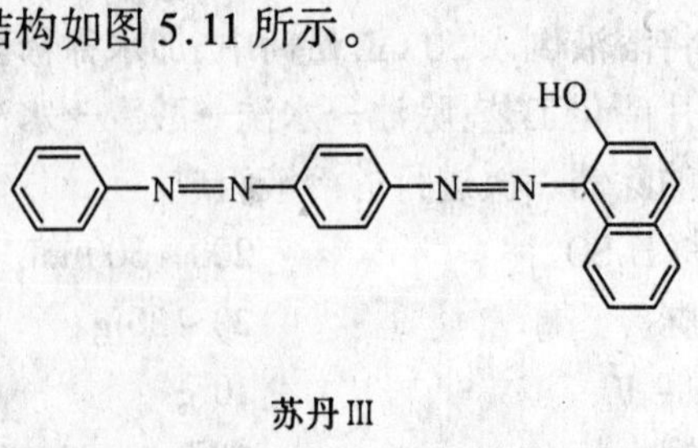　　　　　　　　　　　　　　　　　　苏丹Ⅲ

图 5.11　偶氮苯和苏丹Ⅲ的结构式

利用两者的极性不同,用薄层色谱法进行分离,并进行鉴定。

三、仪器及试剂

仪器:广口瓶(125 mL),毛细管,研钵,滴管,薄层板(7.5 cm×2.5 cm)。

试剂:偶氮苯(质量分数为1%苯溶液),苏丹Ⅲ(质量分数为1%苯溶液),偶氮苯和苏丹Ⅲ(质量分数为1%混合苯溶液),硅胶 GF$_{254}$,羧甲基纤维素钠(质量分数为2.5‰水溶液),展开剂(石油醚:乙酸乙酯 = 5:1)。

四、实验内容

1. 制板

取 7.5 cm×2.5 cm 的载玻片3片。3 g 硅胶与8 mL 的缩甲基纤维素钠(CMC)水溶液调成均匀的糊状铺于载玻片上(可铺5~6片)。在室温下放置30 min 左右后,放入烘箱,缓慢升温至110℃左右,活化30 min,稍冷后可置于干燥器中备用。

2. 点样

取两块上述制好的薄板,分别在距一端1 cm处用铅笔轻轻的画一横线作为起始线。用点样毛细管在同一板上点上质量分数为1%偶氮苯的苯溶液和混合液两个点,另一板上点质量分数为1%苏丹Ⅲ的苯溶液和混合液两个点。如样点的颜色较浅,可重复点样,重复点样需等前一次样的溶剂挥发后再进行。样点的直径不应超过1.5 mm。

3. 展开

待样点上的溶剂挥发后,用展开剂在125 mL 广口瓶中进行展开。在瓶的内壁放置一张高5 cm,环绕周长约4/5 的滤纸,下面一端浸入溶剂中,使瓶内被展开剂蒸气饱和。待展开剂前沿离板的上端1 cm左右时,取出板并尽快用铅笔做好展开剂前沿的标记。

计算各点的比移值 R_f,并得出实验结论。

五、思考题

(1) 薄层色谱法的基本原理是什么?

(2) 为什么展开剂的高度不能超过点样线?

(3) 指出不同类偶氮化合物在给定实验条件下的 R_f 值顺序,并给予合理解释。

实验 24　混合阳离子的分析(一)

(Na$^+$、K$^+$、NH$_4^+$、Mg^{2+}、Ca^{2+}、Ba^{2+} 等离子的分离、鉴定)

一、实验目的

(1) 掌握易溶组阳离子个别离子的鉴定方法。

(2) 学会混合液离子分离的方法、鉴定及操作技术。

二、仪器及试剂

仪器:水浴,离心机,坩埚。

试剂:NH$_4$Cl(0.1 mol·L^{-1}),NaOH(2,6 mol·L^{-1}),KCl(0.1 mol·L^{-1}),HAc(2,6 mol·L^{-1}),

HCl(6 mol·L^{-1}浓),NaCl(0.1 mol·L^{-1}),MgCl$_2$(0.1 mol·L^{-1}),CaCl$_2$(0.1 mol·L^{-1}),(NH$_4$)$_2$C$_2$O$_4$(0.25 mol·L^{-1}),Na$_2$CO$_3$(2 mol·L^{-1}),NaAc(1 mol·L^{-1}),K$_2$CrO$_4$(0.5,1 mol·L^{-1}),NH$_3$·H$_2$O(3,6 mol·L^{-1}),(NH$_4$)$_2$CO$_3$(12%),NH$_4$Ac(1 mol·L^{-1}),Na$_3$[Co(NO$_2$)$_6$],GBHA(乙二醛双缩[2-羟基苯胺]),CHCl$_3$,奈斯勒试剂,醋酸铀酰锌。

三、实验内容

1.易溶组阳离子个别离子的鉴定方法

(1) NH$_4^+$ 的鉴定。在表面皿中加 NH$_4^+$ 离子的练习试液 2 滴,加 6 mol·L^{-1}NaOH 2 滴,将另一贴有奈斯勒试剂的湿润滤纸条的表面皿立即盖上,组成气室,滤纸条变成棕褐色示有 NH$_4^+$。

(2) K$^+$ 的鉴定。

① Na$_3$[Co(NO$_2$)$_6$]法。取 K$^+$ 离子的练习试液 3~4 滴,加 2 滴 6 mol·L^{-1}HAc 酸化,再加 2~3 滴 Na$_3$[Co(NO$_2$)$_6$]试剂,用玻璃棒摩擦试管壁生成黄色沉淀。试液中若含有 NH$_4^+$,则会生成橙色(NH$_4$)$_3$[Co(NO$_2$)$_6$],沸水浴中加热 2 min,即分解。

② 焰色反应法。以铂丝玻棒上的铂丝蘸浓 HCl,灼烧,直到火焰不再显色,然后将铂丝蘸取 K$^+$ 离子试液,透过蓝色钴玻璃观察,呈紫色火焰,示有 K$^+$。

(3) Na$^+$ 的鉴定。

① 取一滴 Na$^+$ 的练习试液于黑色点滴板上,加 8 滴醋酸铀酰锌试剂,用玻璃棒充分搅拌,生成淡黄色沉淀(NaAc·Zn(Ac)$_2$·3UO$_2$(Ac)$_2$·9H$_2$O),示有 Na$^+$ 存在。此反应尽可能在接近中性的溶液中进行。K$^+$、NH$_4^+$ 等其他离子存在 20 倍量时,对 Na$^+$ 的鉴定无妨碍,但大量 K$^+$ 离子存在时可能生成 KAc·UOAc$_2$ 的针状结晶。

② 焰色反应。方法同 K$^+$ 离子的鉴定(不用钴玻璃),火焰呈黄色,示有 Na$^+$。

(4) Mg^{2+} 的鉴定。在点滴板上加试液 1~2 滴,加镁试剂 2 滴,再加 6 mol·L^{-1}NaOH 碱化,有天蓝色沉淀生成或溶液变蓝,示有 Mg^{2+}。

(5) Ca^{2+} 的鉴定。

① (NH$_4$)$_2$C$_2$O$_4$ 法。取含有 Ca^{2+} 的试液 2 滴,加 2 mol·L^{-1}HAc 1~2 滴,再加 0.25 mol·L^{-1}(NH$_4$)$_2$C$_2$O$_4$ 2 滴,有白色沉淀生成,示有 Ca^{2+}。

② GBHA 法。取试液 2 滴,加 CHCl$_3$ 数滴,加 10 g·L^{-1} GBHA 2~3 滴,加 2 mol·L^{-1}NaOH 和 2 mol·L^{-1} Na$_2$CO$_3$ 各 1 滴,则氯仿层显红色,示有 Ca^{2+}。

(6) Ba^{2+} 的鉴定。取含有 Ba^{2+} 的试液 2 滴,加 1 滴 1 mol·L^{-1}NaAc 溶液,再加 1 滴 0.5 mol·L^{-1}K$_2$CrO$_4$ 溶液,有黄色沉淀生成,示有 Ba^{2+}。以铂丝蘸取黄色结晶及浓 HCl 灼烧,焰色反应为黄绿色。

写出以上各鉴定反应化学方程式。

2.易溶组阳离子混合液的分析

(1) 取 2 滴混合离子的溶液鉴定 NH$_4^+$。

(2) 取 1 mL 易溶组阳离子的溶液置入坩埚中,加入 6 mol·L^{-1}HNO$_3$ 1 mL,于石棉网上小火加热蒸发至干,然后用强火灼烧至不再有白烟发生。冷却,加数滴水,取 1 滴所得溶液放在点滴板上,加 2 滴奈斯勒试剂,不生成红褐色沉淀,说明 NH$_4^+$ 已除尽,否则需用上法再除铵盐一次。加 6 mol·L^{-1}HCl 4 滴,温热,搅拌,促使盐类溶解,转移至离心试管中,用少量水洗涤坩埚。全部溶液转移至试管,离心分离,如有残渣弃去。

　　大量铵盐存在,将促进 NH_4^+ 的水解,妨碍 Ca^{2+} 离子完全沉淀,所以在做(4)实验前应除一次 $(NH_4)_2CO_3$,但要求不严格。无大量铵盐存在时,此步骤可省略。在鉴定 K^+ 离子时,NH_4^+ 必须除净,加热焙烧时,应小心析出的盐爆沸,引起损失。

　　(3) 取(2)中溶液分别依前面方法鉴定 K^+、Na^+ 和 Mg^{2+}。

　　(4) 取 1 mL 混合液于离心试管中,加 6 滴 3 $mol \cdot L^{-1}$ NH_4Cl,滴加 6 $mol \cdot L^{-1}$ $NH_3 \cdot H_2O$ 使呈碱性(pH≈9),再多加 1 滴,搅拌下加 10 滴 120 $g \cdot L^{-1}$ $(NH_4)_2CO_3$。在 70℃的水浴上加热 2 min。离心沉降,检查沉淀是否完全,离心分离,沉淀待用。

　　(5) 在(4)得到的沉淀中加 6 $mol \cdot L^{-1}$ 的 HAc 溶液,加热并搅拌,使之溶解。加 1 $mol \cdot L^{-1}$ NH_4Ac 1 滴,1 $mol \cdot L^{-1}$ K_2CrO_4 1 滴,有黄色沉淀产生,示有 Ba^{2+}。离心分离,沉淀加 2 滴 HCl 溶解,进行焰色反应。

　　剩余的离心液中再加 2 滴 K_2CrO_4,使 Ba^{2+} 完全沉淀,离心后溶液呈黄色,表明 K_2CrO_4 已过量,弃去沉淀,溶液按前面 Ca^{2+} 的鉴定方法进行鉴定。

　　易溶组阳离子的分离与分析步骤如图 5.12 所示。

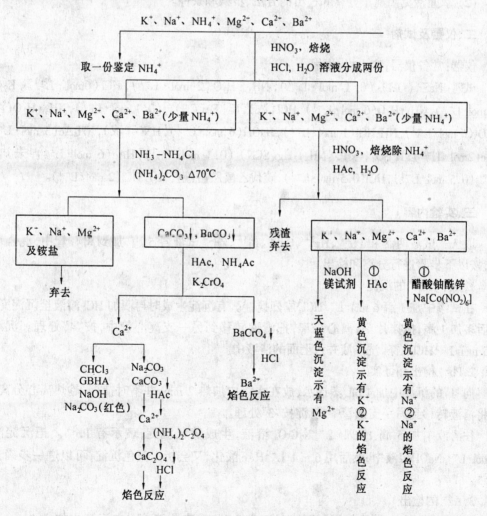

图 5.12　易溶组阳离子的分离与分析步骤

四、思考题

(1) 进行易溶组阳离子混合液的分析时,为什么要先鉴定 NH_4^+?

(2) 在加入 $(NH_4)_2CO_3$ 沉淀 Ca^{2+} 和 Ba^{2+} 以前,为什么要加入氨水和 NH_4Cl? 为什么加热至 70℃? 温度过高有什么不好?

(3) 溶解 $CaCO_3$、$BaCO_3$ 沉淀时,为什么用 HAc 而不用 HCl?

实验 25　混合阳离子的分析(二)

一、实验目的

(1) 熟悉 Ag^+、Pb^{2+}、Hg^{2+}、Cu^{2+}、Bi^{3+}、Zn^{2+} 等常见阳离子的有关性质。

(2) 掌握常见阳离子分离和检出的方法、步骤和条件。

二、仪器及试剂

仪器:常备仪器,离心机,坩埚。

试剂:$NaSn(OH)_3$ ($0.1\ mol \cdot L^{-1}$),$NH_3 \cdot H_2O$ ($2\ mol \cdot L^{-1}$),HCl($6mol \cdot L^{-1}$),K_2CrO_4 ($1\ mol \cdot L^{-1}$),$NH_3 \cdot H_2O$($6\ mol \cdot L^{-1}$),HCl(浓),$K_4[Fe(CN)_6]$($0.1\ mol \cdot L^{-1}$),$NH_3 \cdot H_2O$(浓),HNO_3($6\ mol \cdot L^{-1}$),NH_4NO_3($1\ mol \cdot L^{-1}$),NaOH($6\ mol \cdot L^{-1}$),HNO_3(浓),NH_4Ac($3\ mol \cdot L^{-1}$),HAc($2mol \cdot L^{-1}$),H_2SO_4(浓),$(NH_4)_2Hg(SCN)_4$($0.1\ mol \cdot L^{-1}$),HAc($6\ mol \cdot L^{-1}$),未知液,$SnCl_2$($0.5\ mol \cdot L^{-1}$),HCl($0.5\ mol \cdot L^{-1}$),硫代乙酰胺溶液(5%),HCl($2\ mol \cdot L^{-1}$)。

三、实验内容

取 Ag^+ 试液两滴和 Pb^{2+}、Hg^{2+}、Cu^{2+}、Bi^{3+}、Zn^{2+} 试液各 5 滴,加到离心管中,混合均匀后,按以下步骤进行分离和检出。

1. Ag^+、Pb^{2+} 的沉淀

在试液中加 1 滴 $6\ mol \cdot L^{-1}$ HCl,剧烈搅拌。有沉淀生成时再滴加 HCl 溶液至沉淀完全,然后多加 1 滴,搅拌片刻,离心分离,把清液转移到另一支离心管中,按"4"处理。沉淀用 $0.5\ mol \cdot L^{-1}$ HCl 洗涤,洗涤液并入上面的清液中。

2. Pb^{2+} 检出和证实

向"1"的沉淀中加 1 mL 蒸馏水,放在水浴中加热 2 min,并不时搅拌,趁热离心分离,立即将清液转移到另一支试管中,沉淀按"3"处理。

往清液中加 5 滴 $1\ mol \cdot L^{-1}$ K_2CrO_4 溶液,生成黄色沉淀,表示有 Pb^{2+}。把沉淀溶于 $6\ mol \cdot L^{-1}$ NaOH 溶液中,然后用 $6\ mol \cdot L^{-1}$ HAc 酸化,又会析出黄色沉淀,可以进一步确证有 Pb^{2+}。

3. Ag^+ 的检出

用 1 mL 蒸馏水加热洗涤"2"的沉淀,离心分离,弃去清液。向沉淀中加入 $2\ mol \cdot L^{-1}$ $NH_3 \cdot H_2O$,搅拌,如果溶液显浑浊,可再进行离心分离,不溶物并入"4"中处理。在所得清液

中加 6 mol·L^{-1}HNO$_3$ 酸化，白色沉淀析出，表示有 Ag$^+$。

4. Pb^{2+}、Hg^{2+}、Cu^{2+}、Bi^{3+} 的沉淀

在"1"的清液中先滴加浓 NH$_3$·H$_2$O，中和大部分 HCl 后，再滴加 6 mol·L^{-1}NH$_3$·H$_2$O 至显碱性，然后慢慢滴加 2 mol·L^{-1}HCl，至显近中性。再加入 2 mol·L^{-1}HCl（其体积为原溶液体积的 1/6），此时溶液的酸度约为 0.3 mol·L^{-1}。加入质量分数为 5% 硫代乙酰胺溶液 10～12 滴，放在水浴中加热 5 min，并不时搅拌，再加 1 mL 蒸馏水稀释，加热 3 min，搅拌，冷却，离心分离，然后加 1 滴硫代乙酰胺检验沉淀是否完全。离心分离，清液中含有 Zn^{2+}，按"11"处理。沉淀用 1 滴 1 mol·L^{-1} NH$_4$NO$_3$ 溶液和 10 滴蒸馏水洗涤两次，弃去洗涤液，沉淀按"5"处理。

5. Hg^{2+} 的分离

向"4"的沉淀中加 10 滴 6 mol·L^{-1}HNO$_3$ 放在水浴中加热数分钟，搅拌使 PbS、CuS、Bi$_2$S$_3$ 沉淀溶解后，溶液转移至坩埚中按"7"处理，不溶残渣用蒸馏水洗两次，第一次洗涤液合并到坩埚中，沉淀按"6"处理。

6. Hg^{2+} 的检出

向"5"的残渣中加 3 滴浓 HCl 和 1 滴浓 HNO$_3$，使沉淀溶解后，再加热几分钟使王水分解，以赶尽氧气（在通风橱中操作）。溶液用几滴蒸馏水稀释，然后逐滴加入 0.5 mol·L^{-1} SnCl$_2$ 溶液，产生白色沉淀，并逐渐变黑，表示有 Hg^{2+}。

7. Pb^{2+} 的分离和检出

向"5"中的坩埚内加 3 滴浓 H$_2$SO$_4$，放在石棉网上小火加热，直到冒出刺激性的白烟（SO$_2$）为止（在通风橱中操作，切勿将 H$_2$SO$_4$ 蒸干）。冷却后，加 10 滴蒸馏水，用滴管将坩埚中的浑浊液吸入离心管中，放置后，析出白色沉淀，表示有 Pb^{2+}。离心分离，把清液转移到另一支离心管中，按"9"处理。

8. Pb^{2+} 的证实

向"7"的沉淀中加 10 滴 3 mol·L^{-1}NH$_4$Ac 溶液，加热搅拌，如果溶液浑浊还要进行离心分离，把清液加到另一支试管中，再加 1 滴 2 mol·L^{-1}HAc 和 2 滴 1 mol·L^{-1}K$_2$CrO$_4$ 溶液，产生黄色沉淀，证实有 Pb^{2+}。

9. Bi^{3+} 的分离和检出

在"7"的清液中加浓 NH$_3$·H$_2$O 至显碱性，并加入过量 NH$_3$·H$_2$O（能嗅到氨味），产生白色沉淀，表示有 Bi^{3+}。溶液为蓝色，表示有 Cu^{2+}。离心分离，把清液转移到另一支试管中，按"10"处理。沉淀用蒸馏水洗两次，弃去洗涤液，向沉淀中加入少量新配制的 NaSn(OH)$_3$ 溶液，立即变黑，表示有 Bi^{3+}。

10. Cu^{2+} 的检出

将"9"中的清液用 6 mol·L^{-1}HAc 酸化，再加 2 滴 0.1 mol·L^{-1} K$_4$[Fe(CN)$_6$]溶液，产生红褐色沉淀，表示有 Cu^{2+}。

11. Zn^{2+} 的检出和证实

向"4"的溶液内加 6 mol·dm^{-3} NH$_3$·H$_2$O，调节 pH 为 3～4。再加 1 滴硫代乙酰胺溶液，在水浴中加热，生成白色沉淀，表示有 Zn^{2+}。

如果沉淀不显白色，可把它溶解在 HCl 溶液（2 滴 6 mol·L^{-1}HCl 加 8 滴蒸馏水中），然后

把清液转移到坩埚中,加热除掉 H_2S,再把清液加到试管中,加等体积的 $(NH_4)_2Hg(SCN)_4$ 溶液,用玻璃棒摩擦管壁,生成白色沉淀,证实是 Zn^{2+}。

四、思考题

(1) 在生成和洗涤 Ag^+、Pb^{2+} 的氯化物沉淀时,为什么要用 HCl 溶液,如改用 NaCl 溶液或浓 HCl 行不行? 为什么?

(2) 在用硫代乙酰胺从离子混合试液中沉淀 Cu^{2+}、Hg^{2+}、Bi^{3+}、Pb^{2+} 等离子时,为什么要控制溶液的酸度为 $0.3\ mol·L^{-1}$? 酸度太高或太低对分离有何影响? 控制酸度为什么用 HCl 溶液,而不用 HNO_3 溶液? 在沉淀过程中,为什么还要加水稀释溶液?

(3) 洗涤 CuS、HgS、Bi_2S_3、PbS 沉淀时,为什么要加 1 滴 NH_4NO_3 溶液? 如果沉淀没有洗净还沾有 Cl^- 时,对 HgS 与其他硫化物的分离有何影响?

(4) 当 HgS 溶于王水后,为什么要继续加热使剩余的王水分解? 不分解干净有何影响?

(5) 在分离检出 Pb^{2+} 时,如果坩埚内溶液被蒸干,对分离有何影响?

(6) 用 $K_4[Fe(CN)_6]$ 检出 Cu^{2+} 时,为什么要用 HAc 酸化溶液?

实验 26　混合阴离子的分析

一、实验目的

(1) 熟悉 CO_3^{2-}、NO_2^-、NO_3^-、PO_4^{3-}、S^{2-}、SO_3^{2-}、SO_4^{2-}、$S_2O_3^{2-}$、Cl^-、Br^-、I^- 等 11 种常见阴离子的有关性质。

(2) 掌握常见阴离子分离和检出的方法、步骤和条件。

二、仪器及试剂

仪器:常备仪器,离心机。

试剂:$KMnO_4(0.02\ mol·L^{-1})$,$NH_3·H_2O(6\ mol·L^{-1})$,碘 - 淀粉溶液,$KI(1\ mol·L^{-1})$,$H_2SO_4(2\ mol·L^{-1})$,pH 试纸,$BaCl_2(0.5\ mol·L^{-1})$,$HNO_3(6\ mol·L^{-1})$,$AgNO_3(0.1\ mol·L^{-1})$,未知液,CCl_4。

三、实验内容

领取未知溶液一份,其中可能含有的阴离子是:CO_3^{2-}、NO_2^-、NO_3^-、PO_4^{3-}、S^{2-}、SO_3^{2-}、SO_4^{2-}、$S_2O_3^{2-}$、Cl^-、Br^-、I^-。按以下步骤检出未知溶液中的阴离子。

1. 阴离子的初步检验

(1) 溶液酸碱性的检验。用 pH 试纸测定未知液的酸碱性。如果溶液显强酸性,则不可能存在 CO_3^{2-}、NO_2^-、S^{2-}、SO_3^{2-}、$S_2O_3^{2-}$,如有 PO_4^{3-},也只能以 H_3PO_4 而存在。

如果溶液显碱性,在试管中加几滴试液,加 $2\ mol·L^{-1}\ H_2SO_4$ 酸化,轻敲管底,也可稍微加热,观察有无气泡生成。如有气泡产生,表示可能存在 CO_3^{2-}、NO_2^-、S^{2-}、SO_3^{2-}、$S_2O_3^{2-}$(若所含离子浓度不高时,就不一定观察到明显的气泡)。

（2）钡组阴离子的检验。在试管中加 3 滴未知液,再加新配制的 $6\ mol \cdot L^{-1} NH_3 \cdot H_2O$ 使溶液显碱性。如果加 2 滴 $0.5\ mol \cdot L^{-1} BaCl_2$ 溶液后,有白色沉淀产生,可能存在 CO_3^{2-}、PO_4^{3-}、SO_3^{2-}、SO_4^{2-}、$S_2O_3^{2-}$(浓度大于 $0.04\ mol \cdot L^{-1}$ 时);如果不产生沉淀,则这些离子不存在($S_2O_3^{2-}$ 不能肯定)。

（3）银组阴离子的检验。在试管中加 3 滴未知液和 5 滴蒸馏水,再滴加 $0.1\ mol \cdot L^{-1}$ $AgNO_3$。如产生沉淀,继续滴加 $AgNO_3$ 至不再产生沉淀为止,然后加 8 滴 $6\ mol \cdot L^{-1} HNO_3$;如果沉淀不消失,表示 S^{2-}、$S_2O_3^{2-}$、Cl^-、Br^-、I^- 可能存在。并可由沉淀的颜色进行初步判断:纯白色沉淀为 Cl^-;淡黄色为 Br^-、I^-;黑色为 S^{2-}。但黑色可能掩盖其他颜色的沉淀。沉淀由白变黄,再变橙,最后变黑为 $S_2O_3^{2-}$。如果没有沉淀生成,说明上述阴离子都不存在。

（4）还原性阴离子的检验。在试管中加 3 滴未知液,滴加 $2\ mol \cdot L^{-1} H_2SO_4$ 酸化,然后加入 $1 \sim 2$ 滴 $0.02\ mol \cdot L^{-1} KMnO_4$ 溶液,如果紫色褪去,表示 NO_2^-、S^{2-}、SO_3^{2-}、$S_2O_3^{2-}$、Br^-、I^- 可能存在。如果现象不明显,可温热。

当检出有还原性阴离子后,取 3 滴未知液,若未知液显碱性,先用 $2\ mol \cdot L^{-1} H_2SO_4$ 调至近中性,再用碘 – 淀粉溶液检验是否存在强还原性阴离子。如果蓝色褪去,则可能存在 S^{2-}、SO_3^{2-}、$S_2O_3^{2-}$。

（5）氧化性阴离子的检验。在试管中加 3 滴未知液,并滴加 $2\ mol \cdot L^{-1} H_2SO_4$ 酸化,再加几滴 CCl_4 和 $1 \sim 2$ 滴 $1\ mol \cdot L^{-1} KI$ 溶液,振荡试管,如果 CCl_4 层显紫色,表示存在 NO_2^-(在可能存在的 11 种阴离子中,只有 NO_2^- 有此反应)。

2. 阴离子的检出

经过以上初步检验,可以判断哪些离子可能存在,哪些离子不可能存在。对可能存在的离子一一进行分离检出,最后确定未知溶液中有哪些阴离子。

四、思考题

（1）某碱性无色未知液,用 HCl 溶液酸化后变浑,此未知液中可能有哪些阴离子?

（2）在用 $Sr(NO_3)_2$ 分离 SO_3^{2-} 和 $S_2O_3^{2-}$ 时,如果 $Sr(NO_3)_2$ 溶液呈明显酸性,则对分离可能会产生什么影响?

（3）请选用一种试剂区别以下 5 种溶液:$NaNO_3$,Na_2S,$NaCl$,$Na_2S_2O_3$,Na_2HPO_4。

（4）钡组阴离子检验时,所加的 $6\ mol \cdot L^{-1} NH_3 \cdot H_2O$ 为什么要强调是新配制的?

（5）在用碘 – 淀粉溶液检验未知液中有无强还原性阴离子时,为什么要把未知液调至近中性?

（6）在酸性条件下,用 KI 检验未知液中有无 NO_2^- 时,如产生了 I_2 表示 NO_2^- 一定存在,如果不产生 I_2,能否说明 NO_2^- 一定不存在? 为什么?

第6章 定量分析化学实验

实验27 称量练习

一、实验目的

(1) 学习分析天平的基本操作和样品的称量方法,做到熟练地使用天平。

(2) 培养准确、简明地记录实验数据的习惯,不得涂改数据,不准将数据记录在实验报告纸以外的地方。

二、实验原理

实验前请仔细阅读本书有关分析天平一节的内容。

三、仪器及试剂

仪器:分析天平,台秤,小烧杯(或称量瓶、瓷坩埚),牛角匙。

试剂:NaCl。

四、实验内容

1.固定量称量法

此方法适用于称取某一准确质量的试样。称量方法:将洁净、干燥的小烧杯,先在台秤上粗称,然后用分析天平准确称量(准确至 0.000 1 g)。若需称取 0.500 0 g NaCl 试样,可操纵读数砝码盘,增加 0.500 0 g 圈码,然后在小烧杯中加入略少于 0.500 0 g NaCl,再用牛角匙取适量 NaCl 试样轻轻敲牛角匙,使 NaCl 粉末慢慢撒入小烧杯中,开启天平,称量。重复操作直到天平平衡点与称量小烧杯的平衡点一致,误差范围小于 0.1 mg,此时称取的 NaCl 质量为 0.500 0 g。此种方法费时,不适合称取那些暴露于空气中不稳定的试样。

2.减量法

此方法又称为差减法,或递减称量法,这种方法最常使用。

取一洁净、干燥的称量瓶,装入试样 NaCl 约至称量瓶的三分之一左右,在台秤上粗称其质量。然后用分析天平称其质量(准确至 0.000 1 g),记下质量 W_1 g。取出称量瓶,转移 NaCl 试样 0.4~0.5 g 于小烧杯中,并准确称取称量瓶和剩余试样质量,记为 W_2 g,再以同样方法转移试样 0.4~0.5 g 于另一小烧杯中,准确称出称量瓶和剩余试样的质量,设为 W_3 g。

列表 6.1 得出样品质量。

此方法适用于称取易吸水、易氧化或易与 CO_2 反应的试样。

表 6.1　NaCl 的质量测定

称量瓶 + 试样 /g	样品序号	样品质量 /g
$W_1 =$	1	$W_1 - W_2 =$
$W_2 =$		
$W_3 =$	2	$W_2 - W_3 =$

五、操作要点

(1) 实验前请仔细阅读教科书中关于分析天平的使用方法。

(2) 称量时,若发现天平调不到零点,启动后摆动不正常或其他故障,应及时报告指导教师,不得擅自处理,不得自行打开分析天平前门。

(3) 把试样或砝码从秤盘上取下或放上去,必须关闭升降旋钮,使天平梁完全托起。

(4) 称量时,样品及砝码都应置于天平盘中央。

六、思考题

(1) 分析天平的称量方法有哪几种? 各适用于哪些称量对象?

(2) 用减量法称样时,若称量瓶内的试样吸潮,对称量结果造成怎样的误差? 若试样倾入烧杯后再吸潮,对称量结果是否有影响,为什么?

(3) 称量时,若标尺向负向移动,应加砝码还是减砝码? 若标尺向正向移动时,又应如何处理?

(4) 取用砝码为什么应按一定顺序? 两个面值相同的砝码如何区分使用? 为什么?

(5) 用双盘天平进行减量法称量时,需称取约 0.3 g 的试样,如果称量瓶及所盛试样的总质量约为 20.1 g,是用一个 20 g 的大砝码好,还是用小砝码组合 20 g 好? 为什么? 如果只称量一个约 20.1 g 物体的质量,用哪种方法好? 为什么?

实验 28　酸碱标准溶液的配制和浓度比值的测定

一、实验目的

(1) 学习、掌握滴定分析常用仪器的洗涤方法和使用方法。

(2) 了解常用玻璃量器的基本知识。

(3) 练习滴定分析基本操作和利用指示剂判断滴定终点。

二、实验原理

在酸碱滴定中常用 HCl 和 NaOH 标准溶液。市售浓盐酸和固体氢氧化钠都不宜用来直接配制准确浓度的标准溶液,通常先配成具有近似浓度的溶液,然后用基准物质来标定。如果它们之中有一种的准确浓度为已知,就可用它来滴定另一种。

例如:用 0.1 mol·L^{-1} HCl 标准溶液滴定 0.1 mol·L^{-1} NaOH 标准溶液时根据化学计量关

系可得

$$NaOH + HCl \longrightarrow NaCl + H_2O$$

$$c_{NaOH} \cdot V_{NaOH} = c_{HCl} \cdot V_{HCl}$$

$$\frac{c_{NaOH}}{c_{HCl}} = \frac{V_{HCl}}{V_{NaOH}}$$

如果测出 HCl 和 NaOH 的滴定体积比 V_{HCl}/V_{NaOH}，再知 HCl 标准溶液的浓度，就可求出 NaOH 标准溶液的浓度。用 0.1 mol·L^{-1} HCl 溶液滴定相近浓度的 NaOH 溶液时，pH 值突跃范围为 4.3～9.7，可选用在此范围内变色的指示剂，如甲基橙或酚酞等指示滴定终点。

三、仪器及试剂

仪器：酸式滴定管(50 mL)，碱式滴定管(50 mL)，锥形瓶(250 mL)，细口瓶(500 mL)，洗瓶。

试剂：市售浓 HCl，NaOH(固体)，甲基橙指示剂(1 g·L^{-1})，酚酞指示剂(10 g·L^{-1})，标签，滤纸。

四、实验内容

1．酸碱标准溶液的配制

(1) 配制 0.1 mol·L^{-1} HCl 标准溶液。在通风橱内用洁净的小量筒量取市售浓 HCl 溶液 4.2～4.5 mL，倒入盛有 200 mL 左右水的烧杯中，搅拌后转入 500 mL 细口瓶中，加水稀释至 500 mL，充分摇匀，盖好玻璃塞，贴上标签备用。

(2) 配制 0.1 mol·L^{-1} NaOH 标准溶液。用洁净的小烧杯于电子天平上称量 2.0 g 固体 NaOH，加水使之溶解，转移至 500 mL 细口瓶中，加水稀释至 500 mL，充分摇匀，用橡皮塞塞好，贴上标签备用。

2．滴定前的准备工作

(1) 洗净酸、碱式滴定管各 1 支，检查是否漏水，酸式滴定管的玻璃活塞转动是否灵活。

(2) 用酸、碱标准溶液分别将酸、碱滴定管润洗 3 次(第 1 次用 10 mL 左右，第 2、3 次用 5 mL 左右)。如用小烧杯装标准溶液，则事先也必须用相应的标准溶液润洗 3 次。标准溶液在使用前要摇匀，用后应及时塞上瓶塞，以免由于蒸发而使其浓度改变。

(3) 将酸碱标准溶液分别倒入酸、碱滴定管中，倒入标准溶液时应将滴定管倾斜，使溶液沿壁流入，以免产生气泡，其他有关操作参见教科书中滴定管的使用方法及操作部分内容。

(4) 确定滴定终点的练习。由碱式滴定管放出约 5 mL NaOH 溶液于锥形瓶中，加 20 mL 纯水及 1 滴甲基橙指示剂。用 HCl 标准溶液滴定至溶液由黄色变为橙色即为终点。如果终点已过，可从碱式滴定管中加入少量 NaOH 溶液然后再用酸滴定。

在练习滴定过程中，要注意观察临近终点时的现象，并掌握滴入半滴 HCl 溶液使之恰好到终点的能力。如此反复练习多次，直至能较准确掌握滴定终点为止。与此同时要注意训练使用滴定管和边滴边摇动锥形瓶的操作技术。

3．酸碱比值的测定

(1) 甲基橙作指示剂。由碱式滴定管，以约 10 mL/min 速度放出 20～25 mLNaOH 溶液

（不一定正好是 20.00 或 25.00 mL,但要读准至 0.01 mL）于 250 mL 锥形瓶中,1 min 后记下读数。加 1 滴甲基橙指示剂,用 HCl 标准溶液滴定至溶液由黄色变为橙色即为终点。记下消耗 HCl 溶液的体积 V_{HCl}。平行滴定 3 份。计算 V_{HCl}/V_{NaOH} 的数值,并求出算术平均值和相对平均偏差。要求相对平均偏差在 0.2% 之内,否则重做。

　　（2）酚酞作指示剂。按同样操作方法由酸式滴定管放出 20 ~ 25 mL HCl 溶液于锥形瓶中,加 1 ~ 2 滴酚酞指示剂,用 NaOH 标准溶液滴定至溶液由无色变为微红色,30 s 不褪色即为终点。读取所用 NaOH 溶液的体积 V_{NaOH},平行滴定 3 份,计算 V_{HCl}/V_{NaOH} 的数值,并求出算术平均值和相对平均偏差。比较以甲基橙、酚酞为指示剂时的 V_{HCl}/V_{NaOH} 平均值和相对平均偏差有何不同,为什么?

　　4.滴定记录表格(表 6.2)

表 6.2　HCl 溶液滴定 NaOH 溶液(指示剂甲基橙)

	I	II	III
V_{NaOH}/mL			
V_{HCl}/mL			
V_{HCl}/V_{NaOH}			
平均 V_{HCl}/V_{NaOH}			
相对偏差/%			
相对平均偏差/%			

　　注:NaOH 溶液滴定 HCl 溶液(指示剂酚酞)略

五、操作要点

　　（1）市售固体氢氧化钠常含有少量杂质,最主要的是碳酸盐。所以在要求严格的情况下,配制 NaOH 标准溶液时必须设法将之除去,以免在分析结果中引入误差。常用方法有两种:

　　① 先配成 NaOH 饱和溶液(质量分数约 50%),在此溶液中 Na_2CO_3 几乎不溶解。待 Na_2CO_3 沉淀后,吸取上层清液,用新煮沸并冷却的纯水稀至所需浓度。

　　② 在配好一定浓度的 NaOH 标准溶液中,加入 1 ~ 2 mL $Ba(OH)_2$ 溶液,摇匀后用橡皮塞塞紧静置过夜,使 CO_3^{2-} 形成 $BaCO_3$ 而沉淀。将上层清液转入另一试剂瓶备用。

　　（2）配好的标准溶液必须立即贴上标签。标签上注明试剂名称、配制日期、配制人姓名,并留一空位以备填入此溶液的准确浓度。

　　（3）NaOH 溶液有腐蚀作用,不可用带玻璃塞的试剂瓶盛装。

六、思考题

　　（1）配制 NaOH 溶液时,应选用何种天平称取试剂? 为什么?

　　（2）HCl 和 NaOH 溶液能否直接配制准确浓度? 为什么?

　　（3）在滴定分析实验中,滴定管、移液管为何需用滴定剂和要移取溶液润洗? 滴定中使用的锥形瓶是否也要用滴定剂润洗? 为什么?

(4) HCl 溶液与 NaOH 溶液定量反应完全后,生成 NaCl 和水,为什么用 HCl 滴定 NaOH 时采用甲基橙作为指示剂,而用 NaOH 滴定 HCl 溶液时却使用酚酞?

实验 29　容量仪器的校准

一、实验目的

(1) 了解常用玻璃量器校准的意义和方法。
(2) 初步掌握滴定管、移液管和容量瓶的相对校准的操作。

二、实验原理

在滴定分析中,容量瓶、滴定管、移液管等容量仪器都标有在指定温度下该量器容纳和转移的容积。但是由于温度的变化、试剂的浸蚀等原因,容量器皿的实际容积与它所标示的容积往往不完全相符,因此,在容量分析中,特别是准确度要求较高的分析工作中,必须对容量器皿进行校准,通常采用两种校准方法。

1. 相对校准

当要求两种容量器皿之间有一定的比例关系时,采用相对校准方法,例如用 25 mL 移液管量取液体的体积应等于 250 mL 容量瓶量取体积的 1/10。

2. 绝对校准

绝对校准即测定容量器皿和实际容积。采用称量法进行,该方法是用分析天平称量量器中容纳或放出纯水的质量,然后根据该温度下纯水的密度即可换算出量器的容积,但称量水的质量时必须考虑三方面因素:

(1) 水的密度随温度而改变;
(2) 空气浮力对称量水重的影响;
(3) 玻璃容器的容积随温度而改变。

把上述三种因素考虑在内,可以得到一个总校准值,由总校准值得出表 6.3,应用表 6.3 来校准量器的容积很方便。

表 6.3　在不同温度下充满 1 000 mL(20℃)玻璃容器的纯水的质量(空气中用黄铜砝码称量)

温度/℃	1 L水的质量/g	温度/℃	1 L水的质量/g	温度/℃	1 L水的质量/g
10	998.39	20	997.18	30	994.91
11	998.32	21	997.00	31	994.68
12	998.23	22	996.80	32	994.34
13	998.14	23	996.60	33	994.05
14	998.04	24	996.38	34	993.75
15	997.93	25	996.17	35	993.44
16	997.80	26	995.93	36	993.12
17	997.66	27	995.69	37	992.80
18	997.51	28	995.44	38	992.46
19	997.35	29	995.18	39	992.12
				40	991.77

例 1　15℃时,以黄铜砝码称量某 250 mL 容量瓶所容纳的水的质量为 249.52 g,该容量瓶在 20℃时的容积是多少?

解　由表 6.3 中查得 15℃时容积为 1 L 的纯水的质量为 997.93 g,即水的密度(已作容器校正)为 0.997 93 $g \cdot L^{-1}$,故容量瓶在 20℃的容积为

$$V_{20}/mL = 249.52/0.997\ 93 = 250.04$$

例 2　欲使容量瓶在 20℃时的容积为 500 mL,则在 16℃于空气中以黄铜砝码称量时应称水多少克?

解　由表 6.3 查得,16℃时欲使某容量瓶在 20℃时的容积为 1 L,应称取水的质量为 997.80 g,则容积为 500 mL,应称取水的质量为

$$\frac{997.80}{1\ 000} \times 500.0 = 498.9\ (g)$$

三、仪器

分析天平,移液管(25 mL),滴定管(50 mL),容量瓶(250 mL),带塞锥形瓶(50 mL),温度计。

四、实验内容

1. 滴定管的校准

将洁净的滴定管注入蒸馏水至液面超出最高刻度线约 5 mm 处,垂直夹放在滴定架上,等待约 30 s 后调节液面至 0.00 mL。

取一个洁净且干燥的带塞锥形瓶,在分析天平上称其质量。打开滴定管的旋塞,以约 10 mL·min^{-1} 的流速向锥形瓶注水,当液面降至 10.00 mL 刻度以上约 5 mL 时,暂停放水并等待 30 s,然后在 10 s 内将液面调放至 10.00 mL 刻度。随即使锥形瓶内壁轻轻接触滴定管的出口管尖,接下挂在管尖上的液滴,立即塞上瓶塞并称重,测量水温后,即可计算被校分度段的实际容积。

按上述方法,每次增加 5.00 mL 作为一个分度段进行校准,直至 50.00 mL 为止,记录数据,列表计算实际容积、校正值、总校正值。

2. 移液管和容量瓶的相对校准

用 25 mL 移液管移取蒸馏水于洁净且干燥的 250 mL 容量瓶中,到第 10 次后,观察瓶颈处水的弯月面是否刚好与标线相切。若不相切,则应在瓶颈另作一记号为标线,以后实验中,当容量瓶与此移液管配合使用时,应以此新标记作为容量瓶的标线。

五、操作要点

(1) 被检量器必须用热的铬酸洗液,发烟硫酸或盐酸等充分清洗,当水面下降(或上升)时与器壁接触处形成正常弯月面,器壁不应有挂水滴沾污现象。

(2) 水和被检量器的温度尽可能接近室温,温度测量精确至 0.1℃。

(3) 在绝对校准中,称量时使用的分析天平,必须用一台,以减少误差。

(4) 校准移液管时,水自标线流至口端不流时再等待 15 s,此时管口还保留一定的残留液。

六、思考题

(1) 滴定管校准时,称取锥形瓶和纯水质量需准确到小数点后多少位？为什么？

(2) 在移液管与容量瓶相对校准时,容量瓶内壁一定要干燥,设想校正移液管时,承接的锥形瓶内壁是否一定要干燥,为什么？

实验 30　NaOH 和 HCl 标准溶液浓度的标定

一、实验目的

(1) 了解标定酸和碱的基准物质。

(2) 练习滴定分析基本操作和正确地判断滴定终点。

(3) 掌握利用减量法称量固体物质的方法。

二、实验原理

NaOH 和 HCl 标准溶液是采用间接配制法配制的,因此必须用基准物质标定其准确浓度,只要标定出其中任何一种溶液的浓度,然后根据实验 28 所得的体积比 V_{HCl}/V_{NaOH},就可计算出另一种溶液的浓度。

标定酸碱溶液的基准试剂比较多,现各举两种常用的例子。

1. 标定碱的基准物质

(1) 邻苯二甲酸氢钾($KHC_8H_4O_4$),它易制得纯品,在空气中不吸水,容易保存,摩尔质量较大,是一种较好的基准物质,反应方程式为

$$\text{(benzene ring)}\begin{matrix}\text{COOK}\\\text{COOH}\end{matrix} +NaOH = \text{(benzene ring)}\begin{matrix}\text{COOK}\\\text{COONa}\end{matrix} +H_2O$$

反应产物为二元弱碱,在水溶液中显微碱性,可选用酚酞作指示剂。

邻苯二甲酸氢钾通常在 105～110℃下干燥 2 h 后备用,干燥温度过高,则脱水成为邻苯二甲酸酐。

(2) 草酸($H_2C_2O_4 \cdot 2H_2O$),它在相对湿度为 5%～95% 时不会风化失水,故将其保存在磨口玻璃瓶中即可,草酸固体状态比较稳定,但溶液状态的稳定性较差,空气能使 $H_2C_2O_4$ 慢慢氧化,光和 Mn^{2+} 能催化其氧化,因此,$H_2C_2O_4$ 溶液应置于暗处存放。

草酸是二元酸,Ka_1 和 Ka_2 相差不大,不能分步滴定,但两级解离的 H^+ 一次被滴定。反应方程式为

$$2NaOH + H_2C_2O_4 \Longrightarrow Na_2C_2O_4 + 2H_2O$$

反应产物为 $Na_2C_2O_4$,在水溶液中显微碱性,可选用酚酞作指示剂。

2. 标定酸的基准物质

(1) 无水碳酸钠(Na_2CO_3)。它易吸收空气中的水分,先将其置于 270～300℃干燥 1 h,然后保存于干燥器中备用,反应方程式为

$$Na_2CO_3 + 2HCl \Longrightarrow 2NaCl + H_2O + CO_2 \uparrow$$

计量点时,为 H_2CO_3 饱和溶液,pH 值为 3.9,以甲基橙作指示剂应滴至溶液呈橙色为终点,

为使 H_2CO_3 的过饱和部分不断分解逸出,临近终点时应将溶液剧烈摇动或加热。

(2) 硼砂($Na_2B_4O_7 \cdot 10H_2O$)。它易于制得纯品,吸湿性小,摩尔质量大,但由于含有结晶水,当空气中相对湿度小于 39% 时,有明显的风化而失水的现象,常保存在相对湿度为 60% 的恒温器下(置饱和的蔗糖和食盐溶液中)。其反应方程式为

$$Na_2B_4O_7 + 2HCl + 5H_2O === 4H_3BO_3 + 2NaCl$$

产物为 H_3BO_3,其水溶液 pH 值约为 5.1,可用甲基红作指示剂。

三、仪器与试剂

仪器:分析天平,称量瓶,酸式滴定管(50 mL),碱式滴定管(50 mL),锥形瓶(250 mL),移液管(25 mL),容量瓶(100 mL),烧杯(50 mL)。

试剂:邻苯二甲酸氢钾(基准试剂或 A.R),无水 Na_2CO_3(优级纯),HCl 和 NaOH 标准溶液(0.100 mol·L^{-1}),酚酞指示剂,甲基橙指示剂。

四、实验内容

1. NaOH 溶液浓度的标定

准确称取邻苯二甲酸氢钾 0.4~0.5 g 于 250 mL 锥形瓶中加 20~30 mL 水,温热使之溶解,冷却后加 1~2 滴酚酞,用 0.100 mol·L^{-1} NaOH 溶液滴定至溶液呈微红色,且 30 s 不褪色,即为终点。平行滴定 3 份,计算 NaOH 标准溶液浓度,其相对平均偏差不应大于 0.2%。

2. HCl 溶液浓度的标定

准确称取 0.50~0.60 g 无水 Na_2CO_3 于 50 mL 烧杯中,溶解后,转移至 100 mL 容量瓶中,用移液管移取 25.00 mL 无水 Na_2CO_3 溶液置于 250 mL 锥形瓶中,加入 1~2 滴甲基橙,用 HCl 溶液滴至溶液由黄色变为橙色,即为终点。平行滴定 3 份,计算 HCl 标准溶液的浓度。其相对平均偏差不得大于 0.3%。

3. NaOH 溶液浓度的标定(表 6.4)

表 6.4　NaOH 溶液浓度的标定

项目＼数据＼序号	1	2	3
m_{KHP} + 称量瓶(倾出前/g)			
m_{KHP} + 称量瓶(倾出后/g)			
m_{KHP}/g			
V_{NaOH} 终读数/mL			
V_{NaOH} 初读数/mL			
V_{NaOH}/mL			
$c_{NaOH}/(\text{mol·L}^{-1}) = (\frac{m}{M})_{KHP}/V_{NaOH}$			
$\bar{c}_{NaOH}/(\text{mol·L}^{-1})$			
$\lvert d_i \rvert$			
相对平均偏差/%			

五、操作要点

在 CO_2 存在下终点变色不够敏锐,因此,在接近滴定终点之前,最好把溶液加热至沸,并摇动以赶走 CO_2,冷却后再滴定。

六、思考题

(1) 如何计算称取基准物邻苯二甲酸氢钾或无水 Na_2CO_3 的质量范围? 称得太多或太少对标定有何影响?

(2) 溶解基准物时加入 20 ~ 30 mL 水,是用量筒量取,还是用移液管移取? 为什么?

(3) 如果基准物未烘干,将使标准溶液浓度的标定结果偏高还是偏低?

(4) 用 NaOH 标准溶液标定 HCl 溶液浓度时,以酚酞作指示剂,若 NaOH 溶液因贮存不当吸收了 CO_2,对测定结果有何影响?

实验 31　有机酸摩尔质量的测定

一、实验目的

(1) 了解强碱滴定弱酸过程中的 pH 值变化、化学计量点以及指示剂的选择。

(2) 进一步掌握移液管、滴定管、容量瓶的使用方法和滴定操作技术。

二、实验原理

大多数有机酸为弱酸。它们和 NaOH 溶液的反应为

$$n\text{NaOH} + \text{H}_n\text{A(有机酸)} =\!=\!= \text{Na}_n\text{A} + n\text{H}_2\text{O}$$

当有机酸的解离常数 $K_{a_1} \geq 10^{-7}$,且多元有机酸中的氢均能被准确滴定时,用酸碱滴定法可以测定有机酸的摩尔质量。测定时,n 值需已知。

滴定产物是强碱弱酸盐,滴定突跃在碱性范围内,可选用酚酞等指示剂。

三、仪器及试剂

仪器:分析天平,碱式滴定管(50 mL),烧杯(50 mL),容量瓶(100 mL),锥形瓶(250 mL),移液管(25 mL),量筒(50 mL),称量瓶。

试剂:NaOH 溶液(0.1 mol·L^{-1}),邻苯二甲酸氢钾(基准试剂或 A.R),有机酸试样(如草酸、酒石酸、柠檬酸、乙酰水杨酸、苯甲酸等),酚酞指示剂。

四、实验内容

1.0.1 mol·L^{-1} NaOH 溶液的标定

在称量瓶中称量 $KHC_8H_4O_4$ 基准物质,采用差减法称量,平行称 3 份,每份 0.4 ~ 0.6 g,分别倒入 250 mL 锥形瓶中,加入 40 ~ 50 mL 水使之溶解后,加入 2 ~ 3 滴酚酞指示剂,用待标定的 NaOH 溶液滴定至微红色,保持 30 s 内不褪色,即为终点。平行滴定 3 份,求得 NaOH 溶液的浓度,其各次相对偏差应小于等于 ± 0.2%,否则需重新标定。

2.有机酸摩尔质量的测定

准确称取有机酸试样(多少克?)一份于 50 mL 洁净干燥的烧杯中,加水溶解,定量转入 100 mL 容量瓶中,用水稀释至刻度,摇匀。用移液管平行移取 25.00 mL 试液 3 份,分别放入 250 mL 锥形瓶中,加酚酞指示剂 2 滴,用 NaOH 标液滴定至由无色变为微红色,30 s 内不褪色,即为终点。计算有机酸摩尔质量 $M_{有机酸}$。

3.实验数据记录(表 6.5)

表 6.5　NaOH 标准溶液的测定

号码 记录项目	Ⅰ	Ⅱ	Ⅲ
称量瓶重 + $m_{基}$/g			
倾出基准物质后 m/g			
$m_{基}$/g			
V_{NaOH}/mL			
c_{NaOH}/(mol·L^{-1})			
c_{NaOH}的平均值/(mol·L^{-1})			
相对偏差/%			
相对平均偏差/%			

(1) $KHC_8H_4O_4$ 标定 NaOH 溶液浓度的计算。

(2) 计算用 $KHC_8H_4O_4$ 标定 NaOH 3 次的结果的平均值 $\bar{x}$,平均偏差 $\bar{d}$,相对平均偏差,标准偏差,相对标准偏差。

(3) 有机酸摩尔质量(表 6.6)的计算。

表 6.6　有机酸摩尔质量的测定

号码 记录项目	Ⅰ	Ⅱ	Ⅲ
50 mL 空烧杯质量/g			
烧杯 + 有机酸质量/g			
有机酸质量/g			
移取有机酸试液体积/mL			
V_{NaOH}/mL			
V_{NaOH}的平均值/mL			
$M_{有机酸}$/(g·mol^{-1})			

五、操作要点

(1) 碱溶液的标定,到达滴定终点时,呈现微红色,放置空气中时间长了,红色慢慢褪去,这是由于溶液吸收了 CO_2 生成 H_2CO_3,H_2CO_3 的酸性使酚酞红色褪去。

(2) 称取有机酸试样多少,应大致算出,例如选用草酸时,计算公式为

$$\frac{m}{M} \times 1\,000 = \frac{1}{2} c \cdot V$$

草酸($H_2C_2O_4 \cdot 2H_2O$)摩尔质量为 126.07 $g \cdot mol^{-1}$, $c = 0.1$ $mol \cdot L^{-1}$, $V = 25$ mL, $m = 0.15$ g, 这是每份滴定时需用草酸量。本实验应称取多少？

六、思考题

(1) 如 NaOH 标准溶液在保存过程中吸收了空气中的 CO_2, 用该标准溶液滴定盐酸, 以甲基橙为指示剂, NaOH 溶液的浓度会不会改变？若用酚酞为指示剂进行滴定时, 该标准溶液浓度会不会改变？

(2) 草酸、柠檬酸、酒石酸等多元有机酸能否用 NaOH 溶液分步滴定？

(3) $Na_2C_2O_4$ 能否作为酸碱滴定的基准物质？为什么？

(4) 称取 0.4 g 邻苯二甲酸氢钾溶于 50 mL 水中, 问此时 pH 值为多少？

(5) 称取 $KHC_8H_4O_4$ 为什么一定要在 0.4~0.6 g 范围内？能否少于 0.4 g, 或多于 0.6 g 呢？

(6) 标定 HCl 溶液时, 可用基准 Na_2CO_3 和 NaOH 标准溶液两种方法进行标定。试比较两种方法的优缺点。

实验 32　混合碱的测定

一、实验目的

学习利用双指示剂法测定混合物的原理和方法。

二、实验原理

混合碱是指 Na_2CO_3 和 NaOH, 或 Na_2CO_3 与 $NaHCO_3$ 的混合物, 可采用"双指示剂法"进行测定。

混合碱是 NaOH 和 Na_2CO_3 混合物, 先以酚酞作为指示剂, 用 HCl 标准溶液滴定到溶液刚好褪色, 这是第一化学计量点, 此时 NaOH 完全被中和, 而 Na_2CO_3 被中和至 $NaHCO_3$(只中和一半)其反应式为

$$NaOH + HCl = NaCl + H_2O$$
$$Na_2CO_3 + HCl = NaHCO_3 + NaCl$$

被用去的 HCl 标准溶液的体积为 V_1 mL, 继续以甲基橙作指示剂用 HCl 标准溶液滴定到溶液呈橙色, 这是第二化学计量点, 此时反应为

$$NaHCO_3 + HCl = NaCl + H_2O + CO_2 \uparrow$$

设用去 HCl 标准溶液的体积为 V_2 mL, 由反应式可知, 在 NaOH 和 Na_2CO_3 共存情况下, 用双指示剂滴定, 当 $V_1 > V_2$ 时, Na_2CO_3 消耗 HCl 标准溶液的体积为 $2V_2$, NaOH 消耗 HCl 标液的体积为($V_1 - V_2$), 由此便可算出混合碱中 Na_2CO_3 和 NaOH 含量。

若混合碱是 Na_2CO_3 和 $NaHCO_3$ 混合物, 以上述同样方法进行滴定, 当 $V_1 < V_2$ 时, 则 Na_2CO_3 消耗 HCl 标液的体积为 $2V_1$, $NaHCO_3$ 消耗 HCl 标液的体积为($V_2 - V_1$)。

由上可知,若混合碱是未知组成的试样,根据 V_1 和 V_2 的数据,便能确定试样是由何种碱组成的。

三、仪器及试剂

仪器:移液管(10,25 mL),容量瓶(100 mL),酸式滴定管(50 mL)。
试剂:HCl 标准溶液(0.100 mol·L^{-1}),酚酞指示剂,甲基橙指示剂,混合碱。

四、实验内容

用移液管吸取 10.00 mL 混合碱溶液,放入 100 mL 容量瓶中,加水稀至刻度摇匀。用移液管吸取上述稀释液 25.00 mL 于锥形瓶中,加酚酞指示剂 1～2 滴,用 HCl 标准溶液滴定至溶液由红色变为微红色,且恰好褪色,为第一终点,记下 HCl 标准溶液的体积为 V_1;然后在此溶液中再加入 1 滴甲基橙指示剂,继续用 HCl 标准溶液滴定至溶液由黄色变为橙色,为第二终点,记下第二次消耗的 HCl 标准溶液体积为 V_2。平行滴定 3 份,根据 V_1、V_2 的大小判断混合碱的组成,计算各组分的质量浓度(g·L^{-1})。

五、操作要点

(1) 混合碱系由 NaOH 和 Na_2CO_3 组成时,酚酞指示剂可适当多加几滴,否则常因滴定不完全使 NaOH 的测定结果偏低,使 Na_2CO_3 的测定结果偏高。

(2) 在达到第一终点前,不要因为滴定速度过快,造成溶液中 HCl 局部过浓,引起 CO_2 的损失,带来较大的误差,滴定速度亦不能太慢,摇动要均匀。

(3) 在达到第二终点时,一定要充分摇动,以防形成 CO_2 的过饱和溶液而使终点提前到达。

六、思考题

(1) 在实验中,如果 $V_1 = 0$ 时,试液是什么成分? $V_2 = 0$ 时,试液是什么成分? 如果 $V_1 = V_2$,试液含什么成分? 如果 $V_1 > V_2$,试液含什么成分? 如果 $V_2 > V_1$,试液含什么成分?

(2) 测定混合碱滴定达到第一化学计量点前,由于滴定速度过快,摇动不均匀,对混合碱组分含量的测定结果将会带来什么影响?

(3) 用 HCl 标准溶液测定混合碱时,取完一份试液就要立即滴定,若在空气中放置一段时间后再滴定,将会给滴定结果带来什么影响?

实验 33　食用醋中总酸量的测定

一、实验目的

(1) 了解强碱滴定弱酸时指示剂的选择方法。
(2) 学习移液管和容量瓶的正确使用方法。

二、实验原理

食用醋中的主要成分是乙酸(醋酸),此外还有少量其他弱酸和乳酸等。用 NaOH 滴定时,凡是 $K_a > 10^{-7}$ 的弱酸,均可被滴定,故测出的是总酸量,计算结果以含量最多的乙酸表示。乙酸的 $K_a = 1.8 \times 10^{-5}$,与 NaOH 的滴定的反应式为

$$NaOH + CH_3COOH \Longrightarrow CH_3COONa + H_2O$$

化学计量点时,pH 值在 8.7 左右,通常选用酚酞作指示剂。

食用醋中约含 3% ~ 5% HAc,浓度较大,可适当稀释后再滴定。如果食醋颜色较深时,可用中性活性炭脱色后滴定。

测定结果常用质量浓度 $\rho(g \cdot L^{-1})$ 表示,计算式为

$$\rho_{HAc} = \frac{c_{NaOH} \cdot V_{NaOH} \cdot M_{HAc}}{V_{HAc}} \times 稀释倍数$$

三、仪器及试剂

仪器:移液管(10 mL),锥形瓶,容量瓶(100 mL),碱式滴定管(50 mL)。

试剂:NaOH 标准溶液(0.100 mol·L^{-1}),食用醋,质量分数为 1% 酚酞指示剂。

四、实验内容

用洁净的移液管准确移取 10.00 mL 食用醋于 100 mL 容量瓶中,用无 CO$_2$ 的去离子水稀释至刻度,摇匀。

用洁净的 25 mL 移液管移取稀释后的试液 25.00 mL 于锥形瓶中,滴入 2~3 滴酚酞指示剂,用 NaOH 标准溶液滴定至充分摇匀后呈微红色,且 30 s 内不褪色,即为终点。记下 V_{NaOH},并计算出试样中乙酸的总质量浓度 ρ_{HAc}。重复上述操作,直至 3 次平行滴定的相对平均偏差不大于 0.3%。

表 6.7　食用醋中总酸量的测定

$c_{NaOH}/(mol \cdot L^{-1})$				
V_{HAc}/mL				
		Ⅰ	Ⅱ	Ⅲ
NaOH	终读数/mL			
	初读数/mL			
V_{NaOH}/mL				
$\rho_{HAc}/(g \cdot L^{-1})$				
平均值 $\rho_{HAc}/(g \cdot L^{-1})$				
相对平均偏差/%				

五、思考题

(1) 如何正确使用移液管?移液管中的溶液放出后,在管的尖端有少量残留液,应如何处理?

(2) 移液管为什么必须用所取溶液润洗,而容量瓶则不允许用所装溶液润洗?

(3) 测定乙酸含量时,为什么不能用含有 CO$_2$ 的去离子水?若含有 CO$_2$,结果会怎样?

(4) 测定乙酸为什么用酚酞作指示剂? 而不用甲基橙或甲基红作指示剂?

(5) 移液管与容量瓶是配套使用的量器,记录时应为几位有效数字?

实验 34　阿司匹林含量的测定

一、实验目的

(1) 学习阿司匹林药片中乙酰水杨酸含量的测定方法。

(2) 了解该药的纯品(原料)与片剂分析方法的差别。

二、实验原理

阿司匹林是乙酰水杨酸的俗称,是一种常用的解热、镇痛消炎药物。它是有机弱酸

($pK_a = 3.0$),结构式为 $\begin{array}{c}\text{COOH}\\\text{OCOCH}_3\end{array}$,摩尔质量 M 为 130.16 $g \cdot mol^{-1}$,易溶于乙醇而微溶于

水,在 NaOH 或 Na_2CO_3 等碱性溶液中溶解,同时分解为水杨酸盐和乙酸盐。

$$\begin{array}{c}\text{COOH}\\\text{OCOCH}_3\end{array} + 2OH^- = \begin{array}{c}\text{COO}^-\\\text{OH}\end{array} + CH_3COO^- + H_2O$$

由于它酸性较强,可以用 NaOH 标准溶液直接滴定。但为防止乙酰基水解,须在 10℃以下的中性乙醇中进行滴定:

$$\begin{array}{c}\text{COOH}\\\text{OCOCH}_3\end{array} + OH^- = \begin{array}{c}\text{COO}^-\\\text{OCOCH}_3\end{array} + H_2O$$

本实验采用返滴定法,因为片剂中通常含有一定量的赋形剂,如淀粉、糖粉、硬脂酸镁等,这些物质在冷乙醇中不易溶解,因此不宜采用直接滴定法。药片研细后加入过量的 NaOH 标准溶液,加热使乙酰基水解完全,再用 HCl 标准溶液回滴过剩的 NaOH 溶液,以酚酞为指示剂,红色刚消失为终点,在这一滴定中,1 mol 乙酰水杨酸消耗 2 mol NaOH。

三、仪器及试剂

仪器:分析天平,酸式滴定管(50 mL),碱式滴定管(50 mL),移液管(25 mL),锥形瓶(250 mL),量杯(50 mL),研钵。

试剂:NaOH 标准溶液(0.100 $mol \cdot L^{-1}$),HCl 标准溶液(0.100 $mol \cdot L^{-1}$),酚酞指示剂,邻苯二甲酸氢钾(基准试剂或 A.R),阿司匹林片剂。

四、实验内容

1. NaOH 溶液的标定

在分析天平上准确称取 0.4~0.5 g(精确至 0.1 mg)$KHC_8H_4O_4$ 基准物质 3 份分别置于 250 mL 锥形瓶中,加入 40~50 mL 水使之溶解,加入 2~3 滴酚酞指示剂,用待标定的 NaOH 溶液滴定至呈现微红色,保持 30 s 内不褪色,即为终点。计算每次标定的浓度,取其平均值,求出相对偏差。

2.乙酰水杨酸的测定

准确称取 0.4 g 药粉置于 250 mL 锥形瓶中,加入 40.00 mL NaOH 标准溶液,盖上表面皿,轻轻摇动后置于水浴上加热 15 min,并不时振荡,取出迅速用流水冷却至室温,加入 3 滴酚酞指示剂,用 0.100 mol·L⁻¹HCl 标准溶液滴定至红色刚好消失为滴定终点。平行测定 3 份试样,记录数据。

3.体积比 V_{NaOH}/V_{HCl} 的测定

向 250 mL 锥形瓶中移入 25.00 mL NaOH 标准溶液,加水至约 40 mL,在与上述测定相同的操作条件下进行加热和滴定。平行滴定 2～3 份,计算 V_{NaOH}/V_{HCl} 之比。

五、操作要点

(1) 为了保证试样的均匀性,最好取用 10 粒片剂研细,再准确称取 0.4 g 药粉进行分析测定。

(2) 由于 NaOH 溶液在加热过程中会受空气中 CO_2 的干扰,因此实验中水浴上加热的时间和冷却的时间应保持一致。

(3) 如果测定的是纯乙酰水杨酸,则可采用直接滴定法,具体操作:准确称取试样0.4 g,置于干燥的锥形瓶中,加入 20 mL 中性 95%冷乙醇,摇动溶解后加入 2～3 滴酚酞指示剂,立即用 NaOH 标准溶液滴定至微红色为终点。计算试样中乙酰水杨酸的百分含量。

六、思考题

(1) 在体积比 V_{NaOH}/V_{HCl} 测定中,为什么需在与测定样品相同的操作条件下进行滴定?

(2) 已知水杨酸的 $pK_{a_2} = 13.1$,因此当用过量 NaOH 分解乙酰水杨酸时,其反应亦可表示为

$$\text{（结构式）COOH, OCOCH}_3 + 3OH^- = \text{（结构式）COO}^-, O^- + CH_3COO^- + 2H_2O$$

那么,计算含量时能否认为每摩尔乙酰水杨酸消耗 3 mol NaOH?

实验 35　铵盐中氨含量的测定(甲醛法)

一、实验目的

(1) 掌握以甲醛间接法测定铵盐中氨含量的原理和方法。
(2) 学会除去试剂中甲酸和试样中的游离酸的方法。

二、实验原理

铵盐与甲醛作用,生成六次甲基四铵酸($K_a = 7.1 \times 10^{-6}$)和定量的强酸,其反应式为

$$4NH_4^+ + 6HCHO == (CH_2)_6N_4H^+ + 6H_2O + 3H^+$$

以酚酞为指示剂,用 NaOH 标准溶液滴定反应中生成的酸。从上述反应式可知 1 mol NH_4^+ 相当于产生 1 mol 的 H^+,由此便可进行计算。如试样中含有游离酸,加甲醛之前应先以甲

基红为指示剂用 NaOH 滴定中和。由于铵盐酸性很弱 $K_{NH_4^+}^{\ominus} = 5.6 \times 10^{-10}$,不能用 NaOH 直接滴定。一般采用蒸馏法和甲醛法,而蒸馏法测定氨虽然较准,但操作麻烦费时,因此常用甲醛法。此法操作简便、快速,但准确度稍差。

本法也可用于分析有机物中的氮,但须先将其转化为铵盐,然后进行滴定。

三、仪器及试剂

仪器:移液管(25 mL),磨口塞锥形瓶(150 mL),容量瓶(250 mL),碱式滴定管(50 mL)。

试剂:NaOH 标准溶液(0.100 mol·L^{-1}),酚酞指示剂,甲基红指示剂(1 g·L^{-1}),甲醛溶液(市售)。

四、实验内容

1.甲醛溶液处理

甲醛溶液中含有微量甲酸,应事先除去。取市售甲醛溶液于 150 mL 带磨口塞锥形瓶中,用纯水稀释一倍,加 1～2 滴酚酞指示剂,用 0.100 mol·L^{-1} NaOH 溶液滴定至甲醛溶液呈微红色,盖紧瓶塞备用。

2.试样中氨含量的测定

准确称取 (NH$_4$)$_2$SO$_4$ 试样 1.5 g 于小烧杯中,加纯水少许使之溶解。然后全部转移到 250 mL 容量瓶中,加水稀释至刻度,摇匀。

用移液管准确吸取 25.00 mL 试液于 250 mL 锥形瓶中,加 1 滴甲基红指示剂,用 0.100 mol·L^{-1} NaOH 标准溶液中和至溶液由红色变为黄色。然后加 10 mL 1:1 中性甲醛溶液,再加 1～2 滴酚酞指示剂,充分摇匀,放置 1 min,用 0.100 mol·L^{-1} NaOH 标准溶液滴定至溶液呈微红色,30 s 不褪色即为终点。记下消耗 NaOH 标准溶液的体积。按同样方法再滴定 2 份,计算铵盐中 NH$_3$ 的质量分数。按下式计算,即

$$NH_3\% = \frac{c_{NaOH} \cdot V_{NaOH} \cdot M_{NH_3}}{W \times \dfrac{25}{250} \times 1\,000} \times 100\%$$

式中,c_{NaOH} 为 NaOH 标准溶液的浓度(mol·L^{-1});V_{NaOH} 为滴定时消耗 NaOH 体积(mL);W 为试样重(g)。

如试样中含 Fe^{3+} 较多,则影响终点观察,可改用蒸馏法。

五、操作要点

(1) 取大样。称取较多试样,溶解于容量瓶中,然后吸取部分溶液进行滴定。对于试样不够均匀的情况常采用称大样的方法,其测定结果的代表性可大一些。所以本实验需根据待测物情况,考虑取大样。

(2) 实验中所需甲醛溶液经常含游离酸,影响测定,因此要预先处理,这时一定防止 NaOH 加入过量,而带来较大测定误差。

六、思考题

(1) 铵盐中 NH$_3$ 的测定为什么不能直接用碱标准溶液直接滴定?

(2) 加入的甲醛溶液为什么要用 NaOH 溶液事先中和,并以酚酞为指示剂? 如未达中和或过量,对结果会有什么影响?

(3) 若试样为 NH_4NO_3、NH_4Cl、NH_4HCO_3,是否都可用本法? 为什么?

(4) 本测定为什么要取大样进行分析?

小结　酸碱混合物测定的方法设计

在前面基础训练的实验中,多为单组分纯溶液、纯物质的测定。然而,实际工作中,常常遇到混合组分的测定问题。通过各种混合酸碱体系的测定方法的设计,可以培养学生的分析问题和解决问题的能力,加深对理论课程学习的理解。

例如,测定 $NaH_2PO_4 - Na_2HPO_4$ 混合酸碱体系中各组分含量时,首先,必须判断能否用酸或碱标液进行滴定的问题。H_3PO_4 的三级解离平衡为

$$H_3PO_4 \xrightleftharpoons[11.88]{pK_{a_1} = 2.12} H_2PO_4^- \xrightleftharpoons[6.80]{7.20} HPO_4^{2-} \xrightleftharpoons[pK_{b_1} = 1.64]{12.36} PO_4^{3-}$$

根据酸碱物质能否准确滴定的判别式 $cK \geqslant 10^{-8}$,显然,不能用碱标液继续直接滴定 Na_2HPO_4,但可用 HCl 标液进行滴定,也可按文献加入适量 $CaCl_2$ 固体,释放出相当量的 H^+,用 NaOH 标液滴定

$$2Na_2HPO_4 + 3CaCl_2 \xrightarrow{\quad} Ca_3(PO_4)_2 \downarrow + 4NaCl + 2HCl$$

同理,组分中 NaH_2PO_4 则可用 NaOH 标液直接滴定,但不能用 HCl 标液来滴定。

考虑滴定方法时,可从两个方面进行。第一种方法可在同一份溶液中用 NaOH 和 HCl 标液两次滴定,测定各组分含量。第二种方法可分别取出两份溶液,分别用 NaOH 和 HCl 标液滴定。

怎样选择指示剂呢? 它是根据滴定反应产物溶液 pH 值来选择的。计量点产物 HPO_4^{2-},其 $pH = \frac{1}{2}(pK_{a_2} + pK_{a_3}) = 9.7$,可选用酚酞($pH = 8.2 \sim 10.0$)或百里酚酞($pH = 9.4 \sim 10.6$)为指示剂。当滴定计量点产物为 $H_2PO_4^-$,其 $pH = 4.7$,这时可勉强选用甲基橙($pH = 3.1 \sim 4.4$)和溴酚蓝($pH = 3.0 \sim 4.6$)等指示剂。

综合上面实际例子设计方法的讨论,在设计混合酸碱组分测定方法时,主要应考虑下面几个问题:

(1) 应进行能否准确滴定的判别。

(2) 设计方法的原理是什么? 可用哪几种方法进行滴定?

(3) 采用什么滴定剂? 如何配制和标定?

(4) 滴定结束时产物是什么? 这时产物溶液 pH 值为多少? 应选用何种指示剂?

(5) 酸碱滴定时,滴定剂和被滴物质的浓度应为 $0.1 \ mol \cdot L^{-1}$ 左右,据此可考虑它们的溶液取样量大小。

(6) 各组分含量的计算公式是什么? 计量比 $\dfrac{a}{b}$ 应为多少? 含量以什么单位表示? 计算用的有关常数等查好了没有?

(7) 设计时应以"求实"的精神,去比较、研究实验中的问题。例如选择的方法好不好,

滴定的误差为多少,哪种指示剂较好等。

（8）滴定终点的指示问题,一般采用指示剂法检测滴定终点。滴定较弱的酸碱组分时,用电位法指示滴定终点是较准确的方法。理论证明,$\Delta pK \approx 3$ 时,用电位法指示终点尤为重要,例如 HAc – NaHSO$_4$ 体系等,在处理数据时也应作一阶微分或二阶微分的处理才能得到满意的结果。

在酸碱滴定法理论课学完后,下面体系示例可让学生进行设计,测定各组分的含量。

（1）K$_2$HPO$_4$ – KH$_2$PO$_4$ 混合液;

（2）H$_2$SO$_4$ – H$_3$PO$_4$ 混合液;

（3）HCl – NH$_4$Cl 混合液;

（4）NH$_3$·H$_2$O – NH$_4$Cl 混合液;

（5）HCl – H$_3$BO$_3$ 混合液;

（6）HAc – NaAc 混合液;

（7）NaOH – Na$_3$PO$_4$ 混合液;

（8）HAc – H$_2$SO$_4$ 混合液;

（9）HCl –（CH$_2$）$_6$N$_4$（六次甲基四胺）混合液（注:六次甲基四胺可用浓盐体系强化测定）;

（10）混合碱固体试样。

上面体系中,以 HCl – NH$_4$Cl 混合液来说,由判别式可知,NH$_4^+$ 的 $pK_a = 9.26$,显然不能滴定。当用 NaOH 标液滴定 HCl 完全后,产物为 NH$_4$Cl,其 pH $\approx$ 5.3,可选用甲基红（pH 变色范围为 4.4 ~ 6.2）为指示剂。NH$_4$Cl 是极弱酸,可用甲醛强化后,以酚酞为指示剂,用 NaOH 标液滴定。

HCl – H$_3$BO$_3$ 混合体系的测定,与 NH$_4$Cl – HCl 体系同样考虑,H$_3$BO$_3$ 可用甘油或甘露醇强化。

再如 NaOH – Na$_3$PO$_4$ 混合液,若以酚酞为指示剂、HCl 为滴定剂时,消耗 HCl 标液的体积 V_1 是 NaOH 得到了 1 个质子和 Na$_3$PO$_4$ 亦得到一个质子所消耗 NaOH 溶液的合量。继续以甲基橙为指示剂时,消耗 HCl 标液的体积 V_2,是 Na$_3$PO$_4$ 又得一质子,由 HPO$_4^{2-}$ 到 H$_2$PO$_4^-$,因此,各组分质量浓度 ρ（mg·L^{-1}）的计算公式为

$$\rho_{Na_3PO_4} = \frac{(cV_2)_{HCl}M_{Na_3PO_4}}{V}$$

$$\rho_{NaOH} = \frac{c_{HCl}(V_1 - V_2)M_{NaOH}}{V}$$

式中,V 为所取试液的体积（L）。

对于 NH$_3$·H$_2$O – NH$_4$Cl 混合液,NH$_3$·H$_2$O 是弱碱,$cK_b > 10^{-8}$,可用 HCl 标液滴定,指示剂可用甲基红（为什么选用甲基红?）。然后,以甲醛法测定 NH$_4$Cl 含量。

HAc – NaAc 体系中,NaAc 是极弱碱,可用浓盐体系介质进行滴定。

实验 36　EDTA 标准溶液的配制和标定

一、实验目的

(1) 掌握配位滴定的原理，了解配位滴定的特点。

(2) 学会 EDTA 标准溶液的配制和标定方法。

(3) 了解金属指示剂的特点，熟悉二甲酚橙指示剂使用及终点颜色的变化。

(4) 掌握缓冲溶液在配位滴定中的作用。

二、实验原理

乙二胺四乙酸简称 EDTA 或 EDTA 酸，以 H_4Y 表示，由于 EDTA 酸难溶于水，故分析实验中采用它的二钠盐(也简称 EDTA，以 $Na_2H_2Y \cdot 2H_2O$ 表示)来配制标准溶液。乙二胺四乙酸钠盐的溶解度为 $11.1\ g \cdot L^{-1}$，此溶液的浓度约为 $0.3\ mol \cdot L^{-1}$，$pH \approx 4.4$。一般不能用市售的 EDTA 试剂直接配制准确浓度的标准溶液，而需用适当的基准物质来标定。

用于标定 EDTA 溶液的基准物质很多，常用的有 Zn，ZnO，$CaCO_3$，Mg，Ca 等，选用基准物质的基本原则是使标定和测定条件尽可能一致，以减少误差。

用 $CaCO_3$ 为基准物时，首先用盐酸把 $CaCO_3$ 溶解并配制成钙标准溶液。吸取一定量此标准溶液，用 KOH 溶液调节到 $pH > 12$，以钙黄绿素－百里酚酞为指示剂，用 EDTA 溶液滴定，钙黄绿素在 $pH > 12$ 的溶液中与 Ca^{2+} 形成绿色荧光配合物。当用 EDTA 标准溶液滴定时，由于在此条件下 EDTA 与 Ca^{2+} 形成的配离子比钙黄绿素－Ca^{2+} 配合物更稳定，因此到达滴定终点时，钙黄绿素－Ca^{2+} 绿色荧光配合物全部转化为无色的 CaY^{2+} 配离子，溶液中绿色荧光即消失而呈现混合指示剂本身的紫红色。

用 Zn，ZnO 为基准物时，先用盐酸把 Zn、ZnO 溶解并制成锌标准溶液。取一定量此标准溶液，用六次甲基四胺溶液调节 pH 值为 $5 \sim 6$，加入二甲酚橙指示剂，它与 Zn^{2+} 形成紫红色配合物。当用 EDTA 标准溶液滴定时，由于此条件下 EDTA 与 Zn^{2+} 形成更稳定的无色配离子，因此到达滴定终点时，二甲酚橙－Zn^{2+} 配合物全部转化为 ZnY^{2-} 配离子，溶液即由紫红色转变为亮黄色($pH = 5 \sim 6$ 时，游离二甲酚橙呈黄色)，其反应式可表示为

$$ZnH_3In^{2-} + H_2Y^{2-} \xrightarrow{pH = 5 \sim 6} ZnY^{2-} + H_3In^{4-} + 2H^+$$

$$\text{紫红色} \qquad\qquad\qquad \text{无色} \quad \text{黄色}$$

式中，H_3In^{4-} 为二甲酚橙，H_2Y^{2-} 为 EDTA。

三、仪器及试剂

仪器：分析天平，酸式滴定管(50 mL)，烧杯(50，250 mL)，容量瓶(100，250 mL)，锥形瓶(250 mL)，移液管(25 mL)，量筒(10，50 mL)，细口瓶(500 mL)。

试剂：基准锌(99.99%)，HCl(1:1)，六次甲基四胺(20%)，EDTA 钠盐(A.R)，二甲酚橙指示剂($5\ g \cdot L^{-1}$ 水溶液)，钙黄绿素－百里酚酞混合指示剂($V_1 - B$)，KOH(20%)。

四、实验内容

1.0.010 mol·L^{-1} EDTA 溶液的配制

用洁净的烧杯在电子天平上称量 2.0 g 乙二胺四乙酸二钠,溶解于 300 mL 热水中,冷却后,转移至细口瓶中用蒸馏水稀至 500 mL,摇匀,如浑浊应过滤。长期放置时,应贮存于聚乙烯瓶中。

2.0.010 mol·L^{-1} Zn 标准溶液的配制

用分析天平准确称量 0.065 4 g 金属锌,置于 50 mL 小烧杯中,盖上小表面皿,沿杯嘴慢慢滴加 4 mL 1∶1 HCl 溶液,在电炉上加热使金属锌完全溶解,冷却至室温后用水冲洗表面皿和烧杯内壁,将溶液全部转移至 100 mL 容量瓶中,用水稀释至刻度,摇匀。

3.0.010 mol·L^{-1} EDTA 溶液的标定

用移液管移取 25.00 mL Zn^{2+} 标准溶液于 250 mL 锥形瓶中,加入 1～2 滴二甲酚橙指示剂,滴加 20% 六次甲基四胺至呈现稳定的紫红色后,再过量加入 5 mL,用 EDTA 溶液滴定至溶液由紫红色变为亮黄色,即为终点。平行滴定 3 份,根据滴定时用去的 EDTA 体积和金属锌的质量,计算 EDTA 溶液的准确浓度。

4.以 CaCO$_3$ 为基准

准确称取 0.35～0.40 g CaCO$_3$ 于 250 mL 烧杯中,加蒸馏水少许,盖上表面皿,沿杯嘴慢慢滴加 1∶1 HCl 10～20 mL,加热溶解,小火加热煮沸至不冒小气泡为止。冷却至室温,用水冲洗表面皿和烧杯内壁,然后小心地将溶液全部移入 250 mL 容量瓶中稀释至刻度,摇匀,备用。

用移液管准确取 25.00 mL 钙标准溶液于 250 mL 锥形瓶中,加蒸馏水 50 mL 和适量钙黄绿素 – 百里酚酞混合指示剂,摇匀,在不断摇动下加入 5 mL 20% KOH 溶液,用 EDTA 滴定至溶液的绿色荧光消失,突变为紫红色即为滴定终点。

五、操作要点

(1) 配位反应的速度较慢,不像酸碱反应能在瞬间完成,故滴定时加入 EDTA 溶液速度不能太快,特别是临近终点时,应逐滴加入并充分摇动。

(2) 二甲酚橙指示剂浓度不能太稀,否则终点变化不明显。滴定至亮黄色后,放置一会,如溶液又再现红色,需继续滴定至稳定的亮黄色才为终点。

六、思考题

以金属 Zn 和 ZnO 为基准物滴定 EDTA 溶液,若以铬黑 T 为指示剂,是否需要加入六次甲基四胺溶液,为什么? 此时应该选择何种缓冲溶液调节溶液的 pH 值?

实验 37　水的总硬度测定

一、实验目的

(1) 掌握测定自来水总硬度的原理及方法。

(2) 了解铬黑 T 指示剂的变色原理及条件。

(3) 掌握缓冲溶液在配位滴定中的作用。

二、实验原理

水中含有较多 Ca^{2+}、Mg^{2+} 的水为硬水,水的总硬度是指水中 Ca^{2+}、Mg^{2+} 的总量,它包括暂时硬度和永久硬度。水中 Ca^{2+}、Mg^{2+} 以酸式碳酸盐形式存在的称为暂时硬度;以硫酸盐、硝酸盐和氯化物形式存在的称为永久硬度。硬度又分为钙硬和镁硬,钙硬是由 Ca^{2+} 引起的,镁硬是由 Mg^{2+} 引起的。

水的硬度是表示水质的一个重要指标,对工业用水关系很大,尤其是锅炉用水,硬度较高的水都要经过软化处理并经滴定分析达到一定标准后才能输入锅炉。水的硬度是形成锅垢和影响产品质量的主要因素。因此,水的总硬度即水中钙、镁总量的测定,为确定用水质量和进行水处理提供依据。

测定水的总硬度,一般采用配位滴定法,即在 pH = 10 的氨性缓冲溶液中,以铬黑 T(EBT)作为指示剂,用 EDTA 标准溶液直接滴定水中的 Ca^{2+}、Mg^{2+},直至溶液由紫色经紫红色转变为蓝色,即为终点,反应如下:

滴定前　　　　　　　　$EBT + Me(Ca^{2+}、Mg^{2+}) \xrightarrow{\text{pH} = 10} Me - EBT$

　　　　　　　　　　　（蓝色）　　　　　　　　　　（紫红色）

滴定开始至化学计量点前

$$H_2Y^{2-} + Ca^{2+} \Longrightarrow CaY^{2-} + 2H^+$$

$$H_2Y^{2-} + Mg^{2+} \Longrightarrow MgY^{2-} + 2H^+$$

化学计量点时　　　　$H_2Y^{2-} + Mg - EBT \Longrightarrow MgY^{2-} + EBT + 2H^+$

　　　　　　　　　　（紫红色）　　　　（蓝色）

测定水中钙硬时,另取等量水样加 NaOH,调节溶液 pH 值为 12 ~ 13,使 Mg^{2+} 生成 $Mg(OH)_2$ 沉淀,加入钙指示剂,用 EDTA 滴定,测定水中的 Ca^{2+} 含量。已知 Ca^{2+}、Mg^{2+} 的总量及 Ca^{2+} 的含量,即可算出水中 Mg^{2+} 的含量即镁硬。滴定时 Fe^{3+}、Al^{3+} 等干扰离子用三乙醇胺掩蔽,Cu^{2+}、Pb^{2+}、Zn^{2+} 重金属离子可用 KCN、Na_2S 掩蔽。

国际上水的硬度有多种表示方法,我国硬度常以水中 Ca、Mg 总量换算成 $CaCO_3$ 含量的方法表示,单位 $mg·L^{-1}$ 和(°)。水的总硬度为 1° 时,表示 1 L 水中含 10 mg $CaCO_3$,计算水的总硬度公式为

$$\rho_{CaCO_3}/(mg·L^{-1}) = \frac{(cV)_{EDTA} · M_{CaCO_3}}{V_{H_2O}} \times 1\ 000$$

$$\rho_{CaCO_3}/(°) = \frac{(cV)_{EDTA} · M_{CaCO_3}}{V_{H_2O}} \times 100$$

式中,V_{H_2O} 为水样体积(mL)。

三、仪器及试剂

仪器:移液管(100 mL),酸式滴定管(50 mL),锥形瓶(250 mL)。

试剂:EDTA 标准溶液($0.010\ mol \cdot L^{-1}$),$NH_3 \cdot H_2O - NH_4Cl$ 缓冲溶液(pH = 10),NaOH($40\ g \cdot L^{-1}$),铬黑 T 指示剂($10\ g \cdot L^{-1}$),钙指示剂($10\ g \cdot L^{-1}$),三乙醇胺,水样(自来水事先放置 1~2 天)。

四、实验内容

1.总硬度的测定

用洁净的移液管吸取 100.00 mL 水样于 250 mL 锥形瓶中,加氨性缓冲溶液 10 mL,铬黑 T指示剂少许,用 EDTA 标准溶液滴定至溶液由紫红色变为蓝色,即为终点。记取 EDTA 消耗的体积为 V_1(mL)。平行滴定 3 份,计算水的总硬度。

2.钙硬的测定

移取与内容 1 等量水样于 250 mL 锥形瓶中,加入 5 mL $40\ g \cdot L^{-1}$NaOH,再加少许钙指示剂,用 EDTA 标准溶液滴定至溶液由酒红色变为蓝色为终点,记取 EDTA 消耗的体积为 V_2(mL),平行滴定 3 份。

按下式分别计算水中 Ca^{2+}、Mg^{2+} 的质量浓度 ρ(以 $mg \cdot L^{-1}$表示)。

$$\rho_{Ca^{2+}} = \frac{(cV_2)_{EDTA} \times M_{Ca}}{V_{H_2O}} \times 1\ 000$$

$$\rho_{Mg^{2+}} = \frac{c(\overline{V_1} - \overline{V_2})_{EDTA} \times M_{Mg}}{V_{H_2O}} \times 1\ 000$$

要求水的总硬度(°)和 Ca^{2+}、Mg^{2+} 含量计算的相对平均偏差不大于 0.3%。

五、操作要点

(1) 铬黑 T 与 Mg^{2+} 显色的灵敏度高,与 Ca^{2+} 显色的灵敏度低,当水样中钙含量很高而镁含量很低时,往往得不到敏锐的终点。可在水样中加入少许 Mg - EDTA,利用置换滴定法的原理来提高终点变色的敏锐性,或者改用 K - B 指示剂。

(2) 若水样中锰的质量浓度超过 $1\ mg \cdot L^{-1}$,在碱性溶液中易氧化成高价,使指示剂变为灰白或浑浊的玫瑰色。可在水样中加入 0.5 ~ 2 mL $10\ g \cdot L^{-1}$的盐酸羟胺,还原高价锰,以消除干扰。

(3) 使用三乙醇胺掩蔽 Fe^{3+}、Al^{3+},须在 pH < 4 下加入,摇动后再调节 pH 值至滴定酸度。本实验只提供三乙醇胺溶液,所测水样是否需要加入三乙醇胺,应由实验决定。若水样含铁量超过 $10\ mg \cdot L^{-1}$时,掩蔽有困难,需要用纯水稀释到 Fe^{3+} 的质量浓度不超过 7 mg·L^{-1}。

(4) 如水样为自来水,通常取 100 mL,如人工配制水样通常取 20.00 mL。

(5) 滴定时,因反应速度较慢,在接近终点时,标准溶液慢慢加入,并充分摇动;因氨性溶液中,当 $Ca(HCO_3)_2$ 含量高时,可慢慢析出 $CaCO_3$ 沉淀使终点拖长,变色不敏锐。这时可于滴定前将溶液酸化,即加入 1 ~ 2 滴 1:1 HCl,煮沸溶液以除去 CO_2。但 HCl 不宜多加,否则影响滴定时溶液的 pH 值。

六、思考题

(1) 什么叫水的总硬度? 怎样计算水的总硬度?

（2）为什么滴定 Ca^{2+}、Mg^{2+} 总量时要控制 $pH \approx 10$，而滴定 Ca^{2+} 分量时要控制 pH 值为 $12 \sim 13$？若 $pH > 13$ 时测 Ca^{2+}，对结果有何影响？

（3）如果只有铬黑 T 指示剂，能否测定 Ca^{2+} 的含量？如何测定？

实验 38　石灰石中钙、镁含量的测定

一、实验目的

（1）掌握配位滴定法测定石灰石中 Ca、Mg 含量的方法和原理。

（2）巩固配位滴定中指示剂的选择和应用。

二、实验原理

石灰石的主要成分是 $CaCO_3$，同时也含有一定量的 $MgCO_3$ 及少量的 Al、Fe、Si 等杂质。按照经典方法，需用碱性熔剂熔融分解试样，制成溶液，分离除去 SiO_2 和 Fe^{3+}、Al^{3+} 等，然后测定钙和镁，这样手续太繁。若试样中含酸不溶物较少，通常用酸溶解试样，不经分离直接用 EDTA 标准溶液进行滴定。

试样溶解之后，Ca^{2+}、Mg^{2+} 共存于溶液中，然后以铬黑 T 为指示剂，用 EDTA 进行滴定。在 $pH = 6.3 \sim 11.3$ 的水溶液中，铬黑 T 本身呈蓝色，它与 Ca^{2+}、Mg^{2+} 形成的配合物呈紫红色，滴定至由紫色变蓝色即为终点。

本实验是在 $pH = 10$ 时，以铬黑 T 作指示剂，用标准溶液滴定溶液中的 Ca^{2+} 和 Mg^{2+} 两种离子总量；于另一份试液中，调节 $pH > 12$ 时，Mg^{2+} 生成沉淀 $Mg(OH)_2$。加入钙指示剂，用 EDTA 标准溶液单独测定 Ca^{2+} 离子，然后由总量减去钙量，即得镁量。

测定钙、镁时，对不同试样，掩蔽干扰离子的方法不尽相同。在酸性条件下，加入三乙醇胺和酒石酸钾钠以掩蔽试液中 Fe^{3+}、Al^{3+}，然后再碱化；在碱性条件下可用 KCN 掩蔽 Cu^{2+}、Zn^{2+} 等重金属离子；对于 Cu^{2+}、Ti^{2+}、Cd^{2+}、Bi^{3+} 等重金属离子的干扰不易消除，加入铜试剂（DDTC），掩蔽效果较好。

三、仪器及试剂

仪器：酸式滴定管（50 mL），锥形瓶（250 mL），移液管（25 mL），容量瓶（100 mL），烧杯（250 mL）。

试剂：EDTA 标准溶液（$0.02\ mol \cdot L^{-1}$），HCl 溶液（1:1），NaOH 溶液（$40\ g \cdot L^{-1}$），钙指示剂，铬黑 T 指示剂，$NH_3 \cdot H_2O - NH_4Cl$ 缓冲溶液（$pH = 10$），三乙醇胺水溶液（1:2）。

四、实验内容

1. 试液的制备

准确称取试样 $0.25 \sim 0.3$ g 于 250 mL 烧杯中，加入少量蒸馏水湿润，盖上表面皿，从烧杯嘴中滴加 1:1 HCl $4 \sim 6$ mL，小火加热使之溶解。冷却后定量地转入 250 mL 容量瓶中，用蒸馏水稀释定容，摇匀备用。

2.钙、镁总量的测定

准确吸取 25.00 mL 试液于锥形瓶中,加 20 mL 水,5 mL 三乙醇胺,摇匀。加入 10 mL $NH_3·H_2O - NH_4Cl$ 溶液,摇匀。最后加入少许铬黑 T 指示剂,然后用 EDTA 标准溶液滴定至溶液由紫红色变为蓝色,即为终点。记下体积读数,平行滴定 3 份。

3.钙含量的测定

准确吸取 25.00 mL 试液于锥形瓶中,加入 20 mL 水,5 mL 三乙醇胺,摇匀。再加入 10 mL NaOH溶液,钙指示剂少许(米粒大小),摇匀后,用 EDTA 标准溶液滴定至溶液由紫红色恰变为蓝色,即为终点,记下体积读数,平行滴定 3 份。

4.含量计算

根据 EDTA 溶液的浓度和所消耗的体积,分别计算试样中 MgO 和 CaO 的质量分数并计算有关误差。

五、操作要点

(1) 用来掩蔽 Fe^{3+} 的三乙醇胺,必须在酸性溶液中加入,然后再碱化,否则 Fe^{3+} 已生成 $Fe(OH)_3$ 沉淀而不易被掩蔽;KCN 是剧毒物,只允许在碱性溶液中使用,若加入酸性溶液中,则产生剧毒的 HCN 气体逸出,对人体有严重危害。

(2) 如试样用酸溶解不完全,则残渣可用 Na_2CO_3 熔融,再用酸浸取。浸取液与试液合并。在一般分析工作中,残渣作为酸不溶物处理,可不必考虑。

(3) 测定钙时,若形成大量 $Mg(OH)_2$ 沉淀,将吸附 Ca^{2+},会使钙的结果偏低。为了克服此不利因素,可加入淀粉 – 甘油、阿拉伯树胶或糊精等保护胶,基本可消除吸附现象,其中以糊精的效果较好。5% 糊精溶液的配制方法如下:将 5 g 糊精溶于 100 mL 沸水中,稍冷,加入 5 mL 10% 的 NaOH,摇匀。加入 3 ~ 5 滴 K – B 指示剂,用 EDTA 溶液滴定至蓝色。临用时配制,使用时加 10 ~ 15 mL 于试液中。

六、思考题

(1) 为什么掩蔽 Fe^{3+}、Al^{3+} 离子时,要在酸性条件下加入三乙醇胺? 用 KCN 掩蔽 Cu^{2+}、Zn^{2+} 等离子是否也可以在酸性条件下进行?

(2) 用酸溶解石灰石试样前为什么要用少量水润湿? 滴加 HCl 溶液时应怎样操作? 如何检查试样是否完全溶解?

(3) 试述配位滴定法测定石灰石中钙和镁含量的原理,并写出计算公式。

(4) 将烧杯中已溶解好的试样转移到容量瓶以及稀释到刻线时,应怎样操作? 需注意什么?

实验 39　水样中 SO_4^{2-} 的分析

一、实验目的

学会运用配位滴定法,快速分析水样中 SO_4^{2-} 的含量。

二、实验原理

运用配位滴定法分析 SO_4^{2-} 的含量,一般采用返滴定法。在含 SO_4^{2-} 的溶液中,加入一定量的 $BaCl_2$ 溶液,使 SO_4^{2-} 生成 $BaSO_4$ 沉淀,过量的 Ba^{2+} 在氨性缓冲溶液($pH = 10$)中,用铬黑T作指示剂,以 EDTA 标准溶液进行返滴定,计算 SO_4^{2-} 的含量。

Ba^{2+} 与指示剂 EBT(In) 显色灵敏度低($lgK_{BaIn} = 3.0$),而 Mg^{2+} 与 EBT 显色灵敏度高($lg\ K_{MgIn} = 7.0$),可定量加入 $Mg^{2+} - Ba^{2+}$ 溶液,MgIn 颜色明显变化,得到敏锐的终点。

水样中 Ca^{2+}、Mg^{2+}、Cu^{2+}、Pb^{2+}、Al^{3+}、Fe^{3+} 等离子会产生干扰,Ca^{2+}、Mg^{2+} 含量可平行另取一份水样进行校正,用 Na_2S、KCN 掩蔽 Cu^{2+}、Pb^{2+},三乙醇胺掩蔽 Fe^{3+}、Al^{3+}。

水样中 SO_4^{2-} 质量浓度小于 $5\ mg \cdot L^{-1}$ 时,滴定误差较大;然而 SO_4^{2-} 质量浓度大于 $70\ mg \cdot L^{-1}$ 时,由于生成 $BaSO_4$ 沉淀会影响终点的观察,此时可将 $BaSO_4$ 沉淀滤去,也可将沉淀与溶液一起转入容量瓶中,定量稀释后放置,待沉淀下沉后,移取上层清液进行滴定。

三、仪器及试剂

仪器:酸式滴定管(50 mL),锥形瓶(250 mL),溶液管。

试剂:EDTA 溶液($0.010\ mol \cdot L^{-1}$),$Ba^{2+} - Mg^{2+}$ 混合溶液,$NH_3 \cdot H_2O - NH_4Cl$ 缓冲溶液($pH = 10$),三乙醇胺溶液,Na_2S 溶液($20\ g \cdot L^{-1}$),铬黑 T 指示剂,甲基红指示剂,HCl 溶液(1:1),$NH_3 \cdot H_2O$(1:2)。

四、实验内容

(1) EDTA 溶液的标定(见实验 36)。

(2) $Ba^{2+} - Mg^{2+}$ 混合溶液浓度的测定。用移液管平行移取 $Ba^{2+} - Mg^{2+}$ 混合溶液 10.00 mL 3份,分别置于 250 mL 锥形瓶中,加水 40 mL,加入氨性缓冲溶液($pH = 10$)10 mL,三乙醇胺溶液 1 mL,Na_2S 溶液 0.5 mL,铬黑 T 指示剂 2~3 滴,用 EDTA 标准溶液滴定至溶液由紫红色变为纯蓝色即为终点,计算 $Ba^{2+} - Mg^{2+}$ 混合溶液的质量浓度($mg \cdot L^{-1}$)。

(3) 水样中 Ca^{2+}、Mg^{2+} 含量的测定。移取水样 100 mL 于 250 mL 锥形瓶中,用 EDTA 滴定,测定水的硬度,消耗 EDTA 的体积为 V_1(mL)。

(4) 水样中 SO_4^{2-} 含量的测定。准确移取水样 100 mL 于 250 mL 锥形瓶中,用 HCl(1:1) 溶液调至酸性,根据 SO_4^{2-} 含量,准确加入 $Ba^{2+} - Mg^{2+}$ 混合溶液 10~25 mL(V_2),加热至沸,放置冷至室温,加甲基红指示剂 1 滴,滴加 $NH_3 \cdot H_2O$(1:2)调至溶液由红色变为微红色,加三乙醇胺 2 mL,氨性缓冲溶液 10 mL,Na_2S 溶液 0.2 mL,EBT 指示剂 3~4 滴,用 EDTA 标准溶液滴定至溶液由紫红色变为纯蓝色,即为终点。记下 EDTA 体积 V_3 mL,计算 SO_4^{2-} 的质量浓度($mg \cdot L^{-1}$)。

五、操作要点

(1) 加 $Ba^{2+} - Mg^{2+}$ 混合溶液后加热煮沸,能使反应充分完全,这一步骤不可省去。

(2) 测水的硬度和 SO_4^{2-} 含量时,取水样体积要一致,应是同一个水样。

六、思考题

(1) 测定可溶性 SO_4^{2-} 可用哪些方法？试比较它们的优缺点。

(2) 为什么要对 $Ba^{2+} - Mg^{2+}$ 混合溶液进行标定？

(3) 试比较 Ba^{2+}、Mg^{2+}、Ca^{2+} 对 EBT 指示剂配位变色的敏锐性。

实验 40　铅、铋混合液中铅、铋含量的连续测定

一、实验目的

(1) 掌握配位平衡中副反应及条件稳定常数。

(2) 掌握通过控制不同酸度连续滴定 Bi^{3+} 和 Pb^{2+} 的分析方法。

二、实验原理

Bi^{3+}、Pb^{2+} 离子均能与 EDTA 形成稳定的 1∶1 配合物,其稳定性差别较大($\lg K_{BiY} = 27.94$, $\lg K_{PbY} = 18.04$),故可以利用酸效应,控制溶液酸度来进行连续滴定。二甲酚橙指示剂在 pH < 6 时显黄色,并能与 Bi^{3+}、Pb^{2+} 离子形成紫红色配合物,它与 Bi^{3+} 的配合物更稳定,因此可以作为 Bi^{3+}、Pb^{2+} 离子连续滴定的指示剂。

首先在铅、铋混合液中,调节溶液的 pH≈1,加入二甲酚橙指示剂,Bi^{3+} 与二甲酚橙形成紫红色配合物,然后用 EDTA 标准溶液滴定。当溶液由紫红色变为亮黄色,即为 Bi^{3+} 的终点。

在滴定 Bi^{3+} 后的溶液中,加入六次甲基四胺缓冲溶液,控制溶液的 pH = 5 ~ 6,此时 Pb^{2+} 与二甲酚橙形成紫红色配合物,溶液又呈紫红色。用 EDTA 标准溶液继续滴定至溶液由经紫红色突变为亮黄色,即为 Pb^{2+} 的终点。

三、仪器及试剂

仪器:移液管(25 mL),锥形瓶(250 mL),酸式滴定管(50 mL)。

试剂:EDTA 标准溶液($0.010\ mol \cdot L^{-1}$),HNO_3 溶液($0.1\ mol \cdot L^{-1}$),六次甲基四胺(20%),二甲酚橙指示剂 ($2\ g \cdot L^{-1}$ 水溶液),Bi^{3+}、Pb^{2+} 混合液,广泛 pH 试纸。

四、实验内容

1. Bi^{3+} 的测定

移取 Bi^{3+}、Pb^{2+} 混合液 100.00 mL 于 100 mL 容量瓶中,加水稀释至刻线,备用。

用移液管准确吸取已稀释的 Bi^{3+}、Pb^{2+} 混合液 25.00 mL 于 250 mL 锥形瓶中,然后加入 10 mL 0.1 $mol \cdot L^{-1}$ HNO_3 溶液,滴加 2 滴二甲酚橙指示剂,此时溶液呈紫红色。用 0.01 $mol \cdot L^{-1}$ EDTA 标准溶液滴定至溶液由紫红色突变为亮黄色,即为滴定终点,记下消耗 EDTA 体积 V_1。保留此溶液。

2. Pb^{2+} 的测定

向先前已滴定过 Bi^{3+} 的溶液中,滴加 20% 六次甲基四胺,至溶液呈稳定的紫红色,再过量 5 mL(溶液 pH = 5~6),补加 1~2 滴二甲酚橙指示剂,继续用 0.010 mol·L^{-1}EDTA 标准溶液滴定至溶液由紫红色突变为亮黄色,即为滴定终点。记下消耗 EDTA 标准溶液的体积 V_2。平行滴定 3 份。

3. 计算 Pb^{2+}、Bi^{3+} 的质量浓度(g·L^{-1})

$$\rho_{Pb^{2+}} = \frac{c_{EDTA} \cdot V_2 \cdot M_{Pb}}{25.00}$$

$$\rho_{Bi^{3+}} = \frac{c_{EDTA} \cdot V_1 \cdot M_{Bi}}{25.00}$$

五、操作要点

(1) 配制 Pb^{2+}、Bi^{3+} 混合试液时,由于 Bi^{3+} 极易水解,所含 HNO_3 浓度较高。滴定前可以用广泛 pH 试纸测定,如果 pH 值接近 1,则 0.1 mol·L^{-1} HNO_3 溶液可以不必加入。

(2) 由于是连续滴定,所以滴定 Bi^{3+} 时的终点掌握不好,还会影响到 Pb^{2+} 测定的准确程度。

(3) 调节滴定体系酸度时,所需酸只能用 HNO_3,不能用 HCl 或 H_2SO_4 溶液。

六、思考题

(1) 在测定 Pb^{2+}、Bi^{3+} 含量时,用何种基准物质标定 EDTA 溶液的浓度更为合理? 为什么?

(2) 能否在同一份试液中先滴定 Pb^{2+},而后测定 Bi^{3+}?

(3) 滴定 Bi^{3+}、Pb^{2+} 时,溶液酸度各控制在什么范围? 怎样调节? 为什么?

实验 41 铁、铝混合液中铁、铝含量的连续测定

一、实验目的

(1) 掌握通过控制不同酸度下连续滴定 Fe^{3+} 和 Al^{3+} 的分析方法。

(2) 掌握用金属铜标准溶液回滴过量 EDTA 测定 Al 含量的分析方法。

二、实验原理

Fe^{3+}、Al^{3+} 都可与 EDTA 形成稳定的配合物,但稳定性相差较大(lg K_{FeY} = 25.13, lg K_{AlY} = 16.17),因此可控制不同酸度进行连续滴定,在酸度较大时滴定 Fe^{3+}、Al^{3+} 不产生干扰。但由于 Al^{3+} 与 EDTA 反应速度较慢通常采用加过量 EDTA 并加热,然后用其他金属(如铜等)标准溶液回滴过量的 EDTA,从而求得 Al 的含量。若使用 Cu^{2+} 滴定 EDTA 时,常采用 PAN 为指示剂,但因其在水中溶解度较小,所以要在加热情况下滴定。

三、仪器及试剂

仪器:锥形瓶(250 mL),酸式滴定管(50 mL),移液管(25 mL),量筒(10 mL),电炉。

试剂:EDTA 标准溶液(0.020 mol·L^{-1}),$CuSO_4$ 标准溶液(0.020 mol·L^{-1}),$NH_3 \cdot H_2O$

(1:1)，HCl 溶液($6\ mol \cdot L^{-1}$)，磺基水杨酸指示剂($100\ g \cdot L^{-1}$)，PAN 指示剂($2\ g \cdot L^{-1}$乙醇液)，HAc – NaAc 缓冲溶液($pH = 4.3$)。

四、实验内容

1. Fe^{3+} 的测定

用移液管准确吸取试液 25.00 mL 于 250 mL 锥形瓶中，加蒸馏水 50 mL，逐滴滴加 1 : 1 $NH_3 \cdot H_2O$ 至略有黄色浑浊，再小心滴加 $6\ mol \cdot L^{-1}$HCl 溶液至混浊刚消失，再过量 3～5 滴(此时溶液 pH 值约为 2)，用电炉加热至 60～70℃(瓶口有热气冒出，手接触瓶颈刚感烫手，切不可煮沸!)。取下，加磺基水杨酸指示剂，用 $0.020\ mol \cdot L^{-1}$ EDTA 标准溶液滴定。开始溶液呈紫红色，滴定速度宜稍快。当溶液呈淡红紫色时，滴定速度应放慢。当呈橙色时，每加一滴要用力摇动，观察颜色变化，并适当加热，再摇动之，至溶液突变为亮黄色即为终点。记下消耗 EDTA 体积 V_1。

2. Al^{3+} 的测定

在上述已滴定 Fe^{3+} 后的溶液中，从酸式滴定管中放出 20～25 mL $0.020\ mol \cdot L^{-1}$ EDTA 标准溶液(须过量 10 mL 左右)，记下体积 V_1，摇匀，在电炉上加热至 80～90℃，取下，加入 $pH = 4.3$ 的 HAc – NaAc 缓冲溶液 15 mL。煮沸 2～3 min，取下，放置 3 min；至溶液温度约 80～85℃，加入 4～5 滴 PAN 指示剂，用 $0.020\ mol \cdot L^{-1}$ $CuSO_4$ 标准溶液滴定。开始时溶液为黄色，随着 $CuSO_4$ 标准溶液的加入，颜色逐渐变绿至灰绿色，当突变为紫红色即为终点。记下体积读数 V_2。平行滴定 3 份。

3. 计算 Fe^{3+}、Al^{3+} 的质量浓度 $\rho(g \cdot L^{-1})$

$$\rho_{Fe^{3+}} = \frac{c_{EDTA} \cdot V_1 \cdot M_{Fe}}{25.00}$$

$$\rho_{Al^{3+}} = \frac{c_{EDTA} \cdot (V_2 - V_1) \cdot M_{Al}}{25.00}$$

五、操作要点

(1) 滴定时一定要注意控制 pH 值，pH 值太大或太小都不能使结果准确，滴定 Fe^{3+} 时，加热温度不可过高，以防水解发生。

(2) 滴定终点时颜色变化不易掌握，要控制合适的滴定速度防止过量。

六、思考题

(1) 测定 Al^{3+} 时，为什么不宜用 EDTA 标准溶液直接滴定?

(2) 测定 Al^{3+} 时控制溶液 $pH = 4.3$ 左右，如过高或过低对测定有何影响?

(3) 本实验为什么要严格控制溶液的酸度和温度? 怎样控制? 滴定速度对测定 Fe^{3+} 结果有无影响? 为什么?

实验 42 铝合金中铝含量的测定

一、实验目的

(1) 掌握合金的溶样方法。

(2) 掌握返滴定的原理及方法。

(3) 学会使用掩蔽剂，提高配位测定方法的选择性。

二、实验原理

由于 Al^{3+} 容易水解，容易形成多核羟基配合物，在较低酸度时，还会形成含有羟基的 EDTA 配合物，同时 Al^{3+} 与 EDTA 配位的速度较慢，而且对二甲酚橙指示剂有封闭作用。因此，用 EDTA 配位滴定法测定 Al^{3+} 时，不能用直接滴定法，而通常采用返滴定法或置换滴定法。

铝合金中往往含有较多的杂质元素，采用返滴定法测定 Al 含量(质量分数，%)是不合适的。因此，需采用置换滴定法。合金试样经 HNO_3 – HCl 混合酸溶解后，先调节酸度至 pH 值为 3～4，加入过量的 EDTA 溶液，煮沸，使 Al^{3+} 与 EDTA 完全配合，冷却后，调节溶液的 pH 值为 5～6，以二甲酚橙为指示剂，用 Zn^{2+} 盐溶液滴定过量的 EDTA(不计 Zn^{2+} 盐溶液的消耗体积)。然后，加入过量的 NH_4F，加热至沸，使 Al – EDTA 配合物(以 AlY^- 表示)与 F^- 之间发生置换反应，释放出与 Al^{3+} 等物质的量的 EDTA，反应式为

$$AlY^- + 6F^- + 2H^+ \Longrightarrow AlF_6^{3-} + H_2Y^{2-}$$

释放出来的 EDTA 用 Zn^{2+} 盐标准溶液滴定，即可计算合金中 Al 的含量。

试样中若含有 Ti、Zr、Sn 等金属时，由于这些离子与 EDTA 形成的配合物同样被 F^- 所置换，因此干扰 Al 的测定，可以采用掩蔽或扣除的办法加以消除。大量 Fe^{3+} 对二甲酚橙指示剂有封闭作用，故本法不适于含大量 Fe^{3+} 试样的分析。Fe^{3+} 含量不太高时可用此法，但也需控制 NH_4F 的用量，否则也会有部分 FeY^- 被 F^- 置换，使结果偏高。为此，可加入 H_3BO_3，使过量的 F^- 生成 BF_4^-，可防止 Fe^{3+} 的干扰。而且，加入 H_3BO_3，也可防止 SnY 中的 EDTA 被置换，同样可消除 Sn^{4+} 的干扰。

三、仪器及试剂

仪器：分析天平，锥形瓶(250 mL)，酸式滴定管(50 mL)，移液管(25 mL)，量筒(10 mL)，烧杯(250 mL)，容量瓶(100 mL)，电炉，表面皿。

试剂：HNO_3 – HCl – H_2O(1:1:2)，EDTA 标准溶液($0.020\ mol \cdot L^{-1}$)，$NH_3 \cdot H_2O$(1:1)，HCl 溶液(1:3)，六次甲基四胺(20%)，锌标准溶液($0.010\ mol \cdot L^{-1}$)，NH_4F 溶液(20%)，二甲酚橙指示剂($2\ g \cdot L^{-1}$ 水溶液)。

四、实验内容

1. 溶解样品

准确称取 0.13～0.15 g 合金试样于 250 mL 烧杯中，加入 10 mL 混合酸，并立即盖上表面皿。微微加热，待试样溶完后把溶液加热至冒大气泡。冷却至室温后，用水冲洗表面皿和烧杯内壁，将溶液转移至 100 mL 容量瓶中，稀释至刻度，摇匀。从中移出 25.00 mL 于 100 mL 容量瓶中，用水稀释至刻度，摇匀。

2. Al 的百分含量测定

移取上述稀液 25.00 mL 于锥形瓶中，加入 20 mL $0.020\ mol \cdot L^{-1}$ EDTA 溶液、2 滴二甲酚

橙指示剂,小心滴加 1:1 NH$_3$·H$_2$O 调至溶液恰呈紫红色,然后滴加 3 滴 1:3 HCl 溶液,将溶液煮沸 3 min,冷却,加入 20 mL 20% 六次甲基四胺溶液,此时溶液应呈黄色或橙黄色,否则可用 HCl 调节。再补加 2 滴二甲酚橙指示剂,用锌标准溶液滴定至溶液由黄色恰变为紫红色(此时不计滴定的体积)。加入 10 mL 20% NH$_4$F 溶液,摇匀,将溶液加热至微沸,流水冷却,补加 2 滴二甲酚橙指示剂,此时溶液应呈黄色或橙黄色,否则应滴加 1:3HCl 溶液加以调节。再用锌标准溶液滴定至溶液由黄色恰变为紫红色,即为终点。平行滴定 3 份,根据锌标准溶液所消耗的体积,计算合金试样中 Al 的含量。

五、操作要点

(1) 铝合金的牌号、种类繁多,如铝镁合金、硅镁合金等,其铝的含量差别也较大,因此称量及定容体积均应考虑适宜。合金含的杂质元素主要有 Si、Mg、Cu、Mn、Fe、Zn 等,用置换法测定 Al 时,均无干扰。但某些合金中含有 Sn,对测定有干扰。

(2) 铝合金的溶样方法,亦可用 NaOH 分解法,但需使用银烧杯或塑料烧杯。本实验采用酸溶法。对含硅量大的试样,酸溶后将有硅酸沉淀,可在测定前将沉淀等残渣过滤除去。

(3) 当含有六次甲基四胺介质的溶液加热时,由于其部分水解而使溶液 pH 值升高,使二甲酚橙呈红色。这时需补加 HCl 至呈黄色或橙黄色后,再进行滴定

$$(CH_2)_6N_4 + 6H_2O =\!=\!= 6HCHO + 4NH_3\uparrow$$

(4) 本实验过程中,对溶液加热的时间、程度及酸度的控制,都需要较严格的掌握,才能获得较好的分析结果。

六、思考题

(1) 铝的测定一般采用返滴定或置换滴定法,为什么?

(2) 铝合金试样的酸法溶解,为什么要用混合酸,单用 HCl 行吗? 铝合金试样可否用 NaOH 溶液溶解?

(3) 当用锌标准溶液滴定过量的 EDTA 时,为什么可不计体积? 这次滴定的终点是否应严格控制?

(4) 本实验中,使用的 EDTA 溶液是否需要标定? 如果是采用返滴定法呢?

实验 43　水中化学耗氧量 COD 的测定

一、实验目的

(1) 掌握酸性高锰酸钾法测定化学耗氧量的原理和方法。

(2) 了解水中化学耗氧量测定的意义。

二、实验原理

水中化学耗氧量是衡量水质污染程度的主要指标之一,它分为化学耗氧量(COD)和生物耗氧量(BOD)两种。BOD 是水中有机物质发生生物过程时所需要氧的量,COD 是指在一定条件下,采用强氧化剂处理水样,1 L 水中还原性物质(无机的或有机的)被氧化时所消耗

的氧的质量(mg)。不同条件下得出的耗氧量不同,因此必须严格控制反应条件。如测定地面水、河水等不十分严重污染的水质,多采用酸性高锰酸钾法,此方法简捷快速;工业污水、生活污水中含有较多成分复杂的污染物质,一般采用重铬酸钾法。本实验采用高锰酸钾法测定水中化学耗氧量 COD。

在酸性溶液中,加入过量的高锰酸钾溶液,加热使水中有机物质充分反应后,再加入过量的 $Na_2C_2O_4$ 标准溶液,还原剩余的 $KMnO_4$,剩余的 $C_2O_4^{2-}$ 再用 $KMnO_4$ 溶液返滴定。反应式为

$$4KMnO_4 + 6H_2SO_4 + 5C \Longrightarrow 2K_2SO_4 + 4MnSO_4 + 5CO_2\uparrow + 6H_2O$$

$$2MnO_4^- + 5C_2O_4^{2-} + 16H^+ \Longrightarrow 2Mn^{2+} + 8H_2O + 10CO_2\uparrow$$

根据 $KMnO_4$ 溶液浓度和水样所消耗的 $KMnO_4$ 溶液体积,计算水中的耗氧量$(mg\cdot L^{-1})$。计算公式为

$$COD_{Mn} = \frac{[5c_{KMnO_4}(V_1+V_2)_{KMnO_4} - 2(cV)_{Na_2C_2O_4}]\times 8\times 1\,000}{V_{水样}}$$

式中,V_1 为 $KMnO_4$ 开始加入体积(mL);V_2 为返滴定过量的 $Na_2C_2O_4$ 的体积(mL);c_{KMnO_4} 为 $KMnO_4$基本单元的物质的量浓度$(mol\cdot L^{-1})$;$c_{Na_2C_2O_4}$ 为 $Na_2C_2O_4$ 基本单元的物质的量浓度$(mol\cdot L^{-1})$;V 为 $Na_2C_2O_4$ 标准溶液的体积;$V_{水样}$ 为待测水样的体积(mL)。

水样中 Cl^- 的质量浓度大于 $300\ mg\cdot L^{-1}$,应加水稀释降低 Cl^- 的质量浓度,可消除 Cl^- 对测定结果的干扰;如不能消除其干扰,可加入 Ag_2SO_4,通常加入 $1\ g\ Ag_2SO_4$ 可消除 $200\ mg$ Cl^- 的干扰。

水样量取后应立即进行分析,如需放置可加入少量的 $CuSO_4$ 以抑制生物对有机物的分解。

三、仪器及试剂

仪器:分析天平,棕色酸式滴定管(50 mL),容量瓶(100,250 mL),移液管(10,25 mL),锥形瓶(250 mL),表面皿,棕色细口瓶(500 mL),烧杯(50,500 mL),量杯(10,100 mL)。

试剂:H_2SO_4 溶液$(3,6\ mol\cdot L^{-1})$,$KMnO_4$(A.R),$Na_2C_2O_4$(A.R),Ag_2SO_4(固体)。

四、实验内容

1.配制 300 mL 0.020 $mol\cdot L^{-1}KMnO_4$ 溶液

在电子天平上称取 $KMnO_4$ 固体 1.0 g,置于 500 mL 烧杯中,加 300 mL 水,盖上表面皿,加热至沸并保持微沸状态 1 h,冷却后,滤液贮存于 500 mL 棕色细口瓶中。将溶液在室温条件下静置 2~3 天后备用。

移取上述溶液 25.00 mL 放入 250 mL 容量瓶中,加入新煮沸且冷却的水,稀释至刻度,即为 0.002 $mol\cdot L^{-1}KMnO_4$ 溶液,摇匀后备用。

2.0.050 $mol\cdot L^{-1}Na_2C_2O_4$ 标准溶液的配制

准确称量 1.6~1.7 g(精确至 0.1 mg)基准物质 $Na_2C_2O_4$,置于 50 mL 小烧杯中,加入少量水使之溶解,全部转移至 250 mL 容量瓶中,备用。此溶液浓度为 0.05 $mol\cdot L^{-1}$,稀释 10 倍,即为 0.005 $mol\cdot L^{-1}$ $Na_2C_2O_4$ 标准溶液,计算其准确浓度。

3. KMnO$_4$ 溶液的标定

移取 25.00 mL 上述 0.050 mol·L^{-1}Na$_2$C$_2$O$_4$ 标准溶液于 250 mL 锥形瓶中,在水浴上加热至 75~85℃,再加入 15 mL 3 mol·L^{-1}H$_2$SO$_4$,趁热(冒蒸汽)用 0.020 mol·L^{-1}KMnO$_4$ 溶液滴定。滴定刚开始时速度应很慢,并且不断摇晃锥形瓶,待溶液中产生 Mn^{2+} 后,滴定速度才逐渐加快,直至正常的滴定速度。当滴定至溶液呈微红色并在 30 s 内不褪色即为终点,平行滴定 2~3 份,计算 KMnO$_4$ 的准确浓度。

4. COD 的测定

移取 100 mL 水样于 250 mL 锥形瓶中,加入 5 mL 6 mol·L^{-1} H$_2$SO$_4$,同时加入 10.00 mL (V_1) 0.002 mol·L^{-1} KMnO$_4$ 溶液,立即加热至沸,从冒第一个大气泡开始计时,准确煮沸 10 min,取下锥形瓶,冷却 1 min,准确加入 10.00 mL(V)0.005 mol·L^{-1} Na$_2$C$_2$O$_4$ 标准溶液,充分摇匀,此时溶液应由红色转为无色,用 KMnO$_4$ 溶液滴定,由无色变为稳定的微红色即为终点,记下 KMnO$_4$ 溶液所消耗的体积(V_2),重复测定 3 份。另取 100 mL 蒸馏水代替水样进行实验,求空白值。计算水中的化学耗氧量。

五、操作要点

(1) 取水样的量可视水质污染程度而定,洁净透明的水样可取 100 mL,混浊水样一般取 10~30 mL,然后加蒸馏水至 100 mL,但测定结果必须作稀释倍数的空白扣除,进行空白值的测定,再扣除。

(2) 加热至沸,此时溶液应仍为高锰酸钾的紫红色,若溶液的红色消失,说明水中有机物质含量较多,遇此情况应补加适量的 KMnO$_4$。

(3) 加热时间很重要。煮沸 10 min 要从冒第一个大泡算起,这是经验,否则精密度很差。

六、思考题

(1) 水中耗氧量 COD 的测定属于哪种滴定方式? 为何要采用这样方式测定?
(2) 水样中氯离子含量高时,为什么对测定有干扰? 如有干扰应采用什么方法消除?
(3) 水中化学耗氧量 COD 的测定有何意义? 测定水中 COD 有哪些方法?

实验 44　H$_2$O$_2$ 含量的测定

一、实验目的

(1) 学习 KMnO$_4$ 标准溶液的配制和标定方法。
(2) 掌握运用 KMnO$_4$ 法测定 H$_2$O$_2$ 的含量(质量浓度,g·L^{-1})的基本原理和方法。

二、实验原理

在稀 H$_2$SO$_4$ 溶液中,H$_2$O$_2$ 在室温下能定量地还原 KMnO$_4$,因此,可以用 KMnO$_4$ 法测定 H$_2$O$_2$ 的含量,其反应式为

$$5H_2O_2 + 2MnO_4^- + 6H^+ \longrightarrow 2Mn^{2+} + 5O_2\uparrow + 8H_2O$$

该反应开始速度很慢,当加入第一滴 $KMnO_4$ 溶液时不容易褪色,待生成 Mn^{2+} 离子后,由于 Mn^{2+} 的催化作用,反应速度逐渐加快,至化学计量点时,稍过量的滴定剂 $KMnO_4$ 呈现微红色,因为 $KMnO_4$ 是一种自身指示剂,溶液显微红色表示到达滴定终点。根据 $KMnO_4$ 溶液的浓度和滴定时所消耗的体积,计算溶液中 H_2O_2 的含量。

如 H_2O_2 试样系工业产品,用上述方法测定误差较大,因此产品中常加入少量乙酰苯胺等有机物质作稳定剂,此类稳定剂也消耗 $KMnO_4$,遇此情况应采用碘量法等方法测定。利用 H_2O_2 和 KI 作用,析出 I_2,然后用硫代硫酸钠标准溶液滴定。

$$H_2O_2 + 2H^+ + 2I^- \longrightarrow 2H_2O + I_2 \quad \varphi_{O_2/H_2O_2} = 1.77\ V$$

$$I_2 + 2S_2O_3^{2-} \longrightarrow S_4O_6^{2-} + 2I^-$$

过氧化氢在工业、生物、医药等方面应用很广泛,利用 H_2O_2 的氧化性漂白毛、丝织物;医药上常用于消毒和杀菌剂;纯 H_2O_2 用做火箭燃料的氧化剂;工业上利用 H_2O_2 的还原性除去氯气,反应式为

$$H_2O_2 + Cl_2 \longrightarrow 2Cl^- + O_2\uparrow + 2H^+$$

植物体内的过氧化氢酶也能催化 H_2O_2 的分解反应,故在生物上利用此性质测量 H_2O_2 分解所放出的氧来测量过氧化氢酶的活性。由于过氧化氢有着广泛的应用,常需要测定它的含量。

三、仪器及试剂

仪器:分析天平,水浴锅,表面皿,棕色酸式滴定管(50 mL),容量瓶(100 mL),锥形瓶(250 mL),移液管(25 mL),烧杯(50,500 mL),量筒(10 mL),吸量管(0.5 mL),棕色细口瓶(500 mL)。

试剂:H_2SO_4 溶液(3 mol·L^{-1}),H_2O_2 溶液(30%),$KMnO_4$(A.R),$Na_2C_2O_4$(基准试剂或 A.R)。

四、实验内容

1. 配制 300 mL 0.020 mol·L^{-1} $KMnO_4$ 溶液

在电子天平上称取 $KMnO_4$ 固体 1.0 g,置于 500 mL 烧杯中,加 300 mL 水,盖上表面皿,加热至沸并保持微沸状态 1 h,冷却后,滤液贮存于 500 mL 棕色细口瓶中。将溶液在室温条件下静置 2~3 天后备用。

2. $KMnO_4$ 溶液的标定

准确称量 0.67 g(精确至 0.000 1 g)基准物质 $Na_2C_2O_4$,置于 50 mL 小烧杯中,加入少量水使之溶解,全部转移至 100 mL 容量瓶中,加水稀释至刻度,备用。

移取 25.00 mL 上述 $Na_2C_2O_4$ 标准溶液于 250 mL 锥形瓶中,再加入 15 mL 3mol·L^{-1}的 H_2SO_4,在水浴上加热至 75~85℃,趁热(冒蒸汽)用 $KMnO_4$ 溶液滴定。滴定刚开始时速度应很慢,并且不断摇晃锥形瓶,待溶液中产生 Mn^{2+} 后,滴定速度才逐渐加快,直至正常的滴定速度。当滴定至溶液呈微红色并在 30 s 内不褪色即为终点,平行滴定 2~3 份,计算 $KMnO_4$ 的准确浓度。

3. H_2O_2 含量测定

用吸量管移取 0.50 mL 质量分数为 30% 的 H_2O_2 样品,置于 100 mL 容量瓶中,加水稀释至刻度,充分摇匀。

用移液管移取 25.00 mL 上述溶液,置于 250 mL 锥形瓶中,加 3 mol·L^{-1} H_2SO_4 10 mL 摇匀,用 $KMnO_4$ 溶液滴定,开始滴定速度要慢,待红色褪去以后再继续滴定,直至溶液呈微红色,30 s 内不褪色即为终点。平行滴定 2~3 份,三次所用体积相差不得大于 0.04 mL,取平均值,计算 H_2O_2 的含量。

五、操作要点

(1) 蒸馏水中常含有少量还原性物质,使 $KMnO_4$ 还原为 $MnO_2 \cdot nH_2O$。细粉状的 $MnO_2 \cdot nH_2O$ 能加速 $KMnO_4$ 的分解,故通常将 $KMnO_4$ 溶液煮沸一段时间,冷却后,还需放置 2~3 天,使之充分作用,然后将沉淀物过滤除去。

(2) 在室温条件下,$KMnO_4$ 与 $C_2O_4^{2-}$ 反应速度缓慢,故可以加热提高反应速度。但温度不能太高,如超过 85℃,$H_2C_2O_4$ 分解,反应式为

$$H_2C_2O_4 \rightleftharpoons CO_2\uparrow + CO\uparrow + H_2O$$

(3) 工业品 H_2O_2 中常含有少量的有机物作稳定剂,如乙酰苯胺等,这些有机物能与 $KMnO_4$ 作用,使测定产生误差。可改用铈量法或碘量法测定。

六、思考题

(1) 用 $KMnO_4$ 法测定 H_2O_2 含量时,能否用 HNO_3 或 HCl 溶液控制溶液的酸度,为什么?

(2) 用 $KMnO_4$ 法测定 H_2O_2 含量时,有时滴定前先向 H_2O_2 溶液中加 1~2 滴 $MnSO_4$ 溶液,其作用是什么?

(3) 能否用固体 $KMnO_4$ 直接配制 $KMnO_4$ 标准溶液?配制 $KMnO_4$ 溶液时应注意什么?

实验 45　重铬酸钾-无汞法测定铁矿石中铁的含量

Ⅰ、$SnCl_2$-$TiCl_3$ 作还原剂,Na_2WO_4 指示法

一、实验目的

(1) 熟悉 $SnCl_2$-$TiCl_3$ 作还原剂,Na_2WO_4 指示剂无汞法测定铁矿石中铁的基本原理和方法。

(2) 掌握 $K_2Cr_2O_7$ 标准溶液的配制方法。

二、实验原理

铁矿石的种类很多,用于炼铁的主要有磁铁矿(Fe_3O_4)、赤铁矿(Fe_2O_3)和菱铁矿($FeCO_3$)。测定铁矿石中铁的含量(质量分数,%),经典方法是 $SnCl_2$-$HgCl_2$-$K_2Cr_2O_7$ 滴定

法,称为"有汞测铁法"。该方法是:试样用酸溶解后,用 $SnCl_2$ 将 Fe^{3+} 还原为 Fe^{2+},过量的 $SnCl_2$ 加入 Hg_2Cl_2 氧化除去,然后以二苯胺磺酸钠作指示剂,用 $K_2Cr_2O_7$ 标准溶液滴定 Fe^{2+},反应式为

$$2Fe^{3+} + SnCl_4^{2-} + 2Cl^- \Longrightarrow 2Fe^{2+} + SnCl_6^{2-}$$

$$SnCl_4^{2-} + 2HgCl_2 \Longrightarrow SnCl_6^{2-} + Hg_2Cl_2(白色)$$

$$6Fe^{2+} + Cr_2O_7^{2-} + 14H^+ \Longrightarrow 6Fe^{3+} + 2Cr^{3+} + 7H_2O$$

经典的 $K_2Cr_2O_7$ 法准确、简单,但所用的 $HgCl_2$ 是剧毒物质,造成环境污染。为了减少污染,近年来研究出了许多种不同汞盐的分析方法,亦称"无汞测铁法"。

铁矿石试样经 HCl 溶解后,首先在热浓 HCl 溶液中用 $SnCl_2$ 将大部分的 Fe^{3+} 还原为 Fe^{2+},然后再用 $TiCl_3$ 定量还原剩余部分的 Fe^{3+},反应方程式为

$$2Fe^{3+} + SnCl_4^{2-} + 2Cl^- \Longrightarrow Fe^{2+} + SnCl_6^{2-}$$

$$Fe^{3+} + Ti^{3+} + H_2O \Longrightarrow Fe^{2+} + TiO^{2+} + 2H^+$$

当全部 Fe^{3+} 定量还原为 Fe^{2+} 后,过量 1 滴的 $TiCl_3$ 可以使溶液中作为指示剂的 Na_2WO_4 中无色的六价钨还原为蓝色的五价钨化合物——"钨蓝",溶液呈蓝色。再滴加 $K_2Cr_2O_7$ 溶液使钨蓝恰好褪色,从而指示预还原的终点。

在选用还原剂时,不能单独使用 $SnCl_2$,因为在此酸度下,$SnCl_2$ 不能很好地将 W(Ⅵ)还原为 W(Ⅴ),无法指示预还原的终点,且无法准确控制其用量,过量的 $SnCl_2$ 没有适当的无汞法消除。也不能只用 $TiCl_3$,尤其是试样中铁含量高时,引入较多的钛盐,当加水稀释试液时,易出现大量的四价钛盐沉淀,影响测定。故只能采用 $SnCl_2$ – $TiCl_3$ 联合预还原法。

预处理后,在硫酸磷酸介质中,以二苯胺磺酸钠为指示剂,用 $K_2Cr_2O_7$ 标准溶液滴定至溶液呈稳定的紫色,即为终点。

$SnCl_2$ – $TiCl_3$ – $K_2Cr_2O_7$ 无汞法测定铁,避免了有汞法对环境的污染,目前已经列为铁矿石的国家标准。

三、仪器及试剂

仪器:分析天平,电炉,锥形瓶(250 mL),酸式滴定管(50 mL),移液管(25 mL),烧杯(50 mL),量筒(10 mL),容量瓶(100 mL),表面皿,水浴锅。

试剂:硫 – 磷混酸,浓 HCl,$K_2Cr_2O_7$ 溶液(0.100 $mol \cdot L^{-1}$),$SnCl_2$ 溶液(50 $g \cdot L^{-1}$),$TiCl_3$ 溶液,Na_2WO_4 溶液(100 $g \cdot L^{-1}$),二苯胺磺酸钠指示剂(2 $g \cdot L^{-1}$),铁矿石试样。

四、实验内容

1. 0.100 $mol \cdot L^{-1}$ $K_2Cr_2O_7$ 溶液的配制

取一洁净的 50 mL 小烧杯,准确称取 $2.9 \sim 3.0$ g $K_2Cr_2O_7$ 基准物质,加水使其溶解,转移至 100 mL 容量瓶中,稀释至刻度。

2. 试样的分解

准确称取 $0.15 \sim 0.20$ g 铁矿石试样 3 份,置于 250 mL 锥形瓶中,加少量水润湿,摇动,使样品撒开,加入 10 mL 浓 HCl,滴加 $8 \sim 10$ 滴 $SnCl_2$ 溶液助溶,盖上表面皿,在近沸的水中加热 $20 \sim 30$ min,至残渣变为白色,表明试样溶解完全,此时溶液呈橙黄色。用少量水冲洗表

面皿和锥形瓶内壁。

3.试样的滴定

趁热用滴管滴加 $SnCl_2$ 溶液以还原 Fe^{3+},边滴边摇,直至溶液由棕黄色变为浅黄色,表明大部分 Fe^{3+} 还原为 Fe^{2+}。加入 4 滴 Na_2WO_4 溶液和 60 mL 的新鲜蒸馏水,加热。在摇动下滴加 $TiCl_3$ 溶液至溶液出现稳定的"钨蓝",且 30 s 内不褪去为止。冲洗锥形瓶瓶壁,使溶液冷却至室温,小心滴加稀释 10 倍的 $K_2Cr_2O_7$ 标准溶液,直至"钨蓝"刚好褪去(不需记录体积)。

将试液加水稀释至 150 mL,加入 15 mL 硫 - 磷混酸,再加入 5 ~ 6 滴二苯胺磺酸钠指示剂,立即用 $K_2Cr_2O_7$ 标准溶液滴至溶液呈稳定的紫色,即为终点。

4.平行滴定 3 份,计算试样中铁的含量

五、操作要点

(1) 硫 - 磷混酸,50 $g·L^{-1}SnCl_2$ 溶液,$TiCl_3$ 溶液和 100 $g·L^{-1}Na_2WO_4$ 溶液的配制。硫 - 磷混酸溶液:将 150 mL 浓 H_2SO_4 缓缓加入 700 mL 水中,冷却后再加入 150 mL 浓 H_3PO_4;50 $g·L^{-1}SnCl_2$ 溶液:称取 5 g $SnCl_2·2H_2O$ 溶于 100 mL 1:1HCl 中,使用前一天配制;$TiCl_3$ 溶液:取 100 mL 150 $g·L^{-1}$ $TiCl_3$ 试剂与 200 mL 1:1HCl 及 700 mL 水混合,贮存于棕色瓶中;100 $g·L^{-1}Na_2WO_4$ 溶液:称取 100 g Na_2WO_4,溶于 400 mL 水中,若浑浊则进行过滤,然后加入 50 mL H_3PO_4,用水稀释至 1 L。

(2) 用 $SnCl_2$、$TiCl_3$ 溶液还原 Fe^{3+} 时,溶液温度不能太低,否则反应速度慢,易使两者过量。

(3) "钨蓝"是钨的低价氧化物,不稳定,如水中的溶解氧未除尽,加水后钨蓝立即被氧化消失,因此,最好将蒸馏水煮沸除去其中的氧。

(4) 加入二苯胺磺酸钠指示剂后,应立即用 $K_2Cr_2O_7$ 标液滴定至紫色。因为还原后的 Fe^{2+} 在磷酸介质中极易被氧化,在"钨蓝"褪色 1 min 内立即滴定,放置太久会使测定结果偏低。

(5) 在精确分析时,应作指示剂空白实验,进行校正,方法为:取 30 mL 1:1 HCl 置于锥形瓶中,加入 2.00 mL 0.05 $mol·L^{-1}Fe(NH_4)_2(SO_4)_2$ 标准溶液,10 mL 硫 - 磷混酸及 5 ~ 6 滴二苯胺磺酸钠指示剂,用 $K_2Cr_2O_7$ 标准溶液滴定至紫色。记下所消耗的 $K_2Cr_2O_7$ 标准溶液的体积(A)。再加入 2.00 mL Fe^{2+} 标准溶液,继续滴至紫色。记下所消耗的 $K_2Cr_2O_7$ 标准溶液的体积(B)。反复滴定 2 ~ 3 次,求 B 的平均值,则空白值为(A - B)。

(6) 0.05 $mol·L^{-1}Fe(NH_4)_2(SO_4)_2$ 标准溶液。称取 20 g $Fe(NH_4)_2(SO_4)_2·6H_2O$ 溶于 200 mL稀 H_2SO_4(1 $mol·L^{-1}$)中,若浑浊则加热至清,然后转移至棕色细口瓶中,加稀 H_2SO_4 稀释至 1 L。

六、思考题

(1) 空白实验时为什么要加 $Fe(NH_4)_2(SO_4)_2$ 溶液?

(2) 经典的 $K_2Cr_2O_7$ 法与无汞法测定铁在原理上有何不同?

(3) 滴定为什么要在 H_3PO_4 介质中进行? 指出终点的颜色变化情况。

Ⅱ、$SnCl_2$ 作还原剂，甲基橙指示法

一、实验目的

(1) 熟悉 $SnCl_2$ 作还原剂，甲基橙指示剂无汞法测定铁矿石中铁的基本原理和方法。

(2) 掌握 $K_2Cr_2O_7$ 标准溶液的配制方法。

二、实验原理

本方法以 $SnCl_2$ 作还原剂，在酸性介质中，以甲基橙为指示剂。试样经浓 HCl 溶解后，用 $SnCl_2$ 还原 Fe^{3+} 试液呈浅黄色，加入 5～6 滴甲基橙指示剂，继续滴加 $SnCl_2$ 溶液直至橙红色消失，此时甲基橙被还原为无色的氢化甲基橙。冷却后加入硫－磷混酸，再加入二苯胺磺酸钠指示剂，立即用 $0.100\ mol\cdot L^{-1}K_2Cr_2O_7$ 标准溶液滴定至紫红色即为终点。

采用这种方法还原的酸性介质，最好以 3～4 $mol\cdot L^{-1}HCl$ 溶液为宜，褪色明显，如果 HCl 酸度大于 6 $mol\cdot L^{-1}$，$SnCl_2$ 先还原甲基橙为无色，而不还原 Fe^{3+}，则无法指示 Fe^{3+} 的还原；如果 HCl 的酸度小于 2 $mol\cdot L^{-1}$，甲基橙褪色缓慢，$SnCl_2$ 滴加容易过量，造成滴定结果往往偏高。

三、试剂

硫－磷混酸，$K_2Cr_2O_7$ 溶液($0.100\ mol\cdot L^{-1}$)，$SnCl_2$ 溶液($50\ g\cdot L^{-1}$)，二苯胺磺酸钠指示剂($2\ g\cdot L^{-1}$)，浓 HCl，甲基橙指示剂，NaF(A.R)，铁矿石试样。

四、实验内容

1. 试样的分解与滴定

准确称取铁矿石试样 0.10～0.20 g，置于 250 mL 锥形瓶中，加少量水，摇动使样品撒开，加入 10 mL 浓 HCl，盖上表面皿，低温加热使之溶解，不能沸腾(为什么?)。必要时可加 0.2 g NaF 助溶，也可滴加 $SnCl_2$ 助溶，待分解完全后，加入 5～6 滴甲基橙指示剂，加滴加 $SnCl_2$ 边摇动锥形瓶，使溶液由橙红色到红色，再滴加 $SnCl_2$ 至溶液刚刚褪至无色(此步应特别仔细，充分振摇，当出现甲基橙淡红色时，则要慢慢滴加 $SnCl_2$)，立即用自来水冷却，加水 50 mL，硫－磷混酸 20 mL，二苯胺磺酸钠指示剂 4～6 滴，立即用 $0.100\ mol\cdot L^{-1}K_2Cr_2O_7$ 标准溶液滴定至呈现稳定的紫红色，即为终点。

2. 平行滴定 3 份，计算铁矿石中铁的含量

实验 46　I_2 和 $Na_2S_2O_3$ 标准溶液的配制和标定

一、实验目的

(1) 掌握碘标准溶液的配制和标定方法。

（2）掌握硫代硫酸钠标准溶液的配制和标定方法。

二、实验原理

碘量法主要使用 I_2 和 $Na_2S_2O_3$ 两种标准溶液。

1. I_2 标准溶液的配制和标定

市售的 I_2 试剂纯度不高，需配成近似浓度，然后进行标定。I_2 微溶于水而易溶于 KI 溶液，将一定量的 I_2 溶于 KI 浓溶液中，然后稀释至一定体积，将溶液贮存于棕色瓶中，防止遇热和与橡胶等有机物接触。

I_2 溶液的标定可以采用已经标定好的 $Na_2S_2O_3$ 标准溶液标定，反应方程式为

$$I_2 + 2Na_2S_2O_3 =\!=\!= Na_2S_4O_6 + 2NaI$$

还可以采用 As_2O_3 基准物质标定，As_2O_3 难溶于水，可用 NaOH 溶解，在 pH $\approx$ 8~9 时，I_2 快速定量地氧化 $HAsO_2$，反应式为

$$HAsO_2 + I_2 + 2H_2O =\!=\!= HAsO_4^{2-} + 2I^- + 4H^+$$

标定时先酸化溶液，再加 $NaHCO_3$ 调节 pH $\approx$ 8。由于 As_2O_3 有剧毒，一般不采用此方法。

2. $Na_2S_2O_3$ 标准溶液的配制和标定

结晶的 $Na_2S_2O_3 \cdot 5H_2O$ 容易风化，并含有一些杂质。因此，$Na_2S_2O_3$ 标准溶液采用标定法配制。

$Na_2S_2O_3$ 溶液不稳定，容易分解。水中的 O_2、CO_2、细菌和光照都能使其氧化和分解，因此配制 $Na_2S_2O_3$ 溶液时，应加入新煮沸并冷却的蒸馏水，其目的是除去水中溶解的 CO_2 和 O_2，并杀死细菌；加入少量 Na_2CO_3，使溶液呈弱碱性，以抑制细菌生长；配制好的溶液还应该贮存于棕色瓶并置于暗处，以防止光照分解，经过一段时间后应重新标定，如发现溶液浑浊表示有硫析出，应该丢弃。

通常采用 $K_2Cr_2O_7$ 作为基准物质，以淀粉为指示剂，用间接碘量法标定 $Na_2S_2O_3$ 溶液。由于 $K_2Cr_2O_7$ 与 $Na_2S_2O_3$ 的反应产物有多种，不能按确定的反应式进行，故不能用 $K_2Cr_2O_7$ 直接滴定 $Na_2S_2O_3$。而首先使 $K_2Cr_2O_7$ 与过量的 KI 反应，析出与 $K_2Cr_2O_7$ 计量相当的 I_2，再用 $Na_2S_2O_3$ 的浓度滴定 I_2，反应式为

$$Cr_2O_7^{2-} + 6I^- + 14H^+ =\!=\!= 3I_2 + 2Cr^{3+} + 7H_2O$$
$$2S_2O_3^{2-} + I_2 =\!=\!= 2I^- + S_4O_6^{2-}$$

三、仪器及试剂

仪器：棕色细口瓶（500 mL），容量瓶（100 mL），碘量瓶（250 mL），酸式滴定管（50 mL），移液管（25 mL），烧杯（100 mL），表面皿。

试剂：KI（A.R），$Na_2S_2O_3 \cdot 5H_2O$（A.R），I_2（A.R），$K_2Cr_2O_7$（基准试剂或 A.R），淀粉指示剂（5 g·L^{-1}），HCl（1∶1）。

四、实验内容

1. 溶液配制

（1）300 mL 0.050 mol·L^{-1} I_2 配制。称取 14 g KI 于 250 mL 烧杯中，加 20 mL 水和 4 g I_2

搅拌,溶解,移至棕色细口瓶中,加水稀释至 300 mL,摇匀。

(2) 500 mL 0.100 mol·L^{-1} Na$_2$S$_2$O$_3$ 的配制。称取 13 g Na$_2$S$_2$O$_3$·5H$_2$O 溶于 500 mL 水中,转入棕色细口瓶中。

(3) 0.020 mol·L^{-1} K$_2$Cr$_2$O$_7$ 标准溶液的配制。准确称取 0.588 4 g K$_2$Cr$_2$O$_7$ 基准物质于干燥洁净的 50 mL 小烧杯中,完全溶解后全部转移至 100 mL 容量瓶中定容。

2.标定

(1) Na$_2$S$_2$O$_3$ 的标定。取 25.00 mL K$_2$Cr$_2$O$_7$ 加 2 g KI,摇匀后加入 5 mL 1∶1 HCl,盖上表面皿,于暗处 5 min,再加入 50 mL 水,立即用 Na$_2$S$_2$O$_3$ 滴定到黄绿色,此时加入 2 mL 淀粉指示剂,滴定至溶液由蓝色变为亮绿色,即为终点。平行滴定 3 份。计算 Na$_2$S$_2$O$_3$ 的准确浓度(mol·L^{-1})。

(2) 标定 I$_2$ 溶液。移取 25.00 mL I$_2$ 溶液于 250 mL 碘量瓶中,加水至 50 mL,用 Na$_2$S$_2$O$_3$ 标准溶液滴定至溶液变为浅黄色,再加入 2 mL 淀粉,继续滴定至蓝色恰好消失,即为滴定终点。平行滴定 3 份,计算 I$_2$ 溶液的准确浓度(mol·L^{-1})。

五、操作要点

(1) 淀粉指示剂应在临近终点时加入,而不能过早,否则将有较多的 I$_2$ 与淀粉指示剂结合,而这部分 I$_2$ 在终点时解离较慢,会造成终点拖后。

(2) Na$_2$S$_2$O$_3$ 溶液在标定前,于暗处放置 5 min,这是因为 Cr$_2$O$_7^{2-}$ 与 I$^-$ 的反应速度较慢,为了加快反应速度,可控制溶液酸度为 0.2 ~ 0.4 mol·L^{-1};再加入 50 mL 水,是为了降低溶液的酸度,减少空气对 I$^-$ 的氧化,同时使 Cr^{3+} 的绿色减弱,便于终点观察。

六、思考题

(1) 如何配制和保存 I$_2$ 溶液? 配制 I$_2$ 溶液时为什么要加入 KI?

(2) 如何配制和保存 Na$_2$S$_2$O$_3$ 溶液?

(3) 用 K$_2$Cr$_2$O$_7$ 作基准物质标定 Na$_2$S$_2$O$_3$ 溶液时,为什么要加入过量的 KI 和 HCl 溶液?为什么要放置一定时间后才能滴定? 为什么在滴定前还要加水稀释?

(4) 标定 Na$_2$S$_2$O$_3$ 溶液时,为什么临近终点时加入淀粉指示剂?

实验 47　葡萄糖含量的测定

一、实验目的

(1) 掌握碘价态变化的条件。

(2) 学习利用间接碘量法测定葡萄糖含量(质量浓度,g·L^{-1})的方法。

二、实验原理

碘与 NaOH 作用可以生成 NaIO,葡萄糖分子中的醛基可定量地被氧化成羧基

$$I_2 + 2OH^- \longrightarrow IO^- + I^- + H_2O$$

$$CH_2OH(CHOH)_4CHO + IO^- + OH^- \rightleftharpoons CH_2OH(CHOH)_4COO^- + I^- + H_2O$$

未与葡萄糖作用的 NaIO 在碱性条件下经歧化产生 NaIO$_3$ 和 NaI

$$3IO^- \rightleftharpoons IO_3^- + 2I^-$$

当溶液酸化时,NaIO$_3$ 又重新生成 I$_2$

$$IO_3^- + 5I^- + 6H^+ \rightleftharpoons 3I_2 + 3H_2O$$

然后用标准 Na$_2$S$_2$O$_3$ 溶液滴定析出的 I$_2$,从而求出葡萄糖的含量,相关反应式为

$$I_2 + 2S_2O_3^{2-} \rightleftharpoons S_4O_6^{2-} + 2I^-$$

因为 1 mol I$_2$ 产生 1 mol IO$^-$,而 1 mol 葡萄糖消耗 1 mol IO$^-$,所以 1 mol 葡萄糖消耗 1 mol I$_2$。

Na$_2$S$_2$O$_3$ 的浓度可用 K$_2$Cr$_2$O$_7$ 标准溶液经间接法滴定测得。

三、仪器及试剂

仪器:细口瓶(500 mL),容量瓶(100 mL),碘量瓶(250 mL),酸式滴定管(50 mL),移液管(25 mL),烧杯(250 mL),表面皿。

试剂:KI(A.R),I$_2$ 标准溶液(0.050 mol·L^{-1}),Na$_2$S$_2$O$_3$ 标准溶液(0.100 mol·L^{-1}),K$_2$Cr$_2$O$_7$ 标准溶液(0.020 mol·L^{-1}),淀粉指示剂,HCl(1:1),NaOH(0.1 mol·L^{-1}),葡萄糖试液。

四、实验内容

准确吸取 25.00 mL 葡萄糖试液于 250 mL 碘量瓶中,加 25.00 mL I$_2$ 标准溶液,摇动下缓慢滴加稀 0.1 mol·L^{-1} NaOH 溶液至浅黄色,放置 15 min,加 5 mL 1:1 HCl,立即用 Na$_2$S$_2$O$_3$ 标准溶液滴定至浅黄色,加 2 mL 淀粉,继续滴定至蓝色消失。平行滴定 3 份,体积 ± 0.02 mL,计算葡萄糖含量。

五、操作要点

滴加 NaOH 溶液速度不能过快,否则过量的 NaIO 来不及氧化葡萄糖而发生歧化反应,生成不具氧化性的 IO$_3^-$,致使葡萄糖氧化不完全,结果偏低。

六、思考题

(1) 计算葡萄糖含量时是否需要 I$_2$ 溶液的浓度值?

(2) I$_2$ 溶液可否盛装在碱式滴定管中? 为什么?

(3) 碘量法主要误差有哪些? 怎样避免?

实验 48　碘量法测定维生素 C(Vc)

一、实验目的

(1) 掌握硫代硫酸钠、碘标准溶液的配制和标定方法。

(2) 了解直接碘量法测定维生素 C 的原理和方法。

二、实验原理

维生素 C 又叫抗坏血酸,分子式为 $C_6H_8O_6$,分子中含有烯二醇基,具有还原性,能被 I_2 定量地氧化成二酮基,其反应式为

利用上述反应,可以用碘滴定法测定抗坏血酸。

维生素 C($C_6H_8O_6$)的氧化还原半反应式为

$$C_6H_8O_6 \Longequal 2C_6H_6O_6 + 2H^+ + 2e \quad E^* = 0.18 \text{ V}$$

由于维生素 C 的还原性很强,在空气中极易氧化而变黄色,尤其在碱性介质中更是如此,测定时加入 HAc 使溶液呈弱酸性,减少维生素 C 的副反应发生。

维生素 C 在医药和化学上应用非常广泛。在分析化学中常作为还原剂用于光度法和络合滴定法等分析中,例如将 Fe^{3+} 还原为 Fe^{2+},Cu^{2+} 还原为 Cu^+,Se(Ⅲ)还原为元素 Se,Au(Ⅲ)还原为金属 Au 等。

三、仪器及试剂

仪器:分析天平,酸式滴定管(50 mL),容量瓶(100 mL),移液管(25 mL),烧杯(250 mL),碘量瓶(250 mL),棕色瓶(250 mL),研钵。

试剂:KI 溶液(20%),$Na_2S_2O_3$ 溶液(0.1 mol·L^{-1}),NH_4HF_2 溶液(20%),NH₄SCN 溶液(10%),HAc 溶液(1∶1),$NH_3·H_2O$(1∶1),I_2 溶液(0.05 mol·L^{-1}),淀粉指示剂,HAc 溶液(2 mol·L^{-1}),HCl 溶液(1∶1),H_2O_2 溶液(30%),维生素 C 片剂,Na_2CO_3(A.R),铜。

四、实验内容

1.0.1 mol·$L^{-1}Na_2S_2O_3$ 溶液的标定

准确称取 0.50~0.70 g 金属纯铜,置于 250 mL 烧杯中加入约 15 mL 1∶1 HCl,在摇动下滴入 5 mL 30% 的 H_2O_2,盖上表面皿。加热使铜完全溶解,继续加热使多余的 H_2O_2 完全分解、赶尽(根据实践经验,加热溶样开始时冒小气泡,样溶完后继续加热会冒大气泡,表明 H_2O_2 已赶尽)。然后用少量水冲洗表面皿,把溶液定量转移至 100 mL 容量瓶中,用水稀释至刻度,摇匀。

移取 25.00 mL 上述溶液于锥形瓶中,滴加 1∶1$NH_3·H_2O$ 至溶液刚有沉淀生成,加入 8 mL 1∶1 HAc 溶液、10 mL 20% 的 NH_4HF_2 溶液及 10 mL 20% 的 KI 溶液,轻轻摇匀。立即用 $Na_2S_2O_3$ 溶液滴定至呈淡黄色,加入 3 mL 的淀粉指示剂,继续滴定至很淡的蓝色,再加入 10 mL 10% 的 NH₄SCN 溶液,摇荡 1~2 min 继续滴定至溶液的蓝色恰好消失,即为终点,记下所消耗 $Na_2S_2O_3$ 溶液的体积,平行滴定 2~3 份,计算其准确浓度(mol·L^{-1})。

2.I_2 溶液的标定

移取 25.00 mL 0.1 mol·L^{-1} $Na_2S_2O_3$ 溶液标准 2 份,分别置于两个锥形瓶中,加 50 mL 水,2 mL 淀粉指示剂,用 I_2 溶液滴定至溶液刚呈现蓝色,30 s 内不褪去,即为终点。记下所

消耗的 I_2 溶液的体积,计算准确浓度$(mol\cdot L^{-1})$。

3.药片中 Vc 含量(质量分数,%)的测定

取 10 片药剂,研成细粉末且混匀,准确称取试样 0.2 g,加 100 mL 新煮沸过的冷蒸馏水,10 mL 2 $mol\cdot L^{-1}$HAc 溶液,2 mL 淀粉指示剂,立即用 I_2 标准溶液滴定至溶液刚呈现蓝色,且在 30 s 内不褪去,即为终点,记下所消耗 I_2 标准溶液的体积。平行滴定 2~3 份,计算片剂中维生素 C 的含量。

五、操作要点

(1) 0.05 $mol\cdot L^{-1}I_2$ 溶液的配制。称取 3.3 g I_2 和 5 g KI 置于研钵中,在通风橱内加入少量水研磨,待 I_2 全部溶解后,将溶液转入棕色试剂瓶中,加水稀释至 250 mL,充分摇匀。

(2) 0.1 $mol\cdot L^{-1}Na_2S_2O_3$ 溶液的配制。称取 25 g $Na_2S_2O_3\cdot 5H_2O$ 试剂于烧杯中,加入 300~500 mL 新煮沸并冷却的蒸馏水,溶解后,加入约 0.1 g Na_2CO_3,用新煮沸并冷却的蒸馏水稀释至 1 L,贮于棕色试剂瓶中,置暗处 3~5 天后标定使用。

(3) 维生素 C 溶液很不稳定,易被空气氧化,因此,试样溶解后应立即滴定。

(4) NH_4HF_2 严重腐蚀玻璃,在加入 NH_4HF_2 以后应立即滴定,滴定完毕后,溶液立即倒出,不要放置。

六、思考题

(1) 测定维生素 C 试样时,为什么要在 HAc 介质溶液中?

(2) 溶解维生素 C 药片时,为什么要用新煮沸过的冷的蒸馏水?

实验 49　间接碘量法测定铜盐中的铜

一、实验目的

掌握间接碘量法测定铜盐中的铜。

二、实验原理

在弱酸性的条件下,Cu^{2+} 可以被 KI 还原为 CuI,同时析出与之计量相当的 I_2,用 $Na_2S_2O_3$ 标准溶液滴定,以淀粉为指示剂。反应式为

$$2Cu^{2+} + 5I^- \Longrightarrow 2CuI\downarrow + I_3^-$$

$$2S_2O_3^{2-} + I_3^- \Longrightarrow S_4O_6^{2-} + 3I^-$$

可见,在上述反应中,I^- 不仅是 Cu^{2+} 的还原剂,还是 Cu^{2+} 的沉淀剂和 I_2 的络合剂。

间接碘量法必须在弱酸性或中性溶液中进行,在测定 Cu^{2+} 时,通常用 NH_4HF_2 控制溶液的酸度为 pH = 3~4。这种缓冲溶液(HF/F^-)同时也提供了 F^- 作为掩蔽剂,可以使共存的 Fe^{3+} 转化为 FeF_6^{3-} 以消除其对 Cu^{2+} 测定的干扰。若试样中不含 Fe^{3+} 可不加 NH_4HF_2。

CuI 沉淀表面易吸附少量 I_2,这部分 I_2 不与淀粉作用,而使终点提前。为此应在临近终点时加入 NH$_4$SCN 溶液,使 CuI 转化为溶解度更小的 CuSCN,而 CuSCN 不吸附 I_2,从而使被吸

附的那部分 I_2 释放出来,提高了测定的准确度。

三、仪器及试剂

仪器:酸式滴定管(50 mL),锥形瓶(250 mL),天平,移液管,量筒。

试剂:$Na_2S_2O_3$ 标准溶液(0.100 mol·L^{-1}),KI 溶液(100 g·L^{-1},使用前配制),KSCN 溶液(100 g·L^{-1}),H_2SO_4 溶液(1 mol·L^{-1}),淀粉指示剂(5 g·L^{-1}),$CuSO_4·5H_2O$ 试样。

四、实验内容

准确称取 $CuSO_4·5H_2O$ $0.5 \sim 0.6$ g,置于 250 mL 锥形瓶中,加 5 mL 1 mol·$L^{-1}H_2SO_4$ 和 100 mL 水使其溶解。加入 10 mL 100 g·L^{-1}KI,立即用 $Na_2S_2O_3$ 标准溶液滴定至呈浅黄色,加入 2 mL 淀粉指示剂,继续滴定至呈浅蓝色,再加入 10 mL 100 g·L^{-1}KSCN,溶液蓝色转深,再继续用 $Na_2S_2O_3$ 标准溶液滴定至蓝色刚好消失即为终点。此时溶液呈米色或浅肉红色。平行滴定 3 份,计算 $CuSO_4·5H_2O$ 中的 Cu 的含量(质量分数)。

五、操作要点

NH_4SCN 溶液只能在临近终点时加入,否则大量的 I_2 的存在有可能氧化 SCN^-,从而影响测定的准确度。

六、思考题

(1) 本实验加入 KI 的作用是什么?
(2) 本实验为什么要加入 NH_4SCN? 为什么不能过早地加入?
(3) 若试样中含有铁,则加入何种试剂以消除铁对测定铜的干扰并控制溶液 pH 值为 3 ~ 4?

实验 50　工业苯酚纯度的测定

一、实验目的

(1) 学习 $KBrO_3$ – KBr 标准溶液配制。
(2) 掌握溴酸钾法测定苯酚的基本原理和方法。

二、实验原理

苯酚是煤焦油的主要成分之一,是许多高分子材料、合成染料、医药、农药等方面的主要原料,它被广泛地用于消毒、杀菌等。苯酚的生产和应用,对环境造成污染,因此,苯酚在实际应用中是经常测定的项目之一。

苯酚的测定应用苯酚与 Br_2 作用生成稳定的三溴苯酚

　　由于上述反应进行较慢，而且 Br_2 极易挥发，因此不能用 Br_2 液直接滴定，而应用过量 Br_2 与苯酚进行溴代反应。一般使用一定量的溴酸钾与过量的溴化钾在酸性介质中反应生成 Br_2，反应式为

$$BrO_3^- + 5Br^- + 6H^+ \longrightarrow 3Br_2 + 3H_2O$$

溴代反应后，剩余的 Br_2 与过量的 KI 作用，置换出 I_2，反应式为

$$Br_2 + 2KI \longrightarrow I_2 + 2KBr$$

析出 I_2 再用 $Na_2S_2O_3$ 标准溶液滴定

$$I_2 + 2Na_2S_2O_3 \longrightarrow 2NaI + Na_2S_4O_6$$

　　综上所述，被测物苯酚与滴定剂 $Na_2S_2O_3$ 间存在如下的相当量关系

$$\text{苯酚} \quad \sim \quad KBrO_3 \quad \sim \quad 3Br_2 \quad \sim 3I_2 \quad \sim \quad 6Na_2S_2O_3$$

　　本实验中，为了与测定苯酚的条件一致，以减少误差，采用蒸馏水代替苯酚试液，在同样条件下进行滴定。计算公式为

$$c_{Na_2S_2O_3} = \frac{6c_{KBrO_3} V_{KBrO_3}}{V_2}$$

$$C_6H_5OH\% = \frac{\frac{1}{6}(V_2 - V_1)c_{Na_2S_2O_3}}{W} \times \frac{M_{C_6H_5OH}}{1\,000} \times 100$$

式中，V_1 为测定苯酚滴定时消耗 $Na_2S_2O_3$ 溶液的体积（mL）；V_2 为以蒸馏水代替苯酚时滴定消耗 $Na_2S_2O_3$ 溶液的体积（mL）；$c_{Na_2S_2O_3}$、c_{KBrO_3} 为以 $Na_2S_2O_3$ 和 $KBrO_3$ 为基本单元的物质的量浓度（$mol \cdot L^{-1}$）；W 为用于滴定的苯酚试样质量（g）；$M_{C_6H_5OH}$ 为苯酚的摩尔质量（94.13 $g \cdot mol^{-1}$）。

三、仪器及试剂

仪器：分析天平，烧杯（100 mL），容量瓶（250 mL），移液管（25 mL），碘量瓶（250 mL），量筒（10 mL）。

试剂：HCl 溶液（1:1），NaOH（10%），KI 溶液（10%），$Na_2S_2O_3$ 溶液（0.100 $mol \cdot L^{-1}$），淀粉指示剂，工业苯酚试样，$KBrO_3$（基准试剂或 A.R），KBr。

四、实验内容

1. $KBrO_3$ – KBr 标准溶液 $c(1/6\ KBrO_3) = 0.100\ 0\ mol \cdot L^{-1}$ 配制

准确称取干燥过的 $KBrO_3$ 试剂 0.695 9 g，置于 100 mL 烧杯中，加入 4 g KBr，用少量水溶解后，转入 250 mL 容量瓶中，用水冲洗烧杯数次，洗涤液一并转入容量瓶中，再用水稀释至刻度，混匀。

2. 苯酚含量的测定

准确称取 0.2～0.3 g 工业苯酚试样于 100 mL 烧杯中，加入 5 mL 10% NaOH 溶液，再加少量水使之溶解，然后转入 250 mL 容量瓶中，用水洗烧杯数次，洗涤溶液一并转入容量瓶中，再用水稀释至刻度，混匀。

准确移取此试液 10.00 mL 于 250 mL 碘量瓶中,再移取 25.00 mL KBrO₃ – KBr 标准溶液加入碘量瓶中,并加入 10 mL 1:1 HCl 溶液,迅速加塞振摇 1~2 min,再静置 5~10 min。此时生成白色三溴苯酚沉淀和 Br₂。加入 10% KI 溶液 10 mL,摇匀,静置 5~10 min。再用少量水冲洗瓶塞及瓶颈上附着物,最后用 0.100 mol·L⁻¹ Na₂S₂O₃ 标准溶液滴定至呈淡黄色。加 1~2 mL 淀粉,继续滴定至蓝色刚刚消失,即为终点。记下所消耗的 Na₂S₂O₃ 标准溶液体积,平行滴定 2~3 份。

3. 空白试验

准确吸取 25.00 mL KBrO₃ – KBr 标准溶液于 250 mL 碘量瓶中,加入 10 mL 1:1 HCl 溶液,迅速加塞振摇 1~2 min,静置 5 min,以下操作与测定苯酚相同,根据实验结果计算苯酚含量(质量分数,%)。

五、操作要点

(1) 苯酚在水中的溶解度较小,加入 NaOH 溶液后,NaOH 能与苯酚生成易溶于水的苯酚钠。

(2) KBrO₃ – KBr 溶液遇酸即迅速产生游离 Br₂,Br₂ 容易挥发,因此加 HCl 溶液时,应将瓶塞盖上,但不要盖严,让 HCl 溶液沿瓶塞流入,随即塞紧,以免 Br₂ 挥发损失。

(3) 在静置过程中,应不时加以摇动。

(4) 加 KI 溶液时,不要打开瓶塞,只能稍松开瓶塞,使 KI 溶液沿瓶塞流入,以免 Br₂ 挥发损失。

(5) 当苯酚与 Br₂ 反应生成三溴苯酚时,还发生下述反应

$$
\text{[OH苯环]} + 4Br_2 = Br\underset{\underset{Br}{|}}{\overset{OBr}{\text{[苯环]}}}Br \downarrow + 4HBr
$$

但不影响分析结果,当酸性溶液中加入 KI 时,溴化三溴苯酚即转变为三溴苯酚

$$C_6H_2Br_3OBr + 2I^- + 2H^+ = C_6H_2Br_3OH + HBr + I_2$$

故在加入 KI 溶液后,应静置 5~10 min,以保证 $C_6H_2Br_3OBr$ 的分解。

(6) 试液加入 KBrO₃ – KBr 标准溶液酸化振荡后,如果溶液不呈棕黄色或黄色,表明无过量 Br₂,须重新取样分析,可适当减少试样量,或适当增加 KBrO₃ – KBr 标准溶液的用量。

六、思考题

(1) 溴酸钾法与碘量法配合使用测定苯酚的原理是什么? 各步反应式如何?

(2) 本实验进行空白试验的意义是什么? 如何推出苯酚与 Na₂S₂O₃ 反应的量的比?

(3) 为什么测定苯酚要在碘量瓶中进行? 若用锥形瓶代替会产生什么影响?

(4) 是否可以直接用 Br₂ 标准溶液滴定苯酚? 是否可以用 Na₂S₂O₃ 标准溶液直接滴定过量的 Br₂?

(5) 分析本实验的主要误差来源是什么?

实验51 莫尔(Mohr)法测定生理盐水中氯化钠的含量

一、实验目的

(1) 掌握用莫尔法进行沉淀滴定的原理和方法。
(2) 学习 $AgNO_3$ 标准溶液的配制和标定。

二、实验原理

容量沉淀法是以沉淀反应为基础。最常用的是生成难溶性银盐的方法。例如

$$Ag^+ + Cl^- = AgCl \downarrow$$
$$Ag^+ + SCN^- = AgSCN \downarrow$$

利用这种方法可以测定 Cl^-、Br^-、I^-、CN^-、SCN^- 及 Ag^+ 等的含量(质量浓度,$g \cdot L^{-1}$)。由于测定时主要是使用 $AgNO_3$ 标准溶液,故这类沉淀法又叫银量法。

银量法需借用指示剂来确定终点。由于所用指示剂不同,银量法又分为摩尔法和佛尔哈德法等。

本实验采用 K_2CrO_4 为指示剂(摩尔法),用 $AgNO_3$ 标准溶液测定 Cl^- 含量。其反应式为

$$Ag^+ + Cl^- = AgCl \downarrow (白色)$$
$$2Ag^+ + CrO_4^{2-} = Ag_2CrO_4 \downarrow$$

由于 K_2CrO_4 本身为黄色,会给滴定终点的判断带来误差,故须做空白试验。

三、仪器及试剂

仪器:棕色酸式滴定管(25 mL),容量瓶(100 mL),移液管(25 mL),白瓷板,锥形瓶(250 mL)。

试剂:$AgNO_3$(A.R),NaCl(A.R),K_2CrO_4(5%),生理盐水。

四、实验内容

1.0.1 $mol \cdot L^{-1}$ $AgNO_3$ 标准溶液的配制

需用间接法配制(因 $AgNO_3$ 不稳定,见光易分解,且又需精确测定)。称取 1.7 g $AgNO_3$ 溶解后稀释至 100 mL。

准确称取 0.15～0.2 gNaCl(基准物)3 份,分别置于两个烧杯中,加水 25 mL 使之溶解,加 1 mL 5% K_2CrO_4 溶液,用力摇动下,用 $AgNO_3$ 溶液滴定至溶液呈微砖红色,记录消耗 $AgNO_3$溶液的体积。平行滴定 3 份,按下式计算 $AgNO_3$ 溶液浓度($mol \cdot L^{-1}$)

$$c_{AgNO_3} = \frac{W_{NaCl}}{\dfrac{M_{NaCl}}{1\,000} \cdot V_{AgNO_3}}$$

2.测定生理盐水中氯化钠含量

(1) 将生理盐水稀释 1 倍,用移液管精确吸取已稀释的生理盐水 25 mL 于锥形瓶中,加入 5% K_2CrO_4 指示剂 1 mL,用标准 $AgNO_3$ 溶液滴定至砖红色(边摇边滴)。记录消耗 $AgNO_3$

的体积 V_1, 平行滴定 3 份。

(2) 空白测定。用移液管吸取蒸馏水 25.00 mL 于锥形瓶中, 加入 5% K_2CrO_4 1 mL, 用 $AgNO_3$ 标准溶液滴定, 记录消耗 $AgNO_3$ 的体积 V_2。

(3) 按下式计算氯化钠的含量(质量浓度, $g·L^{-1}$)

$$\rho_{NaCl} = \frac{c_{AgNO_3}(V_1 - V_2)·\frac{M_{NaCl}}{1\,000}}{V}$$

式中, V 为样品体积(L)。

五、操作要点

(1) 注意滴定速度, 不可太快, 接近终点时要逐滴加入, 待颜色完全变化后, 再加下一滴。

(2) 滴定时, 一定要充分摇动锥形瓶, 以便沉淀转化完全, 防止沉淀吸附滴定剂等。

六、思考题

(1) 为什么要作空白测定?

(2) 指示剂的用量对于终点的判断有何影响?

实验 52　佛尔哈德(Volhard)法测定生理盐水中氯化钠的含量

一、实验目的

(1) 掌握以铁铵矾为指示剂的佛尔哈德法进行沉淀滴定的条件。

(2) 掌握佛尔哈德法测定 Cl^- 的方法。

二、实验原理

佛尔哈德法是以铁铵矾为指示剂, 用 NH_4SCN 标准溶液为滴定剂的银量法。其主要反应式为

$$Cl^- + Ag^+ \Longrightarrow AgCl\downarrow + Ag^+ \qquad K_{sp} = 1.8 \times 10^{-10}$$

待测　　过量　　白色　　剩余量

$$Ag^+ + SCN^- \Longrightarrow AgSCN\downarrow \qquad K_{sp} = 1.0 \times 10^{-12}$$

剩余量　标准溶液　白色

$$Fe^{3+} + SCN^- \Longrightarrow Fe(SCN)^{2+}$$

血红色

佛尔哈德法最大优点为在酸性介质中滴定, 这样可以减少共存离子的干扰。酸度一般为 $0.1 \sim 1$ $mol·L^{-1}$, 指示剂用量多少对测定结果有影响。

由于 AgCl 的溶解度比 AgSCN 大, 当用返滴定法测定 Cl^- 时, 到达终点后, AgCl 沉淀会慢慢转化为 AgSCN 沉淀, 致使红色褪去, 因此, 在加入过量 $AgNO_3$ 溶液摇匀生成 AgCl 沉淀后, 滴定之前需加以保护 AgCl 沉淀, 防止其转化为 AgSCN 沉淀, 一般加入适量的石油醚或硝基苯(有毒!)。

三、仪器及试剂

仪器:分析天平,棕色酸式滴定管(50 mL),移液管(25 mL),锥形瓶(250 mL),容量瓶(100 mL),烧杯(250 mL),量筒(10 mL)。

试剂:$AgNO_3$ 标准溶液(0.100 $mol \cdot L^{-1}$),NH_4SCN 溶液(0.1 $mol \cdot L^{-1}$),铁铵矾指示剂(40%),HNO_3(1:1),NaCl(A.R),硝基苯。

四、实验内容

1.NH_4SCN 溶液的标定

移取 25.00 mL 0.1 $mol \cdot L^{-1}$ 的 $AgNO_3$ 标准溶液于锥形瓶中,加入 5 mL 1:1 HNO_3 及 1.0 mL铁铵矾指示剂。然后用 NH_4SCN 标准溶液滴定,滴定时要不断剧烈地振摇溶液,至溶液呈现稳定的淡红色,即为终点。平行滴定 2~3 份,计算 NH_4SCN 的准确浓度。

2.测定生理盐水中氯化钠含量

将生理盐水稀释 3~4 倍。移取 25.00 mL 稀释液于 250 mL 锥形瓶中,加入 5 mL 1:1 HNO_3,由滴定管加入 $AgNO_3$ 至过量 10 mL 左右,振摇溶液,让其静置片刻,使沉淀沉降,再往澄清液中滴加几滴 $AgNO_3$ 溶液,如无沉淀生成,表明 $AgNO_3$ 溶液已过量,再加入 10 mL 左右即可。

加入 2 mL 硝基苯,用橡皮塞塞住,剧烈振荡 30 s,小心用洗瓶冲洗橡皮塞及瓶内壁,加入 1.0 mL 铁铵矾指示剂,用 NH_4SCN 标准溶液滴至溶液呈稳定的淡红色且不褪去,即为终点。平行滴定 2~3 份,按返滴定计算式计算 NaCl 含量(质量浓度,$g \cdot L^{-1}$)。

五、操作要点

(1) 0.1 $mol \cdot L^{-1}$ NH_4SCN 标准溶液的配制:称取 3.8 g A.R 级的 NH_4SCN,用 500 mL 水溶解后,转入试剂瓶中。

(2) 硝基苯有毒,使用时要小心!

六、思考题

(1) 为什么用 HNO_3 酸化?用 HCl 或 H_2SO_4 行吗?

(2) 佛尔哈德法返滴定测定 Cl^- 时,为什么要加入硝基苯或石油醚?当用此法测定 Br^-、I^- 时需要吗?为什么?

实验 53 $BaCl_2 \cdot 2H_2O$ 中钡含量的测定($BaSO_4$ 晶形沉淀重量分析法)

一、实验目的

(1) 学习结晶形沉淀的制备方法。

(2) 掌握重量分析的基本操作。

(3) 建立重重的概念和熟悉恒重的操作。

二、实验原理

$BaSO_4$ 重量法,既可用于测定 Ba^{2+},也可用于测定 SO_4^{2-} 的含量。

称取一定量 $BaCl_2 \cdot 2H_2O$,用水溶解,加稀 HCl 酸化,加热至微沸,在不断搅动下,慢慢地加入稀、热的 H_2SO_4,Ba^{2+} 与 SO_4^{2-} 反应,形成晶形沉淀。沉淀经陈化、过滤、洗涤、烘干、炭化、灰化、灼烧后,以 $BaSO_4$ 形式称重,可求出 $BaCl_2$ 中 Ba 的含量。

Ba^{2+} 可生成一系列微溶化合物,如 $BaCO_3$、BaC_2O_4、$BaCrO_4$、$BaHPO_4$、$BaSO_4$ 等,其中以 $BaSO_4$ 溶解度最小。100 mL 溶液中,100℃时溶解 0.4 mg,25℃时仅溶解 0.25 mg,当过量沉淀剂存在时,溶解度大为减小,一般可以忽略不计。

硫酸钡重量法一般在 0.05 mol·L^{-1} 左右盐酸介质中进行沉淀,它是为了防止产生 $BaCO_3$、$BaHPO_4$、$BaHAsO_4$ 沉淀以及防止生成 $Ba(OH)_2$ 沉淀。同时,适当提高酸度,增加 $BaSO_4$ 在沉淀过程中的溶解度,以降低其相对过饱和度,有利于获得较好的晶形沉淀。

用 $BaSO_4$ 重量法测定 Ba^{2+} 时,一般用稀 H_2SO_4 作沉淀剂。为了使 $BaSO_4$ 沉淀完全,H_2SO_4 必须过量。由于 H_2SO_4 在高温下可挥发除去,故沉淀带下的 H_2SO_4 不致引起误差,因此沉淀剂可过量 50% ~ 100%。如果用 $BaSO_4$ 重量法测定 SO_4^{2-} 时,沉淀剂 $BaCl_2$ 只允许过量 20% ~ 30%,因为 $BaCl_2$ 灼烧时不易挥发除去。

$PbSO_4$、$SrSO_4$ 的溶解度均较小,Pb^{2+}、Sr^{2+} 对钡的测定有干扰。NO_3^-、ClO_3^-、Cl^- 等阴离子和 K^+、Na^+、Ca^{2+}、Fe^{3+} 等阳离子,均可以引起共沉淀现象,故应严格掌握沉淀条件,减少共沉淀现象,以获得纯净的 $BaSO_4$ 晶形沉淀。

三、仪器及试剂

仪器:分析天平,马弗炉,烧杯(100,250 mL),瓷坩埚(25 mL),定量滤纸(慢速或中速),沉淀帚,玻璃漏斗,表面皿。

试剂:H_2SO_4(0.1,1 mol·L^{-1}),HCl(2 mol·L^{-1}),HNO_3(2mol·L^{-1}),$AgNO_3$(0.1 mol·L^{-1}),$BaCl_2 \cdot 2H_2O$(A.R)。

四、实验内容

1.称样及沉淀的制备

准确称取两份 0.4 ~ 0.6 g $BaCl_2 \cdot 2H_2O$ 试样,分别置于 250 mL 烧杯中,加水约 100 mL,3 mL 2 mol·L^{-1} HCl,搅拌溶解,加热至近沸。

另取 4 mL 1 mol·L^{-1} H_2SO_4 两份于两个 100 mL 烧杯中,加水 30 mL,加热至近沸,趁热将两份 H_2SO_4 溶液,分别用小滴管逐滴地加入到两份热的钡盐溶液中,并用玻棒不断搅拌,直至两份 H_2SO_4 溶液加完为止。待 $BaSO_4$ 沉淀下沉后,于上层清液中加入 1 ~ 2 滴 0.1 mol·L^{-1} H_2SO_4 溶液,仔细观察沉淀是否完全。沉淀完全后,盖上表面皿(切勿将玻棒拿出杯外),放置过夜陈化。也可将沉淀放在水浴或沙浴上,保温 40 min,陈化。

2.沉淀的过滤和洗涤

仔细阅读本书有关重量分析一节的内容,用慢速或中速滤纸倾泻法过滤。用稀 H_2SO_4

(用 1 mL 1 mol·L⁻¹ H_2SO_4 加 100 mL 水配成)洗涤沉淀 3～4 次,每次约 10 mL。然后,将沉淀定量转移到滤纸上,用沉淀帚由上到下擦拭烧杯内壁,并用折叠滤纸时撕下的小片滤纸擦拭杯壁,并将此小片滤纸放于漏斗中,再用稀 H_2SO_4 洗涤 4～6 次,直至洗涤液中不含 Cl^- 为止。

3. 空坩埚的恒重

将两个洁净的瓷坩埚放在 800±20℃ 的马弗炉中灼烧至恒重。第一次灼烧 40 min,第二次后每次只灼烧 20 min。灼烧也可在煤气灯上进行。

4. 沉淀的灼烧和恒重

将折叠好的沉淀滤纸包置于已恒重的瓷坩埚中,经烘干、炭化、灰化后,在 800±20℃ 的马弗炉中灼烧至恒重。计算 $BaCl_2·2H_2O$ 中 Ba 的含量(质量分数,%)。

五、操作要点

(1) 沉淀及滤纸的干燥、炭化和灰化应在酒精灯或电炉上加热进行,不能用于高温炉中进行。滤纸灰化时空气要充足,否则 $BaSO_4$ 易被滤纸的炭还原为灰黑色的 BaS

$$BaSO_4 + 4C \longrightarrow BaS + 4CO \uparrow$$

$$2BaSO_4 + 4C \longrightarrow 2BaS + 4CO_2 \uparrow$$

如遇此情况,可用 2～3 滴 1:1 H_2SO_4 小心加热,冒烟后重新灼烧。

(2) 灼烧温度不能太高,如超过 950℃,可能有部分 $BaSO_4$ 分解

$$BaSO_4 \longrightarrow BaO + SO_3 \uparrow$$

(3) Cl^- 检查方法:用试管收集 2 mL 滤液,加 1 滴 2 mol·L⁻¹HNO_3 酸化,加入 2 滴 $AgNO_3$,若无白色浑浊产生,表示 Cl^- 已洗净。

(4) 坩埚及沉淀进行恒重操作时,每次都应注意控制放置相同的冷却时间、相同的称量时间、相同的操作环境及操作速度,即尽量保持各种操作条件的一致性。这样,可以减少灼烧、称重的次数。

六、思考题

(1) 为什么要在稀 HCl 介质中沉淀 $BaSO_4$?HCl 加入太多有何影响?

(2) 为什么要在热溶液中沉淀 $BaSO_4$,而要在冷却后过滤?晶形沉淀为何要陈化?

(3) 什么叫倾泻法过滤?

(4) 什么叫恒重?

实验 54　钢铁中镍含量的测定(丁二酮肟镍有机试剂 沉淀重量分析法)

一、实验目的

(1) 了解有机试剂沉淀在重量分析中的应用。

(2) 学习烘干重量法的实验操作。

二、实验原理

丁二酮肟镍是二元弱酸 H_2D,解离平衡为

$$H_2D \underset{+H^+}{\overset{-H^+}{\rightleftharpoons}} HD^- \underset{+H^+}{\overset{-H^+}{\rightleftharpoons}} D^{2-}$$

其分子式为 $C_4H_8O_2N_2$,摩尔质量为 $116.2\ g \cdot mol^{-1}$。研究表明,只有 HD^- 状态才能在氨性溶液中与 Ni^{2+} 发生沉淀反应

$$Ni^{2+} + \begin{matrix} CH_3—C=NOH \\ | \\ CH_3—C=NOH \end{matrix} + 2NH_3 \cdot H_2O =$$

红色沉淀 $Ni(HD)_2$

经过滤,洗涤,在 120℃下烘干至恒重,称得丁二酮肟镍沉淀的质量为 $m_{Ni(HD)_2}$,Ni 的质量分数的计算公式为

$$Ni\% = \frac{m_{Ni(HD)_2} \times \dfrac{M_{Ni}}{M_{Ni(HD)_2}}}{m_s} \times 100\%$$

式中,$M_{Ni(HD)_2}$ 为丁二酮肟镍的摩尔质量。

本法沉淀介质的酸度为 $pH = 8 \sim 9$ 的氨性溶液。酸度大,生成 H_2D,使沉淀溶解度增大;酸度小,由于生成 D^{2-},同样将增加沉淀的溶解度。氨浓度太高,会生成 Ni^{2+} 的氨络合物。

丁二酮肟镍是一种高选择性的有机沉淀剂,它只与 Ni^{2+}、Pd^{2+}、Fe^{2+} 生成沉淀。Co^{2+}、Cu^{2+} 与其生成水溶性络合物,不仅会消耗 H_2D,且会引起共沉淀现象。若 Co^{2+}、Cu^{2+} 含量高时,最好进行二次沉淀或预先分离。

由于 Fe^{3+}、Al^{3+}、Cr^{3+}、Ti^{4+} 等离子在氨性溶液中生成氢氧化物沉淀,干扰测定,故在溶液加氨水前,需加入柠檬酸或酒石酸等络合剂,使其生成水溶性的络合物。

三、仪器及试剂

仪器:分析天平,烘箱,烧杯(500 mL),G4 微孔玻璃坩埚,表面皿。

试剂:混合酸 $HCl - HNO_3 - H_2O(3:1:2)$,酒石酸或柠檬酸溶液(50%),丁二酮肟乙醇溶液(1%),$NH_3 \cdot H_2O(1:1)$,$HCl(1:1)$,$HNO_3(2\ mol \cdot L^{-1})$,$AgNO_3(0.1\ mol \cdot L^{-1})$,氨 - 氯化铵洗涤液(每 100 mL 水中加 1 mL 氨水和 1 g NH_4Cl),钢铁试样。

四、实验内容

准确称取试样(含 Ni 30 ~ 80 mg)两份,分别置于 500 mL 烧杯中,加入 20 ~ 40 mL 混合

酸,盖上表面皿,低温加热溶解后,煮沸除去氮的氧化物,加入 5～10 mL 50%酒石酸溶液(每克试样加入 10 mL),然后,在不断搅动下,滴加 1:1 $NH_3 \cdot H_2O$ 至溶液 pH = 8～9,此时溶液转变为蓝绿色。如有不溶物,应将沉淀过滤,并用热的氨－氯化铵洗涤液洗涤沉淀数次(洗涤液与滤液合并)。滤液用 1:1 HCl 酸化,用热水稀释至约 300 mL,加热至 70～80℃,在不断搅动下,加入 1%丁二酮肟乙醇溶液沉淀 Ni^{2+}(每毫克 Ni^{2+} 约需 1 mL 1%的丁二酮肟溶液),最后再多加 20～30 mL,但所加试剂的总量不要超过试液体积的 1/3,以免增大沉淀的溶解度。然后在不断搅拌下,滴加 1:1 $NH_3 \cdot H_2O$,使溶液的 pH 值为 8～9。在 60～70℃下保温 30～40 min。取下,稍冷后,用已恒重的 G4 微孔玻璃坩埚进行减压过滤,用微氨性的 2%酒石酸溶液洗涤烧杯和沉淀 8～10 次,再用温热水洗涤沉淀至无 Cl^- 为止(检查 Cl^- 时,可将滤液以稀 HNO_3 酸化,用 $AgNO_3$ 检查)。将具有沉淀的微孔玻璃坩埚在 130～150℃烘箱中烘 1 h 冷却,称重,再烘干,称重,直至恒重为止。根据丁二酮肟镍的质量,计算试样中镍的含量(质量分数,%)。

实验完毕后,坩埚用稀 HCl 洗涤干净。

五、操作要点

(1) 称取试样 Ni 量要适当,不能过多,过多时,沉淀体积太大,操作不便;太少时,沉淀量小,测定误差增大,一般取 Ni 量在 30～80 mg。

(2) 溶解样品时,先用 HCl 溶解后,滴加 HNO_3 氧化,再加 $HClO_4$ 冒烟,以破坏难溶的碳化物。国际标准法(ISO)则用王水溶解,操作方法更详细。本实验略去 $HClO_4$ 冒烟操作。

(3) 在酸性溶液中加入沉淀剂,再滴加氨水使溶液的 pH 值逐渐升高,沉淀随之慢慢析出,这样能得到颗料较大的沉淀。

(4) 加入丁二酮肟沉淀剂要适当过量。通常认为沉淀剂的加入量不要超过溶液总体积的 1/3。如果沉淀剂量太多,相应乙醇的浓度太大,在热溶液中,丁二酮肟镍的部分沉淀会被乙醇溶解。但乙醇的浓度也不能太低,否则,将有沉淀剂析出,与丁二酮肟镍共沉淀。

(5) 溶液温度加热至 70～80℃,较为合适,不能过高,否则乙醇挥发太多,引起丁二酮肟本身沉淀,导致测定结果偏高,且高温下柠檬酸或酒石酸能部分还原 Fe^{3+} 为 Fe^{2+},对测定有干扰。

(6) 对 Ni^{2+}－丁二酮肟沉淀的恒重,可视两次质量若不大于 0.4 mg 时为符合要求。

(7) 丁二酮肟镍在碱性溶液中不宜久放,否则沉淀将被空气中的氧氧化,生成可溶性络合物而损失。

六、思考题

(1) 溶解试样时加入 HNO_3 起什么作用?

(2) 为了得到纯丁二酮肟沉淀,应选择和控制好哪些条件?

(3) 本法测定 Ni 含量时,也可将 $Ni(HD)_2$ 沉淀灼烧至恒重。试比较两种方法的优缺点?

第7章　综合实验

实验 55　过氧化钙的制备及含量分析

一、实验目的

(1) 综合练习无机化合物制备及化学分析的基本操作。
(2) 了解过氧化钙的制备原理及条件。
(3) 了解碱金属和碱土金属过氧化物的性质。

二、实验原理

过氧化钙($CaO_2 \cdot 8H_2O$)是一种比较稳定的金属过氧化物,它可在室温下长期保存而不分解。$CaO_2 \cdot 8H_2O$ 是白色结晶粉末,50℃转化为 $CaO_2 \cdot 2H_2O$, 110~150℃可以脱水,转化为 CaO_2,加热到 270℃时分解为 CaO 和 O_2。CaO_2 的氧化性较缓和,属于安全无毒的化学品,对生态环境是友好的,生产过程中一般不排放污染物,可以实现污染的"零排放"。

$$2CaO_2 \overset{\triangle}{\Longrightarrow} 2CaO + O_2 \uparrow$$

CaO_2 难溶于水,不溶于乙醇与丙酮,在潮湿的空气中也会缓慢分解,它与稀酸反应生成 H_2O_2,若放入微量 KI 作催化剂,可作应急氧气源。

CaO_2 广泛用于制作杀菌剂、防腐剂、解酸剂和油类漂白剂,CaO_2 也是种子及谷物的消毒剂。CaO_2 还是口香糖、牙膏、化妆品的添加剂。若在面包烤制中添加一定量的 CaO_2,能引发酵母增长,增加面包的可塑性。用聚乙烯醇等微溶于水的聚合物包裹 CaO_2 微粒,可以制成寿命长、活性大的氧化剂。据有关资料报道,CaO_2 可代替活性污泥处理城市污水,降低 COD 和 BOD(即化学需氧量和生化需氧量)。

本实验以大理石为原料,大理石的主要成分是碳酸钙,还含有其他金属离子及不溶性杂质。先将大理石溶解除去杂质,制得纯的碳酸钙固体。再将碳酸钙溶于适量的盐酸中,在低温、碱性条件下与过氧化氢反应制得过氧化钙。

三、仪器及试剂

仪器:天平,漏斗,布氏漏斗,吸滤瓶,烧杯,量筒(20,100 mL),冰水浴,烘箱,试管,移液管(20 mL),酸式滴定管(50 mL)。

试剂:大理石,HNO_3(6 mol·L^{-1}),浓 $NH_3 \cdot H_2O$,$(NH_4)_2CO_3$(固),HCl(6 mol·L^{-1}),H_2O_2(60 g·L^{-1}),KI^-淀粉试纸,$Fe(NO_3)_3$(2 mol·L^{-1}),NaOH(2 mol·L^{-1}),KI(100 g·L^{-1}),Na_2SO_3 标准溶液(0.05 mol·L^{-1})。

四、实验内容

1. 制取纯的 $CaCO_3$

称取 10 g 大理石,溶于 50 mL 浓度为 6 mol·L^{-1} 的 HNO_3 溶液中。反应完全后,将溶液加热至沸腾。然后,加 100 mL 水稀释并用 1:1 氨水调节溶液的 pH 值至呈弱碱性。再将溶液煮沸,趁热常压过滤,弃去沉淀。另取 15 g(NH_4)$_2CO_3$ 固体,溶于 70 mL 水中。在不断搅拌下,将它缓慢地加到上述热的滤液中,再加 10 mL 浓氨水。搅拌后放置片刻,减压过滤,用热水洗涤沉淀数次。最后,将沉淀抽干。

2. 过氧化钙制备

将以上制得的 $CaCO_3$ 置于烧杯中,逐滴加入浓度为 6 mol·L^{-1} 的 HCl,直至烧杯中仅剩余极少量的 $CaCO_3$ 固体为止。将溶液加热煮沸,趁热常压过滤以除去未溶的 $CaCO_3$。另外,量取 60 mL 质量浓度为 60 g·L^{-1} 的 H_2O_2 溶液,将它加入 30 mL 1:2 氨水中,将所得的 $CaCl_2$ 溶液和 $NH_3·H_2O$ 溶液都置于冰水浴中冷却。

待溶液充分冷却后,在剧烈搅拌下将 $CaCl_2$ 溶液逐滴滴入 $NH_3·H_2O$ 溶液中(滴加时溶液仍置于冰水浴内)。加毕继续在冰水浴内放置 30 min。然后减压过滤,用少量冰水(蒸馏水)洗涤晶体 2~3 次。晶体抽干后,取出置于烘箱内,在 120℃ 下烘 1.5 h。最后冷却,称重,计算产率。

3. 性质试验

(1) CaO_2 的性质试验。在试管中放入少许 CaO_2 固体,逐滴加入水,观察固体的溶解情况。取出一滴溶液,用 KI^- 淀粉试纸试验。在原试管中滴入少许稀盐酸,观察固体的溶解情况,从中再取出一滴溶液,用 KI^- 淀粉试纸试验。

(2) H_2O_2 的催化。分别取三支试管,各加入 1 mL 上述试管中的溶液。在其中一支试管内再加 1 滴浓度为 2 mol·L^{-1} 的 $Fe(NO_3)_3$ 溶液,在第二支试管中滴加 2 mol·L^{-1} 的 NaOH 溶液。比较三支试管中 H_2O_2 分解放出氧气的速度。

4. 过氧化钙含量分析

称取干燥产物 0.1~0.2 g,加入 100 mL 水中。取 100 g·L^{-1} KI 溶液 20 mL 与 15 mL 6 mol·L^{-1} HCl 共混后加入上述水中。充分摇匀后放置 10 min 使作用完全。以淀粉溶液作指示剂,用 0.05 mol·L^{-1} 硫代硫酸钠标准溶液滴定,蓝色褪去为终点,计算产物中 CaO_2 含量(质量分数,%)。

五、思考题

(1) 通过实验可以得出 CaO_2 具有什么性质?
(2) KI 为什么可以催化 CaO_2 在稀 HCl 中的溶解?写出反应方程式。

实验 56　三草酸合铁(Ⅲ)酸钾的制备及组成测定

一、实验目的

(1) 掌握配合物制备的一般方法。

(2) 掌握用 $KMnO_4$ 法测定 $C_2O_4^{2-}$ 与 Fe^{3+} 的原理和方法。

(3) 综合训练无机合成、滴定分析的基本操作,掌握确定配合物组成的原理和方法。

二、实验原理

1. 制备

三草酸合铁(Ⅲ)酸钾 $K_3[Fe(C_2O_4)_3]\cdot 3H_2O$ 为翠绿色单斜晶体,溶于水(溶解度:4.7 g/100 g H_2O(0℃),117.7 g/100 g H_2O(100℃)),难溶于乙醇。100℃下失去结晶水,230℃分解。该配合物对光敏感,遇光照射发生分解

$$2K_3[Fe(C_2O_4)_3]\xrightarrow{\text{光}}3K_2C_2O_4 + 2FeC_2O_4 + 2CO_2\uparrow$$
$$\text{(黄色)}$$

三草酸合铁(Ⅲ)酸钾是制备负载型活性铁催化剂的主要原料,也是一些有机反应的良好催化剂,在工业上具有一定的应用价值。其合成工艺路线有多种。例如,可用三氯化铁或硫酸铁与草酸钾直接合成三草酸合铁(Ⅲ)酸钾,也可以铁为原料制得硫酸亚铁铵,加草酸制得草酸亚铁后,在过量草酸根存在下用过氧化氢氧化制得三草酸合铁(Ⅲ)酸钾。本实验以实验 17 制得的硫酸亚铁铵为原料,采用后一种方法制得本产品。其反应式为

$$(NH_4)_2Fe(SO_4)_2\cdot 6H_2O + H_2C_2O_4 = FeC_2O_4\cdot 2H_2O(s,\text{黄色}) + (NH_4)_2SO_4 + H_2SO_4 + 4H_2O$$

$$FeC_2O_4\cdot 2H_2O + 3H_2O_2 + 6K_2C_2O_4 = 4K_3[Fe(C_2O_4)_3]\cdot 3H_2O + 2Fe(OH)_3(s)$$

加入适量草酸可使 $Fe(OH)_3$ 转化为三草酸合铁(Ⅲ)酸钾

$$2Fe(OH)_3 + 2H_2C_2O_4 + 3K_2C_2O_4 = 2K_3[Fe(C_2O_4)_3]\cdot 3H_2O$$

加入乙醇,放置即可析出产物的结晶。

2. 产物的定量分析

用 $KMnO_4$ 法测定产品中的 Fe^{3+} 含量和 $C_2O_4^{2-}$ 含量,并确定 Fe^{3+} 和 $C_2O_4^{2-}$ 的配位比。

在酸性介质中,用 $KMnO_4$ 标准溶液滴定试液中的 $C_2O_4^{2-}$,根据 $KMnO_4$ 标准溶液的消耗量可直接计算出 $C_2O_4^{2-}$ 的含量,其反应式为

$$5C_2O_4^{2-} + 2MnO_4^- + 16H^+ = 10CO_2\uparrow + 2Mn^{2+} + 8H_2O$$

在上述测定草酸根后剩余的溶液中,用锌粉将 Fe^{3+} 还原为 Fe^{2+},再用 $KMnO_4$ 标准溶液滴定 Fe^{2+},其反应式为

$$Zn + 2Fe^{3+} = 2Fe^{2+} + Zn^{2+}$$

$$5Fe^{2+} + MnO_4^- + 8H^+ = 5Fe^{3+} + Mn^{2+} + 4H_2O$$

根据 $KMnO_4$ 标准溶液的消耗量,可计算出 Fe^{3+} 的含量。根据

$$n_{Fe^{3+}} : n_{C_2O_4^{2-}} = \frac{w_{Fe^{3+}}}{55.8} : \frac{w_{C_2O_4^{2-}}}{88.0}$$

可确定 Fe^{3+} 与 $C_2O_4^{2-}$ 的配位比。

三、仪器及试剂

仪器:天平,烧杯(100,250 mL),量筒(10,100 mL),长径漏斗,布氏漏斗,吸滤瓶,表面皿,称量瓶,干燥器,锥形瓶(250 mL),酸式滴定管(50 mL)。

试剂:H_2SO_4(2 mol·L^{-1}),$H_2C_2O_4$(1 mol·L^{-1}),H_2O_2($w = 0.03$),$(NH_4)_2Fe(SO_4)_2\cdot 6H_2O$

(s)，$K_2C_2O_4$（饱和），KSCN（0.1 $mol \cdot L^{-1}$），$CaCl_2$（0.5 $mol \cdot L^{-1}$），$FeCl_3$（0.1 $mol \cdot L^{-1}$），$Na_3[Co(NO_2)_6]$，$KMnO_4$ 标准溶液（0.01 $mol \cdot L^{-1}$，自行标定），乙醇（$w = 0.95$），丙酮。

四、实验内容

1. 三草酸合铁(Ⅲ)酸钾的制备

（1）制备 $FeC_2O_4 \cdot 2H_2O$。称取 6.0 g$(NH_4)_2Fe(SO_4)_2 \cdot 6H_2O$ 放入 250 mL 烧杯中，加入 1.5 mL 2 $mol \cdot L^{-1}$ H_2SO_4 和 20 mL 去离子水，加热使其溶解。另称取 3.0 g $H_2C_2O_4 \cdot 2H_2O$ 放到 100 mL 烧杯中，加 30 mL 去离子水微热，溶解后取出 22 mL 倒入上述 250 mL 烧杯中，加热搅拌至沸，并维持微沸 5 min，静置，得到黄色 $FeC_2O_4 \cdot 2H_2O$ 沉淀。用倾析法倒出清液，用热去离子水洗涤沉淀 3 次，以除去可溶性杂质。

（2）制备 $K_3[Fe(C_2O_4)_3] \cdot 3H_2O$。在上述洗涤过的沉淀中，加入 15 mL 饱和 $K_2C_2O_4$ 溶液，水浴加热至 40℃，滴加 25 mL $w = 0.03$ 的 H_2O_2 溶液，不断搅拌溶液并维持温度在 40℃ 左右。滴加完后，加热溶液至沸以除去过量的 H_2O_2。取适量（1）中配制的 $H_2C_2O_4$ 溶液趁热加入使沉淀溶解至呈现翠绿色为止。冷却后，加入 15 mL $w = 0.95$ 的乙醇水溶液，在暗处放置，结晶。减压过滤，抽干后用少量乙醇洗涤产品，继续抽干，称量，计算产率，并将晶体放在干燥器内避光保存。

2. 产物的定性分析

（1）K^+ 的鉴定。在试管中加入少量产物，用去离子水溶解，在加入 1 mL $Na_3[Co(NO_2)_6]$ 溶液，放置片刻，观察现象。

（2）Fe^{3+} 的鉴定。在试管中加入少量产物，用去离子水溶解。另取 1 支试管加入少量的 $FeCl_3$ 溶液。各加入 2 滴 0.1 $mol \cdot L^{-1}$ KSCN，观察现象。在装有产物溶液的试管中加入 3 滴 2 $mol \cdot L^{-1}$ H_2SO_4，再观察溶液颜色有何变化，解释实验现象。

（3）$C_2O_4^{2-}$ 的鉴定。在试管中加入少量产物，用去离子水溶解。另取 1 支试管加入少量 $K_2C_2O_4$ 溶液。各加入 2 滴 0.5 $mol \cdot L^{-1}$ $CaCl_2$ 溶液，观察实验现象有何不同。

3. 产物组成的定量分析

（1）结晶水含量的测定。洗净两个称量瓶，在 110℃ 电烘箱中干燥 1 h，置于干燥器中冷却，至室温时在电子分析天平上称量。然后再放到 110℃ 电烘箱中干燥 0.5 h，即重复上述干燥—冷却—称量操作，直至质量恒定（两次称量相差不超过 0.3 mg）为止。在电子天平上准确称取两份产品各 0.5～0.6 g，分别放入上述已质量恒定的两个称量瓶中。在 110℃ 烘箱中干燥 1 h，然后置于干燥器中冷却，至室温后，称量。重复上述干燥（改为 0.5 h）—冷却—称量操作，直至质量恒定。根据称量结果计算产品中结晶水的含量（质量分数，%）。

（2）草酸根含量的测定。在电子分析天平上准确称取两份产品（约 0.15～0.2 g），分别放入两个锥形瓶中，均加入 15 mL 2 $mol \cdot L^{-1}$ H_2SO_4 和 15 mL 去离子水，微热溶解，加热至 75～85℃（即液面冒水蒸气），趁热用 0.020 0 $mol \cdot L^{-1}$ $KMnO_4$ 标准溶液滴定至粉红色为终点（保留溶液待下一步分析使用）。根据消耗 $KMnO_4$ 溶液的体积，计算产物中 $C_2O_4^{2-}$ 的含量（质量分数，%）。

（3）铁含量的测定。在上述保留的溶液中加入一小匙锌粉，加热近沸，直到黄色消失，将 Fe^{3+} 还原为 Fe^{2+} 即可。趁热过滤除去多余的锌粉，滤液收集到另一锥形瓶中，再用 5 mL

去离子水洗涤漏斗,并将洗涤液也一并收集在上述锥形瓶中。继续用 $0.020\ 0\ mol\cdot L^{-1}$ $KMnO_4$ 标准溶液进行滴定,至溶液呈粉红色。根据消耗 $KMnO_4$ 溶液的体积,计算 Fe^{3+} 的含量(质量分数,%)。

根据(1)、(2)、(3)的实验结果,计算 K^+ 的含量(质量分数,%),结合上述 2 的结果,推断出配合物的化学式。

五、思考题

(1) 氧化 $FeC_2O_4\cdot 2H_2O$ 时,氧化温度应控制在 40℃,不能太高,为什么?

(2) $KMnO_4$ 滴定 $C_2O_4^{2-}$ 时,要加热到 75～85℃,又不能使温度太高,为什么?

实验 57　无水二氯化锡的制备及含量测定

一、实验目的

(1) 学习无水盐的一种制备方法。

(2) 加深对锡(Ⅱ)特性的认识。

(3) 熟练酸溶(金属)、蒸发、过滤、干燥等基本操作。

二、实验原理

鉴于二氯化锡的强烈水解性,在水溶液中是难以制得无水二氯化锡的。本实验系利用金属锡与浓盐酸反应生成 $SnCl_2\cdot 2H_2O$;再利用醋酸酐的强脱水性而将 $SnCl_2\cdot 2H_2O$ 中的水全部脱去而制成无水产品,其反应式为

$$Sn + 2HCl + 2H_2O \longrightarrow SnCl_2\cdot 2H_2O + H_2\uparrow$$

$$SnCl_2\cdot 2H_2O + 2\ (CH_3CO)_2O \longrightarrow SnCl_2 + 4\ CH_3COOH$$

无水二氯化锡中氯的质量分数为一定值。测定产品中氯的质量分数与其理论值比较,即可判断出产品的纯度。

三、仪器及试剂

仪器:锥形瓶(250 mL),恒温水浴,布氏漏斗,吸滤瓶,蒸发皿,电炉子,干燥器,烧杯(50 mL),量筒,表面皿,天平。

试剂:锡丝,浓盐酸,$SnCl_2\cdot 2H_2O$(固),醋酸酐,NaOH$(6,2\ mol\cdot L^{-1})$,H_2O_2(30%),HNO_3 $(6,2\ mol\cdot L^{-1})$,$K_2C_2O_4$(5%),$AgNO_3$$(0.1\ mol\cdot L^{-1})$,$HCl$$(2\ mol\cdot L^{-1})$,$HgCl_2$ 溶液,$Bi(NO_3)_3$ $(0.2\ mol\cdot L^{-1})$,饱和 H_2S 溶液,$Na_2S$$(0.5\ mol\cdot L^{-1})$,$(NH_4)_2S$$(0.5\ mol\cdot L^{-1})$,乙醚。

四、操作步骤

1. 制备 $SnCl_2 \cdot 2H_2O$

按图 7.1 装配仪器。在 250 mL 锥形瓶(反应瓶)内放入 5 g 锡丝,20 mL 浓盐酸,在水浴上于 80℃以上反应约 1 h 后,再往反应瓶内添加 10 mL 浓盐酸。继续加热至锡丝全溶,冷至室温。在布氏漏斗上过滤,用 3～5 mL 浓盐酸淋洗滤纸,将滤液全部转移至蒸发皿中;再用 3～5 mL 浓盐酸分次洗涤吸滤瓶,将洗涤液也转移至蒸发皿中。在通风橱中用小火加热浓缩至晶膜出现后,再微热 5 min。冷却,过滤,将晶体放入干燥器中干燥,称重。

2. 制备 $SnCl_2$

称取 5 g $SnCl_2 \cdot 2H_2O$ 于干燥的 50 mL 烧杯中,加入 10 mL 醋酸酐,搅拌。将烧杯放在通风橱内,约 30 min 后(在此期间应搅拌几次),在干燥的布氏漏斗上过滤,用 3～5 mL 乙醚淋洗产品。将产品转移至表面皿上,放入干燥器中干燥约 30 min 后,称重。

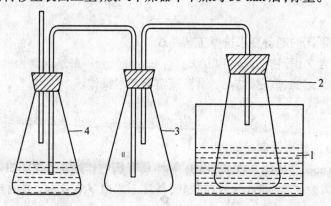

图 7.1　制备 $SnCl_2 \cdot 2H_2O$ 装置
1—水浴;2—反应瓶;3—安全瓶;4—装有水的尾气吸收瓶

3. 产品检验

精确称取 0.2 g 产品置于 250 mL 锥形瓶内,加入约 30 mL 水、8～10 滴 6 mol·L^{-1} NaOH、4～5 滴 30% H_2O_2,加热煮沸 10 min,冷却至室温后,用 2 mol·L^{-1} HNO$_3$ 调节溶液的 pH 值至 6～7。加 0.5～1 mL 5% $K_2C_2O_4$,用 0.1 mol·L^{-1} AgNO$_3$ 标准溶液滴定至出现砖红色沉淀。

按下式计算产品中氯的质量分数为

$$Cl\% = \frac{M \cdot V \times 35.5}{G} \times 100\%$$

式中,M 为 AgNO$_3$ 的浓度(mol·L^{-1});V 为消耗 AgNO$_3$ 的体积(mL);G 为称取试样的质量(mg)。

4. 性质实验

(1) 取少量产品,加入 1 mL 水,观察现象;再滴加几滴 2 mol·L^{-1} HCl,观察现象。

(2) 取少量产品于试管中,加入 10 mL 盐酸酸化的水,用此试液进行如下实验。

① 往 0.5 mL 试液中滴加适量和过量 2 mol·L^{-1} NaOH 溶液,在所得溶液中再滴加适量和过量 2 mol·L^{-1} HCl 溶液。

② 往 0.5 mL HgCl$_2$ 溶液中滴加适量和过量试液。

③ 往 0.5 mL 试液中加入过量的 2 mol·L^{-1}NaOH 溶液后,加几滴 0.2 mol·L^{-1} Bi(NO$_3$)$_3$ 溶液。

④ 往 0.5 mL 试液中加入饱和 H$_2$S 溶液。试验沉淀是否溶于 0.5 mol·L^{-1} Na$_2$S、0.5 mol·L^{-1} (NH$_4$)$_2$S 和 6 mol·L^{-1} HNO$_3$ 溶液中。

五、思考题

(1) 产品检验时,为什么要在 SnCl$_2$ 溶液中加入 H$_2$O$_2$? 加入 K$_2$C$_2$O$_4$ 的目的是什么?

(2) SnCl$_2$·2H$_2$O 具有哪些性质?

实验 58　含锌药物的制备及含量测定

一、实验目的

(1) 学会根据不同的制备要求选择工艺路线。

(2) 掌握制备含 Zn 药物的原理和方法。

(3) 进一步熟悉过滤、蒸发、结晶、灼烧、滴定等基本操作。

二、实验原理

1. ZnSO$_4$·7H$_2$O 的性质及制备原理

Zn 的化合物 ZnSO$_4$·7H$_2$O, ZnO, Zn(Ac)$_2$ 等均具有药物作用。ZnSO$_4$·7H$_2$O 系无色透明、结晶状粉末,晶型为棱柱状、细针状或颗粒状,易溶于水(1 g/0.6 mL)或甘油(1 g/2.5 mL),不溶于酒精。

医学上 ZnSO$_4$·7H$_2$O 内服为催吐剂,外用可配制滴眼液(0.1% ~ 1%),利用其收敛性可防止沙眼的发展。在制药工业上,硫酸锌是制备其他含锌药物的原料。

ZnSO$_4$·7H$_2$O 的制备方法很多。工业上可用闪锌矿为原料,在空气中煅烧氧化成硫酸锌,然后热水提取而得,在制药业上考虑药用的特点,可由粗 ZnO(或闪锌矿焙烧的矿粉)与 H$_2$SO$_4$ 作用制得硫酸锌溶液

$$ZnO + H_2SO_4 \Longrightarrow ZnSO_4 + H_2O$$

此时 ZnSO$_4$ 溶液含 Fe^{2+}、Mn^{2+}、Cd^{2+}、Ni^{2+} 等杂质,须除杂。

(1) KMnO$_4$ 氧化法除 Fe^{2+}、Mn^{2+}

$$MnO_4^- + 3Fe^{2+} + 7H_2O \Longrightarrow 3Fe(OH)_3 + MnO_2 + 5H^+$$

$$2MnO_4^- + 3Mn^{2+} + 2H_2O \Longrightarrow 5MnO_2 \downarrow + 4H^+$$

(2) Zn 粉置换法除 Cd^{2+}、Ni^{2+}

$$CdSO_4 + Zn \Longrightarrow ZnSO_4 + Cd$$

$$NiSO_4 + Zn \Longrightarrow ZnSO_4 + Ni$$

除杂后的精制 ZnSO$_4$ 溶液经浓缩、结晶得 ZnSO$_4$·7H$_2$O 晶体,可作药用。

2. ZnO 的性质及制备原理

ZnO 为白色或淡黄色、无晶形柔软的细微粉末,在潮湿空气中能缓缓吸收水分及二氧化

碳变为碱式碳酸锌。它不溶于水或酒精,但易溶于稀酸、氢氧化钠溶液。

ZnO 是一种缓和的收敛消毒药,其粉剂、洗剂、糊剂或软膏等,广泛用于湿疹、癣等皮肤病的治疗。

工业用的 ZnO 是在强热时使锌蒸气进入耐火砖室中并与空气混合,即燃烧成氧化锌

$$2Zn + O_2 === 2ZnO$$

其产品常含铅、砷等杂质,不得供药用。

药用 ZnO 的制备是硫酸锌溶液中加 Na_2CO_3 溶液碱化产生碱式碳酸锌沉淀。经 $250 \sim 300℃$ 灼烧即得细粉状 ZnO,其反应式为

$$3ZnSO_4 + 3Na_2CO_3 + 4H_2O === ZnCO_3 \cdot 2Zn(OH)_2 \cdot 2H_2O \downarrow + 3Na_2SO_4 + 2CO_2 \uparrow$$

$$ZnCO_3 \cdot 2Zn(OH)_2 \cdot 2H_2O \xrightarrow{250 \sim 300℃} 3ZnO + CO_2 \uparrow + 4H_2O \uparrow$$

3.醋酸锌($(CH_3COO)_2Zn \cdot 2H_2O$)的性质及制备原理

$(CH_3COO)_2Zn \cdot 2H_2O$,系白色六边单斜片状晶体,有珠光,微具醋酸臭气。它溶于水(1 g/2.5 mL)、沸水(1 g/1.6 mL)及沸醇(1 g/1 mL),其水溶液对石蕊试纸呈中性或微酸性。

0.1% ~ 0.5%的醋酸锌溶液可作洗眼剂,外用为收敛及缓和的消毒药。

醋酸锌的制备可由纯氧化锌与稀醋酸加热至沸过滤结晶而得

$$2CH_3COOH + ZnO === (CH_3COO)_2Zn + H_2O$$

三、仪器及试剂

仪器:天平,烧杯(100,250 mL),量筒(100 mL),抽滤装置,蒸发皿,恒温水浴,容量瓶(250 mL),锥形瓶(250 mL),酸式滴定管(50 mL)。

试剂:粗 ZnO,纯 Zn 粉,铬黑 T,H_2SO_4(2,3 mol·L^{-1}),HAc(3 mol·L^{-1}),HCl(6 mol·L^{-1}),饱和 H_2S,$NH_3 \cdot H_2O$(6 mol·L^{-1}),$KMnO_4$(0.5 mol·L^{-1}),Na_2CO_3(0.5 mol·L^{-1})。

四、实验内容

1.$ZnSO_4 \cdot 7H_2O$ 的制备

(1) $ZnSO_4$ 溶液制备。称取市售粗 ZnO(或闪锌矿焙烧所得的矿粉)30 g 放在 250 mL 烧杯中,加入 2 mol·L$^{-1}H_2SO_4$ 150 ~ 180 mL,在不断搅拌下,加热至900℃,并保持该温度下使之溶解,同时用 ZnO 调节溶液的 pH≈4,趁热减压过滤,滤液置于 250 mL 烧杯中。

(2) 氧化除 Fe^{2+}、Mn^{2+} 杂质。将上面滤液加热至 80 ~ 90℃后,滴加 0.5 mol·L$^{-1}KMnO_4$ 至呈微红时停止加入,继续加热至溶液为无色,并控制溶液 pH = 4,趁热减压过滤,弃去残渣。滤液置于 250 mL 烧杯中。

(3) 置换除 Ni^{2+}、Cd^{2+} 杂质。将除去 Fe^{2+}、Mn^{2+} 杂质的滤液加热至80℃左右,在不断搅拌下分批加入 1 g 纯锌粉,反应 10 min 后,检查溶液中 Cd^{2+}、Ni^{2+} 是否除尽(如何检查?),如未除尽,可补加少量锌粉,直至 Cd^{2+}、Ni^{2+} 等杂质除尽为止,冷却减压过滤,滤液置于 250 mL 烧杯中。

(4) $ZnSO_4 \cdot 7H_2O$ 结晶。量取精制后的 $ZnSO_4$ 母液 $\dfrac{1}{3}$ 于 100 mL 烧杯中,滴加 3 mol·L^{-1} H_2SO_4 调节至溶液的 pH≈1,将溶液转移至洁净的蒸发皿中,水浴加热蒸发至液面出现晶膜

后,停止加热,冷却结晶,减压过滤,晶体用滤纸吸干后称量,计算产率。

2.ZnO 的制备

量取剩余精制 $ZnSO_4$ 母液于 100 mL 烧杯中,慢慢加入 0.5 $mol \cdot L^{-1}Na_2CO_3$ 溶液,边加边搅拌,并到 $pH \approx 6.8$ 时为止,随后加热煮沸 15 min,使沉淀呈颗粒状析出,倾去上层溶液,并反复用热水洗涤至无 SO_4^{2-} 后,滤干沉淀,并于 50℃烘干。

将上述碱式碳酸锌沉淀放置坩埚(或蒸发皿)中,于 250～300℃煅烧并不断搅拌,至取出反应物少许,投入稀酸中而无气泡发生时,停止加热,放置冷却,得细粉状白色 ZnO 产品,称重,计算产率。

3.$(CH_3COO)_2Zn \cdot 2H_2O$ 的制备

称取粗 ZnO(商业品)3 g 于 100 mL 烧杯中,加入 3 $mol \cdot L^{-1}HAc$ 溶液 20 mL,搅拌均匀后,加热至沸,趁热过滤,静置,结晶,得粗制品。粗制品加水少量使其溶解后再结晶,得精制品,吸干后称量,计算产率。

4.ZnO 含量测定

称取 ZnO 试样(产品)$0.15～0.2$ g 于 250 mL 烧杯中,加 6 $mol \cdot L^{-1}HCl$ 溶液 3 mL,微热溶解后,定量转移入 250 mL 容量瓶中,加水稀释至刻度,摇匀。用移液管吸取锌试样溶液 25 mL于 250 mL 锥形瓶中,滴加氨水至开始出现白色沉淀,再加 10 mL $pH = 10$ 的 $NH_3 \cdot H_2O - NH_4Cl$ 缓冲溶液,加水 20 mL,加入铬黑 T 指示剂少许,用 0.01 $mol \cdot L^{-1}EDTA$ 标准溶液滴定至溶液由酒红色恰变为蓝色,即达终点。根据消耗的 EDTA 标准溶液的体积,计算 ZnO 的含量(质量浓度,$g \cdot L^{-1}$)。

五、操作要点

(1) 粗 ZnO(商业品)中常含有硫酸铅等杂质,由于硫酸铅不溶于稀 H_2SO_4,故要用稀 H_2SO_4 以除去硫酸铅。

(2) 碱式碳酸锌沉淀开始加热时,呈熔融状,不断搅拌至粉状后,逐渐升高温度,但不要超过 300℃,否则 ZnO 分子黏结后,不易再分散,冷却后呈黄白色细粉,并夹有沙砾状的颗粒。

(3) 醋酸锌溶液受热后,易部分水解并析出碱式醋酸锌(白色沉淀)
$$2(CH_3COO)_2Zn + 2H_2O \Longrightarrow Zn(OH)_2 \cdot (CH_3COO)_2Zn + 2CH_3COOH$$
为了防止上述反应的产生,加入的 HAc 应适当过量,保持滤液呈酸性 $pH \approx 4$。

(4) 干燥$(CH_3COO)_2Zn \cdot 2H_2O$ 成品时,不宜加热,以免部分产品失去结晶水。

六、思考题

(1) 在精制 $ZnSO_4$ 溶液过程中,为什么要把可能存在的 Fe^{2+} 氧化成为 Fe^{3+}?为什么选用 $KMnO_4$ 作氧化剂,还可选用什么作氧化剂?

(2) 在氧化除 Fe^{3+} 过程中为什么要控制溶液的 $pH \approx 4$?如何调节溶液的 pH 值?pH 值过高、过低对本实验有何影响?

(3) 在氧化除铁和用锌粉除重金属离子的操作过程中为什么要加热至 80～90℃,温度过高、过低有何影响?

(4) 煅烧碱式碳酸锌沉淀至取出少许投入稀酸中无气泡发生,说明了什么?

(5) 在 $ZnSO_4$ 溶液中加入 Na_2CO_3 使沉淀呈颗粒状析出后,为什么反复洗涤该沉淀至无 SO_4^{2-}? SO_4^{2-} 的存在会有什么影响?

实验 59 六硝基合钴(Ⅲ)酸钠的制备及性质测定

一、实验目的

(1) 了解从二价钴盐制备钴(Ⅲ)配合物的一般方法。

(2) 熟练无机制备的基本操作,了解利用物质在不同溶剂中溶解度不同的结晶方法。

(3) 了解钾离子的鉴定方法。

二、实验原理

六硝基合钴酸钠的制备可采用二价钴盐,如氯化钴、硫酸钴或硝酸钴氧化合成法。

反应式为

$$CoCl_2 \cdot 6H_2O + 7NaNO_2 + 2HAc \Longrightarrow Na_3[Co(NO_2)_6] + 2NaAc + NO\uparrow + 7H_2O$$

$Na_3[Co(NO_2)_6]$ 为黄棕色粉末,极易溶于水,微溶于酒精,因此在它的水溶液中加入酒精可把它结晶出来。

三、仪器及试剂

仪器:温度计(0~100℃),烧杯(150 mL),量筒(50,10 mL),吸滤装置,玻璃管,分析天平,锥形瓶(250 mL),酸式滴定管(50 mL),试管。

试剂:氯化钴(固),亚硝酸钠(固),醋酸(50%),95%乙醇(A.R),乙醚(A.R),硫氰酸盐(固),饱和醋酸铵溶液,盐酸羟胺(固),丙酮(A.R),乙二胺四乙酸二钠标准液(0.005 mol·L^{-1}),KCl 溶液(0.01 mol·L^{-1})。

四、实验内容

1.产品制备

(1) 加料。在烧杯中加入 15 g 亚硝酸钠和 20 ml 水,加热溶解,待溶液冷却至 40~50℃时,向溶液内加入 5 g 研细的氯化钴,搅拌溶解。

(2) 合成。在通风橱内,不断搅拌,向溶液中均匀滴加 50%(5 mL)醋酸溶液。

(3) 除杂质。将上述反应生成物移入吸滤瓶,通入空气气流 20 min,以进一步氧化合成并除去氮的氧化物(图 7.2)。如果在原料亚硝酸钠中夹杂着钾盐,则在氧化过程中沉淀出黄色六硝基合钴(Ⅲ)酸钾,静置片刻,进行吸滤,并用少量水洗涤沉淀,弃去黄色沉淀。

(4) 结晶。不断搅拌下,向滤液内以细流均匀加入 50 mL 酒精,以析出黄色粉末状结晶,静置 30 min。

(5) 将析出的结晶进行吸滤并用少量酒精和乙醚洗涤之。

(6) 干燥。将产品在红外灯下干燥(干燥温度不超过 60℃)或置于空气中自然干燥。

(7) 产品称重,计算产率。

2.性质测定

(1) 对钾离子的定性鉴定。六硝基合钴(Ⅲ)酸钠是化学分析中测定钾的特殊试剂,在土壤分析和作物营养诊断中亦常用来测定钾的含量。

六硝基合钴(Ⅲ)酸钠与钾离子作用生成亮黄色沉淀

$$2K^+ + Na^+ + [Co(NO_2)_6]^{3-} == K_2Na[Co(NO_2)_6]\downarrow$$

反应在中性或弱酸性溶液中进行,因为碱和酸均能分解试剂中的$[Co(NO_2)_6]^{3-}$,妨碍鉴定。

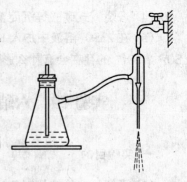

图 7.2　抽滤装置

在碱中

$$[Co(NO_2)_6]^{3-} + 3OH^- == Co(OH)_3\downarrow + 6NO_2^-$$

在酸中　　　　　$$2[Co(NO_2)_6]^{3-} + 10H^+ == 2Co^{2+} + 5NO\uparrow + 7NO_2\uparrow + 5H_2O$$

取少量新制备的产品于试管中,加少量水溶解之,滴加数滴 0.01 mol·L^{-1} KCl 溶液,应有黄色沉淀出现。

(2) 钴含量的测定。称 0.5 g 样品,称准至 0.000 1 g,加 3 mL 盐酸,将样品分解,加 50 mL 水溶解之,加 0.2 g 盐酸羟胺、5 g 硫氰酸盐、2 mL 饱和醋酸铵溶液、50 mL 丙酮,以 0.005 mol·L^{-1} 乙二胺四乙酸二钠标准液滴至蓝色全部消失为终点。

Co 质量分数的计算公式为

$$Co\% = \frac{V \times c \times 10^{-3} \times M_{Co}}{G} \times 100\%$$

式中,V 为乙二胺四乙酸二钠标准液之用量(mL);c 为乙二胺四乙酸二钠标准液之物质的量浓度(mol·L^{-1});G 为样品质量(g);M_{Co}为 Co 的摩尔质量(g·mol^{-1})。

六、思考题

(1) 总结制备 Co(Ⅲ)配合物常用的几种氧化剂。

(2) 总结常用的几种结晶方法和操作技术。

(3) 总结钾离子的几种鉴定方法。

实验 60　硅酸盐水泥中 SiO_2、Fe_2O_3、Al_2O_3、CaO、MgO 含量的测定

分析化学中所涉及的复杂物质种类非常多,它主要包括钢铁、矿石、硅酸盐、肥料、土壤、水质、大气、生化物质等各种工农业和环境物质。复杂物质分析实验是培养学生综合分析问题和解决问题能力的重要步骤,本实验让学生了解水泥产品物质的分析。

一、实验目的

考察物质分析的综合设计能力。

二、实验原理

水泥主要由硅酸盐组成。按我国规定,分成硅酸盐水泥(熟料水泥)、普通硅酸盐水泥(普通水泥)、矿渣硅酸盐水泥(矿渣水泥)、火山灰质硅酸盐水泥(火山灰水泥)、粉煤灰硅酸

盐水泥(煤灰水泥)等。水泥熟料是由水泥生料经 1 400℃以上高温煅烧而成。硅酸盐水泥由水泥熟料加入适量石膏,其成分均与水泥熟料相似,可按水泥熟料化学分析法进行。

水泥熟料、未掺混合材料的硅酸盐水泥、碱性矿渣水泥,可采用酸分解法。不溶物含量较高的水泥熟料、酸性矿渣水泥、火山灰质水泥等酸性氧化物较高的物质,可采用碱熔融法。本实验采用的硅酸盐水泥,一般较易为酸所分解。

SiO_2 的测定可分成重量法和容量法。重量法又因使硅酸凝聚所用物质的不同分为盐酸干涸法、动物胶法、氯化铵法等。本实验采用氯化铵法。将试样与 7~8 倍固体 NH_4Cl 混匀后,再加 HCl 分解试样,HNO_3 氧化 Fe^{2+} 为 Fe^{3+}。经沉淀分离、过滤洗涤后的 $SiO_2 \cdot nH_2O$ 在瓷坩埚中于 950℃灼烧至恒重。本法测定结果较标准法约偏高 0.2%左右。若改用铂坩埚在 1 100℃灼烧恒重,经 HF 处理后,测定结果与标准法结果误差小于 0.1%。生产上 SiO_2 的快速分析常采用氟硅酸钾容量法。

如果不测定 SiO_2,则试样经 HCl 分解、HNO_3 氧化后,用均匀沉淀法使 $Fe(OH)_3$、$Al(OH)_3$ 与 Cu^{2+}、Mg^{2+} 分离。以磺基水杨酸为指示剂,用 EDTA 配位滴定 Fe;以 PAN 为指示剂,用 $CuSO_4$ 标液返滴定法测定 Al;Fe、Al 含量高时,对 Ca^{2+}、Mg^{2+} 测定有干扰,用尿素分离 Fe、Al 后,Ca^{2+}、Mg^{2+} 是以 GBHA 或铬黑 T 为指示剂,用 EDTA 配位滴定法测定。若试样中含 Ti 时,则 $CuSO_4$ 回滴法所测得的实际上是 Al、Ti 合量。若要测定 TiO_2 的含量可加入苦杏仁酸解蔽剂,从 TiY 中夺出 Ti^{4+},再用标准 $CuSO_4$ 滴定释放的 EDTA。如 Ti 含量较低时可用比色法测定。

三、仪器及试剂

仪器:马弗炉,瓷坩埚,干燥器,长、短坩埚钳,酸式滴定管(50 mL),容量瓶(250 mL),烧杯,量筒,移液管。

试剂·EDTA 溶液·0.02 mol·L^{-1}。在台秤上称取 4 g EDTA,加 100 mL 水溶解后,转至塑料瓶中,稀至 500 mL,摇匀。待标定。

铜标准溶液:0.020 mol·L^{-1}。准确称取 0.3 g 纯铜,加入 3 mL 6 mol·L^{-1}HCl,滴加 2~3 mL H_2O_2,盖上表皿,微沸溶解,继续加热赶去 H_2O_2(小泡冒完为止)。冷却后转入 250 mL 容量瓶中,用水稀释至刻度,摇匀。

指示剂:0.1%的溴甲酚绿 20%乙醇溶液:称取 0.1 g 溴甲酚绿溶于 100 mL20%的乙醇溶液中;10%的磺基水杨酸钠水溶液:称取 10 g 磺基水杨酸钠溶于 100 mL 水中;0.3%的 PAN 乙醇溶液:称取 0.1 gPAN 溶于 100 mL 乙醇中;0.1%的铬黑 T 溶液:称取 0.1 g 铬黑 T 溶于 75 mL 三乙醇胺和 25 mL 乙醇中;0.04%的 GBHA 乙醇溶液:称取 0.04 gGBHA 溶于 100 mL乙醇中。

缓冲溶液:氯乙酸 - 醋酸铵缓冲液(pH = 2),850 mL、0.1 mol·L^{-1}氯乙酸与 85 mL、0.1 mol·$L^{-1}$$NH_4Ac$ 混匀;氯乙酸 - 醋酸铵缓冲液(pH = 3.5),250 mL、2 mol·L^{-1}氯乙酸与 500 mL、1 mol·$L^{-1}$$NH_4Ac$ 混匀;NaOH 强碱缓冲液(pH = 12.6),10 g NaOH 与 10 g $Na_2B_4O_7 \cdot 10H_2O$(硼砂)溶于适量水后,稀至 1L;氨水 - 氯化铵缓冲液(pH = 10),67 g NH_4Cl 溶于适量水后,加入 520 mL 浓氨水,稀至 1 L。

其他试剂:固体 NH_4Cl,$NH_3 \cdot H_2O$(1:1),NaOH 溶液(20%),浓 HCl,HCl(2,6 mol·L^{-1}),尿

素水溶液(50%)，浓 HNO_3，NH_4F(20%)，$AgNO_3$(0.1 mol·L^{-1})，NH_4NO_3(1%)。

四、实验内容

1. EDTA 溶液的标定

用移液管准确移取铜标液 10.00 mL，加入 5 mL pH=3.5 的缓冲溶液和水 35 mL，加热至 80℃后，加入 4 滴 PAN 指示剂，趁热用 EDTA 滴定至紫红色，即为终点，记下消耗 EDTA 溶液体积数，平行滴定 3 份，计算 EDTA 浓度。

2. SiO_2 的测定

准确称取 0.4 g 试样，置于干燥的 50 mL 烧杯中，加入 2.5~3 g 固体 NH_4Cl，用玻璃棒混匀，滴加浓 HCl 至试样全部润湿(一般约需 2 mL)，并滴加浓 HNO_3 2~3 滴，搅匀。小心压碎块状物，盖上表面皿，置于沸水浴上，加热 10 min，加热水约 40 mL，搅动，以溶解可溶性盐类。过滤，用热水洗涤烧杯和沉淀，直至滤液中无 Cl^- 反应为止(用 $AgNO_3$ 检验)，弃去滤液。

将沉淀连同滤纸放入已恒重的瓷坩埚中，低温干燥、炭化并灰化后，于 950℃灼烧30 min 取下，置于干燥器中冷却至室温，称重。再灼烧，直至恒重。计算试样中 SiO_2 的含量(质量分数，%)。

3. Fe_2O_3、Al_2O_3、CaO、MgO 的测定

(1) 溶样。准确称取约 2 g 水泥样品于 250 mL 烧杯中，加入 8 gNH_4Cl，用一端平头的玻璃棒压碎块状物，仔细搅拌 20 min 混匀。加入浓 HCl 12 mL，使试样全部润湿，再滴加浓 HNO_3 4~8 滴，搅匀，盖上表皿，置于已预热的沙浴上加热 20~30 min，直至无黑色或灰色的小颗粒为止。取下烧杯，稍冷后加热水 40 mL，搅拌使盐类溶解。冷却后，连同沉淀一起转移到 500 mL 容量瓶中，用水稀至刻度，摇匀后放置 1~2 h，让其澄清。然后，用洁净干燥的虹吸管吸取溶液于洁净干燥的 500 mL 烧杯中保存，作为测 Fe、Al、Ca、Mg 等元素之用。

(2) Fe_2O_3 和 Al_2O_3 含量的测定。准确移取 25.00 mL 试液于 250 mL 锥形瓶中，加入磺基水杨酸 10 滴、pH=2 的缓冲溶液 10 mL，用 EDTA 标准溶液滴定至由酒红色变为无色时结束滴定，记下消耗的 EDTA 体积(mL)，平行 3 份，计算 Fe_2O_3 含量(质量分数，%)

$$Fe_2O_3\% = \frac{\frac{1}{2} \times cV_{EDTA} \times M_{Fe_2O_3}}{m_s} \times 100\%$$

这里，m_s 为实际滴定的每份试样质量(g)。

于滴定铁后的溶液中，加入 1 滴溴甲酚绿，用 1:1 HCl 调至黄绿色，然后，加入过量的 EDTA 标液 15.00 mL，加热煮沸 1 min，加入 pH=3.5 的缓冲溶液 10 mL，4 滴 PAN 指示剂，用 $CuSO_4$ 标液滴至紫红色即为终点。记下消耗的 $CuSO_4$ 标液体积数，平行滴定 3 份，计算 Al_2O_3 含量(质量分数，%)

$$Al_2O_3\% = \frac{\frac{1}{2}(cV_{EDTA} - cV_{CuSO_4})M_{Al_2O_3}}{m_s} \times 100\%$$

(3) CaO 和 MgO 含量的测定。由于 Fe、Al 干扰 Ca、Mg 的测定，须将它们预先分离。为此，取试液 100 mL 于 250 mL 烧杯中，滴入 1:1 $NH_3·H_2O$ 水至红棕色沉淀生成时，再滴入 2 mol·L^{-1}HCl使沉淀刚好溶解。然后，加入尿素溶液 25 mL，加热约 20 min，不断搅拌，使

Fe^{3+}、Al^{3+}完全沉淀,趁热过滤,滤液用 250 mL 烧杯承接,用 1% NH_4NO_3 热水洗涤沉淀至无 Cl^-为止(用 $AgNO_3$ 溶液检查)。滤液冷却后转移至 250 mL 容量瓶中,稀至刻度,摇匀,滤液用于测定 Ca、Mg。

用移液管移取 25.00 mL 试液于 250 mL 锥形瓶中,加入 2 滴 GBHA 指示剂,滴加 20% NaOH 使溶液变为微红色后,加入 10 mL pH = 12.6 的缓冲液和 20 mL 水,用 EDTA 标准溶液滴至由红色变为亮黄色,即为终点,记下消耗 EDTA 标准溶液的体积(mL),平行滴定 3 份,计算 CaO 的含量(质量分数,%)。

在测定 Ca 后的溶液中,滴加 2 $mol·L^{-1}$ HCl 至溶液黄色褪去,此时 pH 值约为 10,加入 15 mL pH = 10 的氨缓冲液,2 滴铬黑 T 指示剂,用 EDTA 标液滴至由红色变为纯蓝色,即为终点。记下消耗 EDTA 标准溶液体积数,平行滴定 3 份,计算 MgO 的含量(质量分数,%)。

五、操作要点

(1) 试样溶解完全与否,与仔细搅拌、混匀密切相关。

(2) Fe_2O_3 含量测定中,终点颜色与试样成分和 Fe 含量大小有关,终点一般为无色或淡黄色。

(3) Al_2O_3 含量测定中,随着 Cu^{2+} 的滴入,有 Cu – EDTA 的蓝色络合物和 PAN 的黄色转变为绿色,终点时生成 Cu – PAN 红色络合物,使终点呈紫红色。

(4) 由于 Fe、Al 干扰 Ca、Mg 的测定,须加尿素溶液,使 Fe^{3+}、Al^{3+} 完全沉淀,这是尿素均匀沉淀法。也可用氨水直接沉淀,但这时 $Fe(OH)_3$ 对 Ca^{2+}、Mg^{2+} 吸附较为严重。

六、思考题

(1) 在 Fe^{3+}、Al^{3+}、Ca^{2+}、Mg^{2+} 共存时,能否用 EDTA 标准溶液控制酸度法滴定 Fe^{3+}? 滴定 Fe^{3+} 的介质酸度范围为多大?

(2) EDTA 滴定 Al^{3+} 时,为什么采用回滴法?

(3) EDTA 滴定 Ca、Mg 时,怎样消除 Fe^{3+}、Al^{3+} 的干扰?

(4) EDTA 滴定 Ca^{2+}、Mg^{2+} 时,怎样利用 GBHA 指示剂的性质调节溶液 pH 值?

第 8 章 设计实验

实验 61 氯化铵的制备

一、实验目的

(1) 应用已学过的溶解和结晶等理论知识,以食盐和硫酸铵为原料,自行设计制备氯化铵的实验方案。

(2) 观察和验证盐类的溶解度与温度的关系。

二、实验提示

(1) $2NaCl + (NH_4)_2SO_4 \rightleftharpoons 2NH_4Cl + Na_2SO_4$。

(2) 溶液中同时存在着氯化铵、硫酸铵、氯化钠和硫酸钠(包括十水硫酸钠)四种盐。由四种盐在不同温度下溶解度的差异设计制备方案。

三、实验内容

(1) 查阅有关资料,列出氯化钠、硫酸铵、氯化铵和硫酸钠在水中不同温度下的溶解度。

(2) 设计出制备 20 g 理论量氯化铵的实验方案,进行实验。

(3) 用简单的方法对产品质量进行鉴定。

四、思考题

(1) 实验应采取什么样的实验条件和操作步骤,使它们达到最好的分离效果?

(2) 要获得较纯的产品,为什么要特别注意氯化铵和硫酸钠的分离条件?

(3) 在保证氯化铵纯度的前提下,必须采取什么方法来获得较高的产量?

实验 62 由废铁屑制备三氯化铁

一、实验目的

(1) 了解铁的卤化物的性质和制备方法。

(2) 练习制备三氯化铁的有关操作。

二、实验提示

(1) 三氯化铁是重要的铁的卤化物,是无机化学实验中常用的化学试剂,也是印刷电路的最好腐蚀剂,在染色、有机合成、医疗领域中用途很广。

(2) 它可以利用廉价的原料: 废边角铁片或铁屑, 工业级盐酸、氯气来制取。

(3) 铁片或铁屑应尽可能纯些, 但有的可能含有少许铜、铅等杂质。

三、实验内容

(1) 设计合理的制备路线, 列出所需仪器、试剂的数量及规格。

$$Fe \longrightarrow FeCl_2 \longrightarrow FeCl_3 \longrightarrow FeCl_3 \cdot 6H_2O$$

(2) 确定合适的实验条件。

(3) 制取理论产量为 20 g 左右的三氯化铁。

实验 63　五水硫酸铜的制备

一、实验目的

(1) 了解由不活泼金属与酸作用制备盐的方法。

(2) 练习和掌握溶液的重结晶、蒸发、浓缩、减压过滤等基本操作。

二、实验提示

(1) 铜是不活泼金属, 不能直接和稀硫酸发生反应制备硫酸铜, 必须加入氧化剂。在浓硝酸和稀硫酸的混合液中, 浓硝酸将铜氧化成 Cu^{2+}, Cu^{2+} 与 SO_4^{2-} 结合得到硫酸铜

$$Cu + 2HNO_3 + H_2SO_4 \overline{} CuSO_4 + 2NO_2\uparrow + 2H_2O$$

(2) 未反应的铜屑(不溶性杂质)用过滤法除去。利用硝酸铜的溶解度在 0 ~ 100℃ 范围内均大于硫酸铜溶解度的性质(表 8.1), 溶液经蒸发浓缩析出硫酸铜, 经过滤与可溶性杂质分离, 得到粗产品。

表 8.1　五水硫酸铜、硝酸铜在不同温度下的溶解度(g/100 g H$_2$O)

T/K	273	293	313	333	353	373
五水硫酸铜	23.1	32.0	44.6	61.8	83.8	114.0
硝酸铜	83.5	125.0	163.0	182.0	208.0	247.0

(3) 硫酸铜的溶解度随温度升高而增大, 可用重结晶法提纯。

三、实验内容

(1) 设计合理的制备路线, 列出实验所需仪器、试剂的数量及规格。

(2) 确定合适的实验条件, 写出详细的操作步骤。

(3) 制备出理论产量 10 g 左右的成品, 并计算产率。

四、思考题

(1) 为什么要缓慢、分批地加入浓硝酸?

(2) 为什么不用浓硫酸与铜反应制备五水硫酸铜?

(3) 如何判断蒸发皿内的溶液已冷却? 为什么要冷却后才能过滤, 此操作的目的是什

么?

实验 64　混合酸碱溶液中各自组分含量的测定

一、实验目的

(1) 设计不同混合酸碱体系的测定方法,考察实施方案的合理性。

(2) 设计在酸碱滴定中如何选择指示剂。

二、实验提示

(1) 可先用酸碱物质准确滴定的判别式判别能否直接准确滴定。

(2) 根据 $K_a \cdot K_b = K_w$ 的关系,HPO_4^{2-} 是弱酸不能被强碱直接滴定,但可作为较强的碱,用酸直接滴定。

(3) 将不能直接滴定的物质进行强化处理,如 H_3BO_3 用甘油处理,NH_4Cl 用甲醛处理等。

$$4NH_4^+ + 6HCHO \Longrightarrow (CH_2)_6N_4H^+ + 6H_2O + 3H^+$$

$$H_3PO_3 + 2C_3H_5(OH)_3 = \begin{bmatrix} H_2C\!-\!O & & O\!-\!CH_2 \\ H C\!-\!OH & B & HO\!-\!CH \\ H_2C\!-\!O & & O\!-\!CH_2 \end{bmatrix}^- + 3H_2O + H^+$$

(4) 设计分析测定方案时,液体各组分的单位应以 $mol \cdot L^{-1}$ 计。

三、实验内容

(1) 选取下列混合液的一种,查阅资料,综合运用酸碱滴定的理论,设计出切实可行的测定方法。

(2) 根据你的设计方案对下列各组混合液进行各自含量(质量浓度,$g \cdot L^{-1}$)的测定。

① NaH_2PO_4 和 Na_2HPO_4 混合液。

② HCl 和 H_3BO_3 混合液。

③ HCl 和 NH_4Cl 混合液。

④ $NaOH$ 和 Na_3PO_4 混合液。

⑤ H_3BO_3 和 $Na_2B_4O_7$ 混合物。

四、思考题

(1) 如何根据滴定产物确定指示剂?

(2) 怎样利用酸或碱标液滴定 $NaH_2PO_4 - Na_2HPO_4$ 混合液中各组分含量?

实验 65 HCl 和 AlCl$_3$ 混合液中各自组分含量的测定

一、实验目的

(1) 设计酸碱滴定过程中如何排除配位金属离子的干扰。
(2) 设计使用掩蔽剂,提高配位测定方法的选择性。
(3) 设计 Al^{3+} 的测定方法。

二、实验提示

(1) 由于混合液中游离酸 H$^+$ 和金属离子 Al^{3+} 的存在,用强碱滴定时,金属离子的水解过程随被滴定游离酸浓度的降低而增大,水解放出的 H$^+$ 显然干扰了游离酸的测定,需设法将 Al^{3+} 掩蔽。在考虑选取掩蔽剂时,一定注意不要再引入新的干扰,可考虑使用配合物掩蔽法。

(2) 实验混合液中 HCl 和 AlCl$_3$ 的浓度分别约为 0.1 mol·L^{-1} 和 0.01 mol·L^{-1}。

三、实验内容

(1) 查阅资料,并根据已学过的知识,设计出切实可行的实验方案。
(2) 取混合液适量,进行 HCl 与 Al^{3+} 含量(质量浓度,g·L^{-1})的测定。

四、思考题

(1) 若选取 Al – EDTA 配合物掩蔽,直接加 EDTA 行吗?用 Ca – EDTA 代替 EDTA 行吗?
(2) 游离酸中 Al^{3+} 含量的测定可用哪几种方法?
(3) 能否用柠檬酸、酒石酸等掩蔽剂来掩蔽 Al^{3+}?

实验 66 蛋壳中 Ca^{2+}、Mg^{2+} 含量的测定

一、实验目的

(1) 设计采用 EDTA 配位滴定法测定蛋壳中 Ca^{2+} 和 Mg^{2+} 含量(质量浓度,g·L^{-1})的分析方案。
(2) 设计采用 KMnO$_4$ 氧化还原滴定法测定蛋壳中 Ca^{2+} 含量的分析方案。
(3) 设计采用酸碱滴定法测定蛋壳中 Ca^{2+}、Mg^{2+} 总量的分析方案。

二、实验提示

蛋壳的主要成分是 CaCO$_3$,其中还含有少量的 MgCO$_3$、Mg$_2$(PO$_4$)$_3$ 和有机物,不含有毒组分(重金属离子等),是一种天然的优质钙源,可作为制备补钙营养品柠檬酸钙的基本原料。

在蛋壳样品的实际测定过程中,需对样品进行预处理和分解。蛋壳的预处理过程是将蛋壳洗净并除去蛋壳内表层的蛋白膜,然后晾干,再将干燥的蛋壳研成粉末。经预处理的蛋

壳样品可用 1:1 的 HCl 溶液微火加热溶解。

蛋壳中钙和镁的含量可采用配位滴定法、$KMnO_4$ 法和酸碱滴定法分别测定,原理如下:

1.EDTA 配位滴定法

用氨性缓冲溶液调节 pH = 10,以铬黑 T 作为指示剂,用 EDTA 可直接测定 Ca^{2+} 和 Mg^{2+} 的总含量。测定中注意可能存在的微量杂质 Fe^{3+} 的干扰。

2.$KMnO_4$ 法

$KMnO_4$ 法测定 Ca^{2+},是采用间接滴定法。由于 CaC_2O_4 的 pK_{sp} 为 7.8(I = 0.1 时),而 MgC_2O_4 的 pK_{sp} 为 3.3(I = 0.1 时),较小,可控制一定的 pH 值,使 Ca^{2+} 定量沉淀为 CaC_2O_4,而 Mg^{2+} 不能形成沉淀。再经过过滤、洗涤分离出 CaC_2O_4 沉淀。将其溶于热的稀 H_2SO_4 溶液中,最后用 $KMnO_4$ 标准溶液滴定 $H_2C_2O_4$。根据所消耗的 $KMnO_4$ 的量,间接求得 Ca^{2+} 的含量。

3.酸碱滴定法

蛋壳中的碳酸盐能与 HCl 发生反应

$$CaCO_3 + 2H^+ \longrightarrow Ca^{2+} + CO_2 \uparrow + H_2O$$

过量酸可用 NaOH 标准溶液回滴,根据实际与碳酸盐反应的 HCl 量可以求得蛋壳中钙、镁的总含量。

三、实验内容

(1) 查阅资料,设计出切实可行的测定方案。

(2) 根据设计方案进行各自含量的测定。

四、思考题

(1) 试比较三种方法的优缺点及分析中应注意的事项。

(2) 用 $KMnO_4$ 法测定 Ca^{2+} 含量时,哪些过程会引入误差? 应采取哪些相应的措施?

附　录

1.水的饱和蒸汽压

温度/℃	压力/mm·Hg	压力/kPa	温度/℃	压力/mm·Hg	压力/kPa	温度/℃	压力/mm·Hg	压力/kPa
−10	2.149	0.2865	32	35.663	4.7547	74	277.2	36.96
−9	2.326	0.3101	33	37.729	5.0301	75	289.1	38.54
−8	2.514	0.3352	34	39.898	5.3193	76	301.4	40.18
−7	2.715	0.3620	35	42.175	5.6228	77	314.1	41.88
−6	2.931	0.3908	36	44.563	5.9412	78	327.3	43.64
−5	3.163	0.4217	37	47.067	6.2751	79	341.0	45.46
−4	3.410	0.4546	38	49.692	6.6250	80	355.1	47.34
−3	3.673	0.4897	39	52.442	6.9917	81	369.7	49.29
−2	3.956	0.5274	40	55.324	7.3759	82	384.9	51.32
−1	4.258	0.5677	41	58.34	7.778	83	400.6	53.41
0	4.579	0.6165	42	61.50	8.199	84	416.8	55.57
+1	4.926	0.6567	43	64.80	8.639	85	433.6	57.81
2	5.294	0.7058	44	68.26	9.100	86	450.9	60.11
3	5.685	0.7579	45	71.88	9.583	87	468.7	62.49
4	6.101	0.8134	46	75.65	10.08	88	487.1	64.94
5	6.543	0.8723	47	79.60	10.61	89	506.1	67.47
6	7.013	0.9350	48	83.71	11.16	90	525.76	70.095
7	7.513	1.002	49	88.02	11.74	91	546.05	72.800
8	8.045	1.072	50	92.51	12.33	92	566.99	75.592
9	8.609	1.148	51	97.20	12.96	93	588.60	78.473
10	9.209	1.228	52	102.09	13.611	94	610.90	81.446
11	9.844	1.312	53	107.20	14.292	95	633.90	84.513
12	10.518	1.4023	54	112.51	15.000	96	657.62	87.675
13	11.231	1.4973	55	118.04	15.737	97	682.07	90.935
14	11.987	1.5981	56	123.80	16.505	98	707.27	94.294
15	12.788	1.7049	57	129.82	17.308	99	733.24	97.757
16	13.634	1.8177	58	136.08	18.142	100	760.00	101.32
17	14.530	1.9372	59	142.60	19.011	101	787.51	104.99
18	15.477	2.0634	60	149.38	19.916	102	815.86	108.77
19	16.477	2.1967	61	156.43	20.856	103	845.12	112.67
20	17.535	2.3378	62	163.77	21.834	104	875.06	116.66
21	18.650	2.4864	63	171.38	22.849	105	906.07	120.80
22	19.827	2.6434	64	179.31	23.906	106	937.92	125.04
23	21.068	2.8088	65	187.54	25.003	107	970.60	129.40
24	22.377	2.9833	66	196.09	26.143	108	1004.42	133.911
25	23.756	3.1672	67	204.96	27.326	109	1038.92	138.510
26	25.209	3.3609	68	214.17	28.554	110	1074.56	143.262
27	26.739	3.5649	69	223.73	29.828	111	1111.20	148.147
28	28.349	3.7795	70	233.7	31.16	112	1148.74	153.152
29	30.043	4.0054	71	243.9	32.52	113	1187.42	158.309
30	31.824	4.2428	72	254.6	33.94			
31	33.695	4.4923	73	265.7	35.42			

2.标准电极电势表(25℃)

电 极 反 应	φ^0/V
$AlF_6^{3-} + 3e^- \rightleftharpoons Al + 6F^-$	-2.07
$Al^{6+} + 3e^- \rightleftharpoons Al$	-1.67
* $Mn(OH)_2 + 2e^- \rightleftharpoons Mn + 2OH^-$	-1.47
* $Zn(OH)_2 + 2e^- \rightleftharpoons Zn + 2OH^-$	-1.245
* $Sn(OH)_6^{2-} + 2e^- \rightleftharpoons HSnO_2^- + 3OH^- + H_2O$	-0.96
* $[Co(CN)_6]^{3-} + 2e^- \rightleftharpoons [Co(CN)_6]^{4-}$	-0.83
* $2H_2O + 2e^- \rightleftharpoons H_2 + 2OH^-$	-0.828
$Zn^{2+} + 2e^- \rightleftharpoons Zn$	-0.762
* $SO_3^{2-} + 3H_2O + 6e^- \rightleftharpoons S^{2-} + 6OH^-$	-0.61
* $2SO_3^{2-} + 3H_2O + 4e^- \rightleftharpoons S_2O_3^{2-} + 6OH^-$	-0.58
* $Fe(OH)_3 + e^- \rightleftharpoons Fe(OH)_2 + OH^-$	-0.56
* $NO_2^- + H_2O + e^- \rightleftharpoons NO + 2OH^-$	-0.46
* $Fe^{2+} + 2e^- \rightleftharpoons Fe$	-0.441
* $[Cu(CN)_2]^- + e^- \rightleftharpoons Cu + 2CN^-$	-0.43
* $[Co(NH_3)_6]^{2+} + 2e^- \rightleftharpoons Co + 6NH_3(aq)$	-0.422
$2H^+([H^+] = 10^{-7} mol \cdot L^{-1}) + 2e^- \rightleftharpoons H_2$	-0.414
$Cr^{3+} + e^- \rightleftharpoons Cr^{2+}$	-0.41
$Cd^{3+} + 2e^- \rightleftharpoons Cd$	-0.402
* $Hg(CN)_4^{2-} + 2e^- \rightleftharpoons Hg + 4CN^-$	-0.37
* $[Ag(CN)_2]^- + e^- \rightleftharpoons Ag + 2CN^-$	-0.30
$Co^{2+} + 2e^- \rightleftharpoons Co$	-0.277
$Ni^{2+} + 2e^- \rightleftharpoons Ni$	-0.25
* $Cu(OH)_2 + 2e^- \rightleftharpoons Cu + 2OH^-$	-0.224
$CuI + e^- \rightleftharpoons Cu + I^-$	-0.180
* $PbO_2 + 2H_2O + 4e^- \rightleftharpoons Pb + 4OH^-$	-0.16
$AgI + e^- \rightleftharpoons Ag + I^-$	-0.151
$Sn^{2+} + 2e^- \rightleftharpoons Sn$	-0.140
$Pb^{2+} + 2e^- \rightleftharpoons Pb$	-0.126
* $CrO_4^{2-} + 4H_2O + 3e^- \rightleftharpoons Cr(OH)_3 + 5OH^-$	-0.12
* $[Cu(NH_3)_2]^+ + e^- \rightleftharpoons Cu + 2NH_3$	-0.11
* $O_2 + H_2O + 2e^- \rightleftharpoons HO_2^- + OH^-$	-0.076
* $MnO_2 + H_2O + 2e^- \rightleftharpoons Mn(OH)_2 + 2OH^-$	-0.05
$Fe^{3+} + 3e^- \rightleftharpoons Fe$	-0.036
$2H^+ + 2e^- \rightleftharpoons H_2$	$0.000\ 0$
* $[Co(NH_3)_6]^{3+} + e^- \rightleftharpoons [Co(NH_3)_6]^{2+}$	0.1

续表

电 极 反 应	φ^0/V
$S + 2H^+ + 2e^- \Longrightarrow H_2S$	0.141
$Sn^{4+} + 2e^- \Longrightarrow Sn^{2+}$	0.15
$Cu^{2+} + e^- \Longrightarrow Cu^+$	0.167
$S_4O_6^{2-} + 2e^- \Longrightarrow 2S_2O_3^{2-}$	0.17
$* Co(OH)_3 + e^- \Longrightarrow Co(OH)_2 + OH^-$	0.20
$* IO_3^- + 3H_2O + 6e^- \Longrightarrow I^- + 6OH^-$	0.26
$VO^{2+} + 2H^+ + e^- \Longrightarrow V^{3+} + H_2O$	0.314

3.弱酸、弱碱的解离常数

(一)酸

名 称	温度/℃	解离常数 K_a	pK_a	名 称	温度/℃	解离常数 K_a	pK_a
砷酸 H_3AsO_4	18	$K_{a_1} = 5.6 \times 10^{-3}$	2.25	醋酸 CH_3COOH	20	$K_a = 1.8 \times 10^{-5}$	4.74
		$K_{a_2} = 1.7 \times 10^{-7}$	6.77	一氯乙酸 $CH_2ClCOOH$	25	$K_a = 1.4 \times 10^{-3}$	2.86
		$K_{a_3} = 3.0 \times 10^{-12}$	11.50	二氯乙酸 $CHCl_2COOH$	25	$K_a = 5.0 \times 10^{-2}$	1.30
硼酸 H_3BO_3	20	$K_a = 5.7 \times 10^{-10}$	9.24	三氯乙酸 CCl_3COOH	25	$K_a = 0.23$	0.64
氢氰酸 HCN	25	$K_a = 6.2 \times 10^{-10}$	9.21	草酸 $H_2C_2O_4$	25	$K_{a_1} = 5.9 \times 10^{-2}$	1.23
碳酸 H_2CO_3	25	$K_{a_1} = 4.2 \times 10^{-7}$	6.38			$K_{a_2} = 6.4 \times 10^{-5}$	4.19
		$K_{a_2} = 5.6 \times 10^{-11}$	10.25	琥珀酸 $(CH_2COOH)_2$	25	$K_{a_1} = 6.4 \times 10^{-5}$	4.19
铬酸 H_2CrO_4	25	$K_{a_1} = 1.8 \times 10^{-1}$	0.74			$K_{a_2} = 2.7 \times 10^{-6}$	5.57
		$K_{a_2} = 3.2 \times 10^{-7}$	6.49	酒石酸 $CH(OH)COOH$	25	$K_{a_1} = 9.1 \times 10^{-4}$	3.04
氢氟酸 HF	25	$K_a = 3.5 \times 10^{-4}$	3.46	$CH(OH)COOH$		$K_{a_2} = 4.3 \times 10^{-5}$	4.37
亚硝酸 NHO_2	25	$K_a = 4.6 \times 10^{-4}$	3.37	柠檬酸 CH_2COOH		$K_{a_1} = 7.4 \times 10^{-4}$	3.13
磷酸 H_3PO_4	25	$K_{a_1} = 7.6 \times 10^{-3}$	2.12	$C(OH)COOH$	18	$K_{a_2} = 1.7 \times 10^{-5}$	4.76
		$K_{a_2} = 6.3 \times 10^{-8}$	7.20	CH_2COOH		$K_{a_3} = 4.0 \times 10^{-7}$	6.40
		$K_{a_3} = 4.4 \times 10^{-13}$	12.36				
硫化氢 H_2S	25	$K_{a_1} = 1.3 \times 10^{-7}$	6.89	苯酚 C_6H_5OH	20	$K_a = 1.1 \times 10^{-10}$	9.95
		$K_{a_2} = 7.1 \times 10^{-15}$	14.15	苯甲酸 C_6H_5COOH	25	$K_a = 6.2 \times 10^{-5}$	4.21
亚硫酸 H_2SO_3	18	$K_{a_1} = 1.5 \times 10^{-2}$	1.82	水杨酸 $C_6H_4(OH)COOH$	18	$K_{a_1} = 1.07 \times 10^{-3}$	2.97
		$K_{a_2} = 1.0 \times 10^{-7}$	7.00			$K_{a_2} = 4 \times 10^{-14}$	13.40
硫酸 H_2SO_4	25	$K_a = 1.0 \times 10^{-2}$	1.99	邻苯二甲酸 $C_6H_4(COOH)_2$	25	$K_{a_1} = 1.3 \times 10^{-3}$	2.89
甲酸 $HCOOH$	20	$K_a = 1.8 \times 10^{-4}$	3.74			$K_{a_2} = 2.9 \times 10^{-6}$	5.54

(二)碱

名 称	温度/℃	解离常数 K_b	pK_b	名 称	温度/℃	解离常数 K_b	pK_b
氨水 $NH_3 \cdot H_2O$	25	$K_b = 1.8 \times 10^{-5}$	4.74			$K_{b2} = 7.1 \times 10^{-8}$	7.15
羟胺 NH_2OH	20	$K_b = 9.1 \times 10^{-9}$	8.04	六次甲基四胺 $(CH_2)_6N_4$	25	$K_b = 1.4 \times 10^{-9}$	8.85
苯胺 $C_6H_5NH_2$	25	$K_b = 4.6 \times 10^{-10}$	9.34	吡啶	25	$K_b = 1.7 \times 10^{-9}$	8.77
乙二胺 $H_2NCH_2CH_3NH_2$	25	$K_{b1} = 8.5 \times 10^{-5}$	4.07				

4.配离子的稳定常数

（温度 293 ~ 298 K,离子强度 $I \approx 0$）

配离子	稳定常数,β	lg β	配离子	稳定常数,β	lg β
$[Ag(NH_3)_2]^+$	1.11×10^7	7.05	$[Ag(Ac)_2]^-$	4.37	0.64
$[Cd(NH_3)_4]^{2+}$	1.32×10^7	7.12	$[Cu(Ac)_4]^{2-}$	1.54×10^3	3.20
$[Co(NH_3)_6]^{2+}$	1.29×10^5	5.11	$[Pb(Ac)_4]^{2-}$	3.16×10^8	8.50
$[Co(NH_3)_6]^{3+}$	1.59×10^{35}	35.2	$[Al(C_2O_4)_3]^{3-}$	2.00×10^{16}	16.30
$[Cu(NH_3)_4]^{2+}$	2.09×10^{13}	13.32	* $[Cu(C_2O_4)_2]^{2-}$	7.9×10^8	8.9
$[Ni(NH_3)_6]^{2+}$	5.50×10^8	8.74	$[Fe(C_2O_4)_3]^{4-}$	1.66×10^5	5.22
$[Zn(NH_3)_4]^{2+}$	2.88×10^9	9.46	$[Fe(C_2O_4)_3]^{3-}$	1.58×10^{20}	20.20
$[AlF_6]^{3-}$	6.92×10^{19}	19.84	$[Zn(C_2O_4)_3]^{4-}$	1.41×10^8	8.15
* $[FeF_5]^{2-}$		15.77	$[Cd(en)_3]^{2+}$	1.23×10^{12}	12.09
* $[SnF_6]^{2-}$		25	$[Co(en)_3]^{2+}$	8.71×10^{13}	13.94
$[AgCl_2]^-$	1.10×10^5	5.04	$[Co(en)_3]^{3+}$	4.90×10^{48}	48.69
$[CdCl_4]^{2-}$	6.31×10^2	2.80	$[Fe(en)_3]^{2+}$	5.01×10^9	9.70
$[HgCl_4]^{2-}$	1.17×10^{15}	15.07	$[Ni(en)_3]^{2+}$	2.14×10^{18}	18.33
$[PbCl_3]^-$	1.70×10^3	3.23	$[Zn(en)_3]^{2+}$	1.29×10^{14}	14.11
$[AgBr_2]^-$	2.14×10^7	7.33	$[Aledta]^-$	1.29×10^{16}	16.11
$[CdI_4]^{2-}$	2.57×10^5	5.41	$[Baedta]^{2-}$	6.03×10^7	7.78
$[HgI_4]^{2-}$	6.76×10^{29}	29.83	$[Caedta]^{2-}$	1.00×10^{11}	11.00
$[Ag(CN)_2]^-$	1.26×10^{21}	21.10	$[Cdedta]^{2-}$	2.51×10^{16}	16.40
$[Au(CN)_2]^-$	2.00×10^{38}	38.30	$[Coedta]^-$	1.00×10^{36}	36
$[Cd(CN)_4]^{2-}$	6.03×10^{18}	18.78	$[Cuedta]^{2-}$	5.01×10^{18}	18.70
$[Cu(CN)_4]^{2-}$	2.00×10^{30}	30.30	$[Feedta]^{2-}$	2.14×10^{14}	14.33
$[Fe(CN)_6]^{4-}$	1.00×10^{35}	35	$[Feedta]^-$	1.70×10^{24}	24.23
$[Fe(CN)_6]^{3-}$	1.00×10^{42}	42	$[Hgedta]^{2-}$	6.31×10^{21}	21.80
$[Hg(CN)_4]^{2-}$	2.51×10^{41}	41.4	$[Mgedta]^{2-}$	4.37×10^8	8.64
$[Ni(CN_4)]^{2-}$	2.00×10^{31}	31.3	$[Mnedta]^{2-}$	6.31×10^{13}	13.80
$[Zn(CN)_4]^{2-}$	5.01×10^{16}	16.7	$[Niedta]^{2-}$	3.63×10^{18}	18.56
$[Ag(SCN)_2]^-$	3.72×10^7	7.57	$[Pbedta]^{2-}$	2.00×10^{18}	18.30
$[Co(SCN)_4]^{2-}$	1.00×10^3	3.00	$[Znedta]^{2-}$	2.51×10^{16}	16.40
$[Fe(SCN)_2]^{2+}$	$\beta_1 = 8.91 \times 10^2$	2.95	$[Snedta]^{2-}$	1.26×10^{22}	22.1
	$\beta_2 = 2.29 \times 10^3$	3.36	$[FeR_3]^{6-}$	$\beta_1 = 4.37 \times 10^{14}$	14.64
$[Hg(SCN)_4]^{2-}$	1.70×10^{21}	21.23		$\beta_2 = 1.51 \times 10^{25}$	25.18
* $[Zn(SCN)_4]^{2-}$	41.7	1.62		$\beta_3 = 1.32 \times 10^{32}$	32.12
* $[FeHPO_4]^+$		9.35	* $[Fe(tart)_3]^{3-}$		7.49
$[Zn(OH)_4]^{2-}$	4.57×10^{17}	17.66	* $[Cu(thio)_3]^+$		13
* $[Ag(S_2O_3)_2]^{3-}$	$\beta_1 = 6.61 \times 10^8$	8.82	* $[Cu(thio)_4]^+$		15.4
	$\beta_2 = 3.16 \times 10^3$	13.5			

注:Ac—醋酸根,en—乙二胺,edta—乙二胺四乙酸根,R—磺基水杨酸根,tart—酒石酸根,thio—硫脲

摘自 J. A. Dean Ed, Lange's Handbook of Chemistry, 13th. edition 1985.

* 摘自其他参考书.

5.溶度积(298 K)

化合物溶度积	化合物	溶度积	
醋酸盐		**铬酸盐**	
* * AgAc	1.94×10^{-3}	Ag_2CrO_4	1.12×10^{-12}
卤化物		* $Ag_2Cr_2O_7$	2.0×10^{-7}
* AgBr	5.0×10^{-13}	* $BaCrO_4$	1.2×10^{-10}
* AgCl	1.8×10^{-10}	* $CaCrO_4$	7.1×10^{-4}
* AgI	8.3×10^{-17}	* $CuCrO_4$	3.6×10^{-6}
BaF_2	1.84×10^{-17}	* Hg_2CrO_4	2.0×10^{-9}
* CaF_2	5.3×10^{-9}	* $PbCrO_4$	2.8×10^{-13}
* CuBr	5.3×10^{-9}	* $SrCrO_4$	2.2×10^{-5}
* CuCl	1.2×10^{-6}	**氢氧化物**	
* CuI	1.1×10^{-12}	* AgOH	2.0×10^{-8}
* Hg_2Cl_2	1.3×10^{-18}	* $Al(OH)_3$(无定形)	1.3×10^{-33}
* Hg_2I_2	4.5×10^{-29}	* $Be(OH)_2$(无定形)	1.6×10^{-22}
HgI_2	2.9×10^{-29}	* $Ca(OH)_2$	5.5×10^{-6}
$PbBr_2$	6.60×10^{-6}	* $Cd(OH)_2$	5.27×10^{-15}
* $PbCl_2$	1.6×10^{-5}	* * $Co(OH)_2$(粉红色)	1.09×10^{-15}
PbF_2	3.3×10^{-8}	* * $Co(OH)_2$(蓝色)	5.92×10^{-15}
* PbI_2	7.1×10^{-9}	* $Co(OH)_3$	1.6×10^{-44}
SrF_2	4.33×10^{-9}	* $Cr(OH)_2$	2×10^{-16}
碳酸盐		* $Cr(OH)_3$	6.3×10^{-31}
Ag_2CO_3	8.45×10^{-12}	* $Cu(OH)_2$	2.2×10^{-20}
* $BaCO_3$	5.1×10^{-9}	* $Fe(OH)_2$	8.0×10^{-16}
$CaCO_3$	3.36×10^{-9}	* $Fe(OH)_3$	4×10^{-38}
$CdCO_3$	1.0×10^{-12}	* $Mg(OH)_2$	1.8×10^{-11}
* $CuCO_3$	1.4×10^{-10}	* $Mn(OH)_2$	1.9×10^{-13}
$FeCO_3$	3.13×10^{-11}	* $Ni(OH)_2$(新制备)	2.0×10^{-15}
Hg_2CO_3	3.6×10^{-17}	* $Pb(OH)_2$	1.2×10^{-15}
$MgCO_3$	6.82×10^{-6}	* $Sn(OH)_2$	1.4×10^{-28}
$MnCO_3$	2.24×10^{-11}	* $Sr(OH)_2$	9×10^{-4}
$NiCO_3$	1.42×10^{-7}	* $Zn(OH)_2$	1.2×10^{-17}
* $PbCO_3$	7.4×10^{-14}	**草酸盐**	
$SrCO_3$	5.6×10^{-10}	$Ag_2C_2O_4$	5.4×10^{-12}
$ZnCO_3$	1.46×10^{-10}	* BaC_2O_4	1.6×10^{-7}

续表

化合物	溶度积	化合物	溶度积
* $CaC_2O_4 \cdot H_2O$	4×10^{-9}	* * SnS_2	2×10^{-27}
CuC_2O_4	4.43×10^{-10}	* * ZnS	2.93×10^{-25}
* $FeC_2O_4 \cdot 2H_2O$	3.2×10^{-7}	磷酸盐	
$Hg_2C_2O_4$	1.75×10^{-13}	* Ag_3PO_4	1.4×10^{-16}
$MgC_2O_4 \cdot 2H_2O$	4.83×10^{-6}	* $AlPO_4$	6.3×10^{-19}
$MnC_2O_4 \cdot 2H_2O$	1.70×10^{-7}	* $CaHPO_4$	1×10^{-7}
* * PbC_2O_4	8.51×10^{-10}	* $Ca_3(PO_4)_2$	2.0×10^{-29}
* $SrC_2O_4 \cdot H_2O$	1.6×10^{-7}	* * $Cd_3(PO_4)_2$	2.53×10^{-33}
$ZnC_2O_4 \cdot 2H_2O$	1.38×10^{-9}	$Cu_3(PO_4)_2$	1.40×10^{-37}
硫酸盐		$FePO_4 \cdot 2H_2O$	9.91×10^{-16}
* Ag_2SO_4	1.4×10^{-5}	* $MgNH_4PO_4$	2.5×10^{-13}
* $BaSO_4$	1.1×10^{-10}	$Mg_3(PO_4)_2$	1.04×10^{-24}
* $CaSO_4$	9.1×10^{-6}	* $Pb_3(PO_4)_2$	8.0×10^{-43}
Hg_2SO_4	6.5×10^{-7}	* $Zn_3(PO_4)_2$	9.0×10^{-33}
* $PbSO_4$	1.6×10^{-8}	其他盐	
* $SrSO_4$	3.2×10^{-7}	* $[Ag^+][Ag(CN)_2^-]$	7.2×10^{-11}
硫化物		* $Ag_4[Fe(CN)_6]$	1.6×10^{-41}
* Ag_2S	6.3×10^{-50}	* $Cu_2[Fe(CN)_6]$	1.3×10^{-16}
* CdS	8.0×10^{-27}	$AgSCN$	1.03×10^{-12}
* $CoS(\alpha-型)$	4.0×10^{-21}	$CuSCN$	4.8×10^{-15}
* $CoS(\beta-型)$	2.0×10^{-25}	* $AgBrO_3$	5.3×10^{-5}
* Cu_2S	2.5×10^{-48}	* $AgIO_3$	3.0×10^{-8}
* CuS	6.3×10^{-36}	$Cu(IO_3)_2 \cdot H_2O$	7.4×10^{-8}
* FeS	6.3×10^{-18}	* $K_2Na[Co(NO_2)_6] \cdot H_2O$	2.2×10^{-11}
* $HgS(黑色)$	1.6×10^{-52}	* $Na(NH_4)_2[Co(NO_2)_6]$	4×10^{-12}
* $HgS(红色)$	4×10^{-53}	* * $Al(8-羟基喹啉)_3$	5×10^{-33}
* $MnS(晶形)$	2.5×10^{-13}	* * $Mg(8-羟基喹啉)_2$	4×10^{-16}
* * NiS	1.07×10^{-21}	* * $Zn(8-羟基喹啉)_2$	5×10^{-25}
* PbS	8.0×10^{-28}	* * $KHC_4H_4O_6(酒石酸氢钾)$	3×10^{-4}
* SnS	1×10^{-25}	* * $Ni(丁二酮肟)_2$	4×10^{-24}

摘自 David R. Lide, Handbook of Chemistry and Physics, 78th. edition, 1997～1998.

* 摘自 J. A. Dean Ed. Lange's Handbook of Chemistry, 13th. edition 1985.

* * 摘自其他参考书。

6. 不同温度下若干常见无机化合物的溶解度（g/100 g H_2O）

序号	分子式	237 K	283 K	293 K	303 K	313 K	323 K	333 K	343 K	353 K	363 K	373 K
*1	AgBr	—	—	8.4×10^{-6}	—	—	—	—	—	—	—	$**3.7 \times 10^{-4}$
2	$AgC_2H_3O_2$	0.73	0.89	1.05	1.23	1.43	1.64	1.93	2.18	2.59	—	—
*3	AgCl	—	8.9×10^{-5}	1.5×10^{-4}	—	—	—	—	—	—	—	2.1×10^{-3}
*4	AgCN	—	—	2.2×10^{-5}	—	—	5×10^{-4}	—	—	—	—	—
*5	Ag_2CO_3	1.4×10^{-3}	—	3.2×10^{-3}	—	—	—	—	—	—	—	5×10^{-2}
*6	Ag_2CrO_4	—	—	—	3.6×10^{-3}	—	5.3×10^{-3}	—	8×10^{-3}	—	—	1.1×10^{-2}
***7	AgI	—	—	—	3×10^{-7}	—	—	3×10^{-6}	—	—	—	—
8	$AgIO_3$	—	3×10^{-3}	4×10^{-3}	—	—	—	1.8×10^{-2}	—	—	—	—
9	$AgNO_2$	0.16	0.22	0.34	0.51	0.73	0.995	1.39	—	—	—	—
10	$AgNO_3$	122	167	216	265	311	—	440	—	585	652	733
11	Ag_2SO_4	0.57	0.70	0.80	0.89	0.98	1.08	1.15	1.22	1.30	1.36	1.41
12	$AlCl_3$	43.9	44.9	45.8	46.6	47.3	—	48.1	—	48.6	—	49.0
13	AlF_3	0.56	0.56	0.67	0.78	0.91	—	1.1	—	1.32	—	1.72
14	$Al(NO_3)_3$	60.0	66.7	73.9	81.8	88.7	—	106	—	132	153	160
15	$Al_2(SO_4)_3$	31.2	33.5	36.4	40.4	45.8	52.2	59.2	66.1	73.0	80.8	89.0
16	As_2O_3	59.5	62.1	65.8	69.8	71.2	—	73.0	—	75.1	—	76.7
*17	As_2S_3	—	—	5.17×10^{-5} (291)	—	—	—	—	—	—	—	—
**18	B_2O_3	1.1	1.5	2.2	—	4.0	—	6.2	—	9.5	—	15.7
19	$BaCl_2 \cdot 2H_2O$	31.2	33.5	35.8	38.1	40.8	43.6	46.2	49.4	52.5	55.8	59.4
**20	$BaCO_3$	—	1.6×10^{-3} (281)	2.2×10^{-3} (291)	2.4×10^{-3} (297.2)	—	—	—	—	—	—	6.5×10^{-3}
*21	BaC_2O_4	—	9.3×10^{-3} (291)	(291)	(297.2)	—	—	—	—	—	—	2.28×10^{-2}
**22	$BaCrO_4$	2.0×10^{-4}	2.8×10^{-4}	3.7×10^{-4}	4.6×10^{-4}	—	—	—	—	—	—	—
23	$Ba(NO_3)_2$	4.95	6.67	9.02	11.48	14.1	17.1	20.4	—	27.2	—	34.4
24	$Ba(OH)_2$	1.67	2.48	3.89	5.59	8.22	13.12	20.94	—	101.4	—	—

续表

序号	分子式	237 K	283 K	293 K	303 K	313 K	323 K	333 K	343 K	353 K	363 K	373 K
**25	$BaSO_4$	$1.15×10^{-4}$	$2.0×10^{-4}$	$2.4×10^{-4}$	$2.85×10^{-4}$	—	$3.36×10^{-4}$	—	—	—	—	$4.13×10^{-4}$
26	$BeSO_4$	37.0	37.6	39.1	41.4	45.8	—	53.1	—	67.2	—	82.8
**27	Br_2	4.22	3.4	3.20	3.13							
**28	Bi_2S_3			$1.8×10^{-5}$ (291)								
29	$CaB_2O_6·6H_2O$	125	132	143	185(307)	213		278		295		312(378)
30	$Ca(C_2H_3O_2)_2·2H_2O$	37.4	36.0	34.7	33.8	33.2		32.7		33.5		
31	$CaCl_2·6H_2O$	59.5	64.7	74.5	100	128		137		147	154	159
**32	CaC_2O_4	—	$6.7×10^{-4}$	$6.8×10^{-4}$ (298)	—		$9.5×10^{-4}$				$14×10^{-4}$ (368)	
**33	CaF_2	$1.3×10^{-3}$	(286)	$1.6×10^{-3}$ (298)	$1.7×10^{-3}$ (299)							
34	$Ca(HCO_3)_2$	16.15		16.60		17.05		17.50		17.95		18.40
35	CaI_2	64.6	66.0	67.6	69.0	70.8		74		78		81
36	$Ca(IO_3)_2·6H_2O$	0.090	0.17	0.24	0.38	0.52		0.65		0.66	0.67	
37	$Ca(NO_2)_2·4H_2O$	63.9	115	84.5(291)	104			134		151	166	178
38	$Ca(NO_3)_2·4H_2O$	102.0		129	152	191				358		363
39	$Ca(OH)_2$	0.189	0.182	0.173	0.160	0.141	0.128	0.121	0.106	0.094	0.086	0.076
40	$CaSO_4·1/2H_2O$	—	—	0.32	0.29(298)	0.26(308)	0.21(318)	0.145(338)	0.12(348)			0.071
41	$CdCl_2·2.5H_2O$	90	100	113	132	135						
42	$CdCl_2·H_2O$		135	135	135	135		136		140		147
**43	$Cl_2$①	1.46	0.980	0.716	0.562	0.451	0.386	0.324	0.274	0.219	0.125	0
**44	CO①	0.004 4	0.003 5	0.002 8	0.002 4	0.002 1	0.001 8	0.001 5	0.001 3	0.001 0	0.000 6	0
**45	$CO_2$①	0.334 6	0.231 8	0.168 8	0.125 7	0.097 3	0.076 1	0.057 6				0
46	$CoCl_2$	43.5	47.7	52.9	59.7	69.5		93.8		97.6	101	106
47	$Co(NO_3)_2$	84.0	89.6	97.4	111	125		174		204	300	
48	$CoSO_4$	25.50	30.50	36.1	42.0	48.80		55.0		53.8	45.3	38.9
49	$CoSO_4·7H_2O$	44.8	56.3	65.4	73.0	88.1		101				

续表

序号	分子式	237 K	283 K	293 K	303 K	313 K	323 K	333 K	343 K	353 K	363 K	373 K
50	CrO_3	164.9	—	157.2	—	172.5	183.9	—	—	191.6	217.5	206.8
51	$CsCl$	161.0	175	187	197	208.0	218.5	230	239.5	250.0	260.0	271
*52	$CsOH$	—	—	395.5(288)	—	—	—	—	—	—	—	—
53	$CuCl_2$	68.6	70.9	73.0	77.3	87.6	—	96.5	—	104	108	120
**54	CuI_2	—	—	1.107	—	—	—	—	—	—	—	—
55	$Cu(NO_3)_2$	83.5	100	125	156	163	—	182	—	208	222	247
56	$CuSO_4·5H_2O$	23.1	27.5	32.0	37.8	44.6	—	61.8	—	83.8	—	114
57	$FeCl_2$	49.7	59.0	62.5	66.7	70.0	315.1	78.3	—	88.7	92.3	94.9
58	$FeCl_3·6H_2O$	74.4	81.9	9..8	106.8	—	—	—	—	525.8	—	535.7
59	$Fe(NO_3)_2·6H_2O$	113	134	—	—	—	—	266	—	—	—	—
60	$FeSO_4·7H_2O$	28.8	40.0	48.0	60.0	73.3	—	100.7	—	79.9	68.3	57.8
61	H_3BO_3	2.67	3.72	5.04	6.72	8.72	11.54	14.81	18.62	23.62	30.38	40.25
62	$HBr①$	221.2	210.3	204(288)	—	—	171.5	—	—	150.5(348)	—	130
63	$HCl①$	82.3	77.2	72.6	67.3	63.3	59.6	56.1	—	—	—	—
64	$H_2C_2O_4$	3.54	6.08	9.52	14.23	21.52	—	44.32	—	84.5	125	—
*65	$HgBr$	—	—	$4×10^{-6}$ (299)	—	—	—	—	—	—	—	—
66	$HgBr_2$	0.30	0.40	0.56	0.66	0.91	—	1.68	—	2.77	—	4.9
**67	Hg_2Cl_2	0.000 14	—	0.000 2	—	0.000 7	—	—	—	—	—	—
68	$HgCl_2$	3.63	4.82	6.57	8.34	10.2	—	16.3	—	30.0	—	61.3
69	I_2	0.014	0.020	0.029	0.039	0.052	0.078	0.100	—	0.225	0.315	0.445
70	KBr	53.5	59.5	65.3	70.7	75.4	80.2	85.5	90.0	95.0	99.2	104.0
71	$KBrO_3$	3.09	4.72	6.91	9.64	13.1	17.5	22.7	—	34.1	—	49.9
72	$KC_2H_3O_2$	216	233	256	283	324	—	350	—	381	398	—
73	$K_2C_2O_4$	25.5	31.9	36.4	39.9	43.8	42.6	53.2	—	63.6	69.2	75.3
74	KCl	28.0	31.2	34.2	37.2	40.1	42.6	45.8	48.3	51.3	54.0	56.3
75	$KClO_3$	3.3	5.2	7.3	10.1	13.9	19.3	23.8	—	37.6	46	56.3

续表

序号	分子式	237 K	283 K	293 K	303 K	313 K	323 K	333 K	343 K	353 K	363 K	373 K
76	$KClO_4$	0.76	1.06	1.68	2.56	3.73	6.5	7.3	11.8	13.4	17.7	22.3
77	$KSCN$	177.0	198	224	255	289	—	372	—	492	571	675
78	K_2CO_3	105	108	111	114	117	121.2	127	133.1	140	148	156
79	K_2CrO_4	56.3	60.0	63.7	66.7	67.8	—	70.1	70.4	72.1	74.5	75.6
80	$K_2Cr_2O_7$	4.7	7.0	12.3	18.1	26.3	34	45.6	52	73	—	80
81	$K_3Fe(CN)_6$	30.2	38	46	53	59.3	—	70	—	—	—	91
82	$K_4Fe(CN)_6$	14.3	21.1	28.2	35.1	41.4	—	54.8	—	66.9	71.5	74.2
83	$KHC_4H_4O_6$	0.231	0.358	0.523	0.762	—	—	—	—	—	—	—
84	$KHCO_3$	22.5	27.4	33.7	39.9	47.5	—	65.6	—	—	—	122
85	$KHSO_4$	36.2	—	48.6	54.3	61.0	—	76.4	—	96.1	—	—
86	KI	128	136	144	153	162	168	176	184	192	198	208
87	KIO_3	4.60	6.27	8.08	10.03	12.6	16.89	18.3	—	24.8	—	32.3
88	$KMnO_4$	2.83	4.31	6.34	9.03	12.6	—	22.1	—	—	—	—
89	KNO_2	279	292	306	320	329	—	348	—	376	390	410
90	KNO_3	13.9	21.2	31.6	45.3	61.3	85.5	106	138	167	203	245
91	KOH	95.7	103	112	126	134	140	154	—	—	—	178
92	K_2PtCl_6	0.48	0.60	0.78	1.00	1.36	2.17	2.45	3.19	3.71	4.45	5.03
93	K_2SO_4	7.4	9.3	11.10	13.0	14.8	16.50	18.2	19.75	21.4	22.9	24.1
94	$K_2S_2O_8$	1.65	2.67	4.70	7.75	11.0	—	—	—	—	—	—
95	$K_2SO_4 \cdot Al_2(SO_4)_3$	3.00	3.99	5.90	8.39	11.70	17.00	24.80	40.0	71.0	109.0	—
96	$LiCl$	69.2	74.5	83.5	86.2	89.8	97	98.4	—	112	121	128
97	Li_2CO_3	1.54	1.43	1.33	1.26	1.17	1.08	1.01	—	0.85	—	0.72
*98	LiF	—	—	0.27(291)	—	—	—	—	—	—	—	—
99	$LiOH$	11.91	12.11	12.35	12.70	13.22	13.3	14.63	—	16.56	—	19.12
*100	Li_3PO_4	—	—	0.039(291)	—	—	—	—	—	—	—	—
101	$MgBr_2$	98	99	101	104	106	—	112	—	113.7	—	125.0
102	$MgCl_2$	52.9	53.6	54.6	55.8	57.5	—	61.0	—	66.1	69.5	73.3

续表

序号	分子式	237 K	283 K	293 K	303 K	313 K	323 K	333 K	343 K	353 K	363 K	373 K
103	MgI_2	120	—	40	—	173	—	—	—	186	—	—
104	$Mg(NO_3)_2$	62.1	66.0	69.5	73.6	78.9	—	78.9	—	91.6	106	—
*105	$Mg(OH)_2$	—	—	0.009(291)	—	—	—	—	—	—	—	0.004
106	$MgSO_4$	22.0	28.2	33.7	38.9	44.5	—	54.6	—	55.8	52.9	50.4
107	$MnCl_2$	63.4	68.1	73.9	80.8	88.5	98.15	109	—	113	114	115
108	$Mn(NO_3)_2$	102	118.0	139	206	—	—	—	—	—	—	—
109	MnC_2O_4	0.020	0.024	0.028	0.033	—	—	—	—	—	—	—
110	$MnSO_4$	52.9	59.7	62.9	62.9	60.0	—	53.6	—	45.6	40.9	35.3
111	NH_4Br	60.5	68.1	76.4	83.2	91.2	99.2	108	116.8	125	135	145
112	NH_4SCN	120	144	170	208	234	—	346	—	—	—	—
113	$(NH_4)_2C_2O_4$	2.2	3.21	4.45	6.09	8.18	10.3	14.0	—	22.4	27.9	34.7
114	NH_4Cl	29.4	33.3	37.2	41.4	45.8	50.4	55.3	60.2	65.6	71.2	77.3
115	NH_4ClO_4	12.0	16.4	21.7	27.7	34.6	—	49.9	—	68.9	—	75.1
116	$(NH_4)_2 \cdot Co(SO_4)_2$	6.0	9.5	13.0	17.0	22.0	27.0	33.5	40.0	49.0	58.0	—
117	$(NH_4)_2CrO_4$	25.0	29.2	34.0	39.3	45.3	—	59.0	—	76.1	—	—
118	$(NH_4)_2Cr_2O_7$	18.2	25.5	35.6	46.5	58.5	—	86	—	115	156	—
119	$(NH_4)_2 \cdot Cr_2(SO_4)_4$	3.95	—	18.8	18.8	32.6	—	—	—	—	—	—
**120	$(NH_4)_2 \cdot Fe(SO_4)_2$	12.5	17.2	10.78(298)	—	—	—	—	52	—	—	—
*121	$(NH_4)_2 \cdot Fe_2(SO_4)_4$	—	—	—	44.15(298)	33	40	—	—	—	—	354
122	NH_4HCO_3	11.9	16.1	21.7	28.4	36.6	—	59.2	—	—	—	—
123	$NH_4H_2PO_4$	22.7	29.5	37.4	46.4	56.7	—	82.5	—	109	170	173
124	$(NH_4)_2HPO_4$	42.9	62.9	68.9	75.1	81.8	—	97.2	—	118	—	—
125	NH_4I	155	163	172	182	191	199.6	209	218.7	229	—	250
**126	NH_4MgPO_4	0.023 1	0.003 1(冷水)	0.052	—	0.036	0.03	0.040	0.016	0.019	—	0.019 5
*127	$NH_4MnPO_4 \cdot H_2O$	—	—	—	—	—	—	—	0.05(热水)	—	—	—
128	NH_4NO_3	118.3	—	192	241.8	297.0	344.0	421.0	499.0	580.0	740.0	871.0

续表

序号	分子式	237 K	283 K	293 K	303 K	313 K	323 K	333 K	343 K	353 K	363 K	373 K
129	$(NH_4)_2PtCl_6$	0.289	0.374	0.499	0.637	0.815	—	1.44	—	2.16	2.61	3.36
130	$(NH_4)_2SO_4$	70.6	73.0	75.4	78.0	81.0	—	88.0	—	95	—	103
131	$(NH_4)_2SO_4 \cdot Al_2(SO_4)_3$	2.1	5.0	7.74	10.9	14.9	20.10	26.70	—	—	—	109.7(368)
*132	$(NH_4)_2S_2O_8$	58.2	—	—	—	—	—	—	—	—	—	—
133	$(NH_4)_3SbS_4$	71.2	—	91.2	120	—	—	—	—	—	—	—
*134	$(NH_4)_2SeO_4$	—	117(280)	—	—	—	—	—	—	—	—	197
135	NH_4VO_3	—	—	0.48	0.84	1.32	1.78	2.42	3.05	—	—	—
136	$NaBr$	80.2	85.2	90.8	98.4	107	116.0	118	—	120	121	121
137	$Na_2B_4O_7$	1.11	1.6	2.56	3.86	6.67	10.5	19.0	24.4	31.4	41.0	52.5
138	$NaBrO_3$	24.2	30.3	36.4	42.6	48.8	—	62.6	—	75.7	—	90.8
139	$NaC_2H_3O_2$	36.2	40.8	46.4	54.6	65.6	83	139	146	153	161	170
140	$Na_2C_2O_4$	2.69	3.05	3.41	3.81	4.18	—	4.93	—	5.71	—	6.50
141	$NaCl$	35.7	35.8	35.9	36.1	36.4	37.0	37.1	37.8	38.0	38.5	39.2
142	$NaClO_3$	79.6	87.6	95.9	105	115	—	137	—	167	184	204
143	Na_2CO_3	7.0	12.5	21.5	39.7	49.0	—	46.0	—	43.9	43.9	—
144	Na_2CrO_4	31.70	50.10	84.0	88.0	96.0	104	115	123	125	—	126
145	$Na_2Cr_2O_7$	163.0	172	183	198	215	244.8	269	316.7	376	405	415
146	$Na_4Fe(CN)_6$	11.2	14.8	18.8	23.8	29.9	—	43.7	—	62.1	—	—
147	$NaHCO_3$	7.0	8.1	9.6	11.1	12.7	14.45	16.0	—	—	—	—
148	NaH_2PO_4	56.5	69.8	86.9	107	133	157	172	190.3	211	234	—
149	Na_2HPO_4	1.68	3.53	7.83	22.0	55.3	80.2	82.8	88.1	92.3	102	104
150	NaI	159	167	178	191	205	227.8	257	294	295	—	302
151	$NaIO_3$	2.48	2.59	8.08	10.7	13.3	—	19.8	—	26.6	29.5	33.0
152	$NaNO_3$	73.0	80.8	87.6	94.9	102	—	122	—	148	—	180
153	$NaNO_2$	71.2	75.1	80.8	87.6	94.9	104.1	111	—	133	—	160
154	$NaOH$	—	98	109	119	129	—	174	—	—	—	—
155	Na_3PO_4	4.5	8.2	12.1	16.3	20.2	—	29.9	—	60.0	68.1	77.0

续表

序号	分子式	237 K	283 K	293 K	303 K	313 K	323 K	333 K	343 K	353 K	363 K	373 K
**156	$Na_4P_2O_7$	3.16	3.95	6.23	9.95	13.50	17.45	21.83	—	30.04	—	40.26
157	Na_2S	9.6	12.10	15.7	20.5	26.6	36.4	39.1	43.31	55.0	65.3	—
*158	$NaSb(OH)_6$	—	0.03 (285.2)	—	—	—	—	—	—	—	—	0.3
159	Na_2SO_3	14.4	19.5	26.3	35.5	37.2	—	32.6	—	29.4	27.9	—
160	Na_2SO_4	4.9	9.1	15.5	40.8	48.8	46.7	45.3	—	43.7	42.7	42.5
161	$Na_2SO_4 \cdot 7H_2O$	19.5	30.0	44.1	—	104	—	—	—	—	—	—
162	$Na_2S_2O_3 \cdot 5H_2O$	50.2	59.7	70.1	83.2	—	—	—	—	—	—	—
163	$NaVO_3$	—	—	19.3	22.5	26.3	—	33.0	—	40.8	—	—
164	Na_2WO_4	71.5	—	73.0	—	77.6	—	—	—	90.8	—	—
**165	$NiCO_3$	—	—	0.009 3 (258)	—	—	—	—	—	—	—	—
166	$NiCl_2$	53.4	56.3	60 8	70.6	73.2	78.3	81.2	85.2	86.6	—	87.6
167	$Ni(NO_3)_2$	79.2	—	94.2	105	119	—	158	—	187	188	—
168	$NiSO_4 \cdot 7H_2O$	26.2	32.4	37.7	43.4	50.4	—	—	—	—	—	—
169	$Pb(C_2H_3O_2)_2$	19.8	29.5	44.3	69.8	116	—	—	—	—	—	—
170	$PbCl_2$	0.67	0.82	1.00	1.20	1.42	1.70	1.94	—	2.54	2.88	3.20
171	PbI_2	0.044	0.056	0.069	0.090	0.124	0.164	0.193	—	0.294	—	0.42
172	$Pb(NO_2)_2$	37.5	46.2	54.3	63.4	72.1	85	91.6	—	111	—	133
**173	$PbSO_4$	0.002 8	0.003 5	0.004 1	0.004 9	0.005 6	—	—	—	—	—	—
174	$SbCl_3$	602	—	910	1 087	1 368	—	—	345 K以后完全混溶	—	—	—
*175	Sb_2S_3	—	—	0.000 175 (291)	—	—	—	—	—	—	—	—
*176	$SnCl_2$	83.9	—	259.8(288)	—	—	—	—	—	—	—	—
*177	$SnSO_4$	—	—	33(293)	—	—	—	—	—	—	—	18

续表

序号	分子式	237 K	283 K	293 K	303 K	313 K	323 K	333 K	343 K	353 K	363 K	373 K
178	$Sr(C_2H_3O_2)_2$	37.0	42.9	41.1	39.5	38.3	37.4	36.8	36.2	36.1	39.2	36.4
**179	SrC_2O_4	0.003 3	0.004 4	0.004 6	0.005 7	—	—	—	—	—	—	—
180	$SrCl_2$	43.5	47.7	52.9	58.7	65.3	72.4	81.8	85.9	90.5	—	101
181	$Sr(NO_2)_2$	52.7	—	65.0	72	79	83.8	97	—	130	134	139
182	$Sr(NO_3)_2$	39.5	52.9	69.5	88.7	89.4	—	93.4	—	96.9	98.4	—
183	$SrSO_4$	0.011 3	0.012 9	0.013 2	0.013 8	0.014 1	—	0.013 1	—	0.011 6	0.011 5	—
184	$SrCrO_4$	—	0.085 1	0.090	—	—	—	—	—	0.058	—	—
185	$Zn(NO_3)_2$	98	—	118.3	138	211	—	—	—	—	—	—
186	$ZnSO_4$	41.6	47.2	53.8	61.3	70.5	—	75.4	—	71.1	—	60.5

摘自 J. A. Dean Ed, Lange's Handbook of Chemistry, 13th. edition, 1985.

* 摘自 R. C. Weast, Handbook of Chemistry and Physics, 70th. edition, 1989～1990.

** 摘自顾庆超等编. 化学用表. 江苏省科学技术出版社, 1979.

注: 表中括号内数据指温度(K); ①表示在压力 1.013 25×10^{5}Pa 下.

7.常用酸、碱的质量分数*和相对密度(d_{20}^{20})

质量分数/%	相 对 密 度						
	HCl	HNO$_3$	H$_2$SO$_4$	CH$_3$COOH	NaOH	KOH	NH$_3$
4	1.0197	1.0220	1.0269	1.0056	1.0446	1.0348	0.9828
8	1.0395	1.0446	1.0541	1.0111	1.0888	1.0709	0.9668
12	1.0594	1.0679	1.0821	1.0165	1.1329	1.1079	0.9519
16	1.0796	1.0921	1.1114	1.0218	1.1771	1.1456	0.9378
20	1.1000	1.1170	1.1418	1.0269	1.2214	1.1839	0.9245
24	1.1205	1.1426	1.1735	1.0318	1.2653	1.2231	0.9118
28	1.1411	1.1688	1.2052	1.0365	1.3087	1.2632	0.8996
32	1.1614	1.1955	1.2375	1.0410	1.3512	1.3043	
36	1.1812	1.2224	1.2707	1.0452	1.3926	1.3468	
40	1.1999	1.2489	1.3051	1.0492	1.4324	1.3906	
44			1.3410	1.0529		1.4356	
48			1.3783	1.0564		1.4817	
52			1.4174	1.0596			
56			1.4584	1.0624			
60			1.5013	1.0648			
64			1.5448	1.0668			
68			1.5902	1.0687			
72			1.6367	1.0695			
76			1.6840	1.0699			
80			1.7303	1.0699			
84			1.7724	1.0692			
88			1.8054	1.0677			
92			1.8272	1.0648			
96			1.8388	1.0597			
100			1.8337	1.0496			

摘自 R.C.Weast,Handbook of Chemistry and Physics,70th.edition,D－222,1989～1900.

*旧称百分浓度.

8.常用酸、碱的浓度

酸或碱	化学式	密度/(g·mL^{-1})	质量分数/%	浓度/(mol·L^{-1})
冰醋酸	CH$_3$COOH	1.05	99～99.8	17.4
稀醋酸		1.04	34	6
浓盐酸	HCl	1.18～1.19	36.0～38	11.6～12.4
稀盐酸		1.10	20	6
浓硝酸	HNO$_3$	1.39～1.40	65.0～68.0	14.4～15.2
稀硝酸		1.19	32	6
浓硫酸	H$_2$SO$_4$	1.83～1.84	95～98	17.8～18.4
稀硫酸		1.18	25	3

续表

酸或碱	化学式	密度/(g·mL^{-1})	质量分数/%	浓度/(mol·L^{-1})
磷酸	H_3PO_4	1.69	85	14.6
高氯酸	$HClO_4$	1.68	70.0~72.0	11.7~12.0
氢氟酸	HF	1.13	40	22.5
氢溴酸	HBr	1.49	47.0	8.6
浓氨水 } 稀氨水 }	$NH_3·H_2O$	0.88~0.90	25~28(NH_3)	13.3~14.8
		0.96	10	6
稀氢氧化钠	NaOH	1.22	20	6

9. 常用指示剂

表 1 酸碱指示剂(291~298 K)

指示剂名称	变色 pH 范围	颜色变化	溶液配制方法
甲基紫 (第一变色范围)	0.13~0.5	黄－绿	0.1%或0.05%的水溶液
苦味酸	0.0~1.3	无色－黄	0.1%水溶液
甲基绿	0.1~2.0	黄－绿－浅蓝	0.05%水溶液
孔雀绿 (第一变色范围)	0.13~2.0	黄－浅蓝－绿	0.1%水溶液
甲酚红 (第一变色范围)	0.2~1.8	红－黄	0.04 g 指示剂溶于 100 mL 50%乙醇中
甲基紫 (第二变色范围)	1.0~1.5	绿－蓝	0.1%水溶液
百里酚蓝 (麝香草酚蓝) (第一变色范围)	1.2~2.8	红－黄	0.1 g 指示剂溶于 100 mL 20%乙醇
甲基紫 (第三变色范围)	2.0~3.0	蓝－紫	0.1%水溶液
茜素黄 R (第一变色范围)	1.9~3.3	红－黄	0.1%水溶液
二甲基黄	2.9~4.0	红－黄	0.1 g 或 0.01 g 指示剂溶于100 mL 90%乙醇中
甲基橙	3.1~4.4	红－橙黄	0.1%水溶液
溴酚蓝	3.0~4.6	黄－蓝	0.1 g 指示剂溶于 100 mL 20%乙醇中
刚果红	3.0~5.2	蓝紫－红	0.1%水溶液
茜素红 S (第一变色范围)	3.7~5.2	黄－紫	0.1%水溶液
溴甲酚绿	3.8~5.4	黄－蓝	0.1 g 指示剂溶于 100 mL 20%乙醇中

续表1

指示剂名称	变色pH范围	颜色变化	溶液配制方法
甲基红	4.4~6.2	红－黄	0.1 g或0.2 g指示剂溶于100 mL 60%乙醇中
溴酚红	5.0~6.8	黄－红	0.1 g或0.04 g指示剂溶于100 mL 20%乙醇中
溴甲酚紫	5.2~6.8	黄－紫红	0.1 g指示剂溶于100 mL 20%乙醇中
溴百里酚蓝	6.0~7.6	黄－蓝	0.05 g指示剂溶于100 mL 20%乙醇中
中性红	6.8~8.0	红－亮黄	0.1 g指示剂溶于100 mL 60%乙醇中
酚红	6.8~8.0	黄－红	0.1 g指示剂溶于100 mL 20%乙醇中
甲酚红	7.2~8.8	亮黄－紫红	0.1 g指示剂溶于100 mL 50%乙醇中
百里酚蓝（麝香草酚蓝）（第二变色范围）	8.0~9.0	黄－蓝	参看第一变色范围
酚酞	8.2~10.0	无色－紫红	(1)0.1 g指示剂溶于100 mL60%乙醇中　(2)1 g酚酞溶于100 mL90%乙醇中
百里酚酞	9.4~10.6	无色－蓝	0.1 g指示剂溶于100 mL90%乙醇中
茜素红S（第二变色范围）	10.0~12.0	紫－淡黄	参看第一变色范围
茜素黄R（第二变色范围）	10.1~12.1	黄－淡紫	0.1%水溶液
孔雀绿（第二变色范围）	11.5~13.2	蓝绿－无色	参看第一变色范围
达旦黄	12.0~13.0	黄－红	0.1%水溶液

表2　混合酸碱指示剂

指示剂溶液的组成	变色点pH	颜色		备　注
		酸色	碱色	
一份质量分数为0.1%甲基黄乙醇溶液 一份质量分数为0.1%次甲基蓝乙醇溶液	3.25	蓝紫	绿	pH3.2 蓝紫色 pH3.4 绿色
四份质量分数为0.2%溴甲酚绿乙醇溶液 一份质量分数为0.2%二甲基黄乙醇溶液	3.9	橙	绿	变色点黄色
一份质量分数为0.2%甲基橙溶液 一份质量分数为0.28%靛蓝(二磺酸)乙醇溶液	4.1	紫	黄绿	调节两者的比例,直至终点敏锐

续表 2

指示剂溶液的组成	变色点 pH	颜　色		备　　注
		酸色	碱色	
一份质量分数为 0.1%溴百里酚绿钠盐水溶液 一份质量分数为 0.2%甲基橙水溶液	4.3	黄	蓝绿	pH3.5 黄色 pH4.0 黄绿色 pH4.3 绿色
三份质量分数为 0.1%溴甲酚绿乙醇溶液 一份质量分数为 0.2%甲基红乙醇溶液	5.1	酒红	绿	
一份质量分数为 0.2%甲基红乙醇溶液 一份质量分数为 0.1%次甲基蓝乙醇溶液	5.4	红紫	绿	pH5.2 红紫 pH5.4 暗蓝 pH5.6 绿
一份质量分数为 0.1%溴甲酚绿钠盐水溶液 一份质量分数为 0.1%氯酚红钠盐水溶液	6.1	黄绿	蓝紫	pH5.4 蓝绿 pH5.8 蓝 pH6.2 蓝紫
一份质量分数为 0.1%溴甲酚紫钠盐水溶液 一份质量分数为 0.1%溴百里酚蓝钠盐水溶液	6.7	黄	蓝紫	pH6.2 黄紫 pH6.6 紫 pH6.8 蓝紫
一份质量分数为 0.1%中性红乙醇溶液 一份质量分数为 0.1%次甲基蓝乙醇溶液	7.0	蓝紫	绿	pH7.0 蓝紫
一份质量分数为 0.1%溴百里酚蓝钠盐水溶液 一份质量分数为 0.1%酚红钠盐水溶液	7.5	黄	紫	pH7.2 暗绿 pH7.4 淡紫 pH7.6 深紫
一份质量分数为 0.1%甲酚红 50%乙醇溶液 六份质量分数为 0.1%百里酚蓝 50%乙醇溶液	8.3	黄	紫	pH8.2 玫瑰色 pH8.4 紫色 变色点微红色

表 3　金属离子指示剂

指示剂名称	解离平衡和颜色变化	溶液配制方法
铬黑 T(EBT)	$\underset{\text{紫红}}{H_2In^-} \overset{pK_{a_2}=6.3}{\rightleftharpoons} \underset{\text{蓝}}{HIn^{2-}} \overset{pK_{a_3}=11.5}{\rightleftharpoons} \underset{\text{橙}}{In^{3-}}$	1. 质量分数为 0.5%水溶液 2. 与 NaCl 按 1:100(质量比)混合
二甲酚橙(XO)	$\underset{\text{黄}}{H_3In^{4-}} \overset{pK_a=6.3}{\rightleftharpoons} \underset{\text{红}}{H_2In^{5-}}$	质量分数为 0.2%水溶液
K–B 指示剂	$\underset{\text{红}}{H_2In} \overset{pK_{a_1}=8}{\rightleftharpoons} \underset{\text{蓝}}{HIn^-} \overset{pK_{a_2}=13}{\rightleftharpoons} \underset{\text{紫红}}{In^{2-}}$ (酸性铬蓝 K)	0.2 g 酸性铬蓝 K 与 0.34 g 萘酚绿 B 溶于 100 mL 水中。配制后需调节 K–B 的比例,使终点变化明显
钙指示剂	$\underset{\text{酒红}}{H_2In^-} \overset{pK_{a_2}=7.4}{\rightleftharpoons} \underset{\text{蓝}}{HIn^{2-}} \overset{pK_{a_3}=13.5}{\rightleftharpoons} \underset{\text{酒红}}{In^{3-}}$	质量分数为 0.5%的乙醇溶液
吡啶偶氮萘酚 (PAN)	$\underset{\text{黄绿}}{H_2In^+} \overset{pK_{a_1}=1.9}{\rightleftharpoons} \underset{\text{黄}}{HIn} \overset{pK_{a_2}=12.2}{\rightleftharpoons} \underset{\text{淡红}}{In^-}$	质量分数为 0.1%或质量分数为 0.3%的乙醇溶液

续表3

指示剂名称	解离平衡和颜色变化	溶液配制方法
Cu – PAN（CuY – PAN 溶液）	$\underset{浅绿}{CuY} + PAN + M^{n+} \Longleftrightarrow MY + \underset{红色}{Cu - PAN}$ 无色	取 $0.05\ mol \cdot L^{-1}Cu^{2+}$ 液 10 mL，加 pH 为 5～6 的 HAc 缓冲液 5 mL，1 滴 PAN 指示剂，加热至 60℃左右，用 EDTA 滴至绿色，得到约 $0.025\ mol \cdot L^{-1}$ 的 CuY 溶液。使用时取 2～3 mL 于试液中，再加数滴 PAN 溶液
磺基水杨酸	$\underset{(无色)}{H_2In} \overset{pK_{a_2}=2.7}{\Longleftrightarrow} HIn^- \overset{pK_{a_3}=13.1}{\Longleftrightarrow} In^{2-}$	质量分数为 1% 或质量分数为 10% 的水溶液
钙镁试剂（Calmagite）	$\underset{红}{H_2In^-} \overset{pK_{a_2}=8.1}{\Longleftrightarrow} \underset{蓝}{HIn^{2-}} \overset{pK_{a_3}=12.4}{\Longleftrightarrow} \underset{红橙}{In^{3-}}$	质量分数为 0.5% 水溶液
紫脲酸铵	$\underset{红紫}{H_4In^-} \overset{pK_{a_2}=9.2}{\Longleftrightarrow} \underset{紫}{H_3In^{2-}} \overset{pK_{a_3}=10.9}{\Longleftrightarrow} \underset{蓝}{H_2In^{3-}}$	与 NaCl 按 1∶100 质量比混合

注：EBT、钙指示剂、K – B 指示剂等在水溶液中稳定性较差，可以配成指示剂与 NaCl 之比为 1∶100 或 1∶200 的固体粉末。

表4　氧化还原指示剂

指示剂名称	$E^{\ominus}/V,[H^+]=1\ mol\cdot L^{-1}$	颜色变化		溶液配制方法
		氧化态	还原态	
中性红	0.24	红	无色	质量分数为 0.05% 的 60% 乙醇溶液
亚甲基蓝	0.36	蓝	无色	质量分数为 0.05% 水溶液
变胺蓝	0.59（pH = 2）	无色	蓝色	质量分数为 0.05% 水溶液
二苯胺	0.76	紫	无色	质量分数为 1% 的浓 H_2SO_4 溶液
二苯胺磺酸钠	0.85	紫红	无色	质量分数为 0.5% 的水溶液.如溶液混浊，可滴加少量盐酸
N – 邻苯氨基苯甲酸	1.08	紫红	无色	0.1 g 指示剂加 20 mL 质量分数为 5% 的 Na_2CO_3 溶液，用水稀至 100 mL
邻二氮菲 – Fe(Ⅱ)	1.06	浅蓝	红	1.485 g 邻二氮菲加 0.965 g $FeSO_4$，溶于 100 mL 水中（$0.025\ mol \cdot L^{-1}$ 水溶液）
5 – 硝基邻二氮菲 – Fe(Ⅱ)	1.25	浅蓝	紫红	1.608 g 5 – 硝基邻二氮菲加 0.695 g $FeSO_4$，溶于 100 mL 水中（$0.025\ mol \cdot L^{-1}$ 水溶液）

表5　沉淀滴定吸附指示剂

指示剂	被测离子	滴定剂	滴定条件	溶液配制方法
荧光黄	Cl^-	Ag^+	pH7~10(一般7~8)	质量分数为0.2%乙醇溶液
二氯荧光黄	Cl^-	Ag^+	pH4~10(一般5~8)	质量分数为0.1%水溶液
曙红	Br^-,I^-,SCN^-	Ag^+	pH2~10(一般3~8)	质量分数为0.5%水溶液
溴甲酚绿	SCN^-	Ag^+	pH4~5	质量分数为0.1%水溶液
甲基紫	Ag^+	Cl^-	酸性溶液	质量分数为0.1%水溶液
罗丹明6G	Ag^+	Br^-	酸性溶液	质量分数为0.1%水溶液
钍试剂	SO_4^{2-}	Ba^{2+}	pH1.5~3.5	质量分数为0.5%水溶液
溴酚蓝	Hg_2^{2+}	Cl^-,Br^-	酸性溶液	质量分数为0.1%水溶液

10.常用缓冲溶液的配制

缓冲溶液组成	pK_a	缓冲液 pH 值	缓冲溶液配制方法
氨基乙酸 – HCL	2.35 (pK_{a_1})	2.3	取 150 g 氨基乙酸溶于 500 mL 水中后,加 80 mL 浓 HCl,水稀释至 1 L
H_3PO_4 – 柠檬酸盐		2.5	取 113 g$Na_2HPO_4 \cdot 12H_2O$ 溶 200 mL 水后,加 387 g 柠檬酸,溶解,过滤,稀至 1 L
一氯乙酸 – NaOH	2.86	2.8	取 200 g 一氯乙酸溶于 200 mL 水中,加 40 g NaOH 溶解后,释至 1 L
邻苯二甲酸氢钾 – HCl	2.95 (pK_{a_1})	2.9	取 500 g 邻苯二甲酸氢钾溶于 500 mL 水中,加 80 mL 浓 HCl,释至 1 L
甲酸 – NaOH	3.76	3.7	取 95 g 甲酸和 40 g NaOH 溶于 500 mL 水中,释至 1 L
NaAc – HAc	4.74	4.2	取 3.2 g 无水 NaAc 溶于水中,加 50 mL 冰 HAc,用水释至 1 L
NH_4Ac – HAc		4.5	取 77 g NH_4Ac 溶于 200 mL 水中,加 59 mL 冰 HAc,释至 1 L
NaAc – HAc	4.74	4.7	取 83 g 无水 NaAc 溶于水中,加 60 mL 冰 HAc,释至 1 L
NaAc – HAc	4.74	5.0	取 160 g 无水 NaAc 溶于水中,加 60 mL 冰 HAc,释至 1 L
NH_4Ac – HAc		5.0	取 250 gNH_4Ac 溶于水中,加 25 mL 冰 HAc,释至 1 L
六亚甲基四胺 – HCl	5.15	5.4	取 40 g 六亚甲基四胺溶于 200 mL 水中,加 100 mL 浓 HCl,释至 1 L

续表

缓冲溶液组成	pK_a	缓冲液pH值	缓冲溶液配制方法
$NH_4Ac - HAc$		6.0	取 600 g NH_4Ac 溶于水中,加 20 mL 冰 HAc,释至 1 L
$NaAc - H_3PO_4$ 盐		8.0	取 50 g 无水 NaAc 和 50 g$Na_2HPO_4 \cdot 12H_2O$,溶于水中,释至 1 L
Tris - HCl(三羟甲基氨甲烷 $CNH_2(HOCH_3)_3$)	8.21	8.2	取 25 g Tris 试剂溶于水中,加 18 mL 浓 HCl,释至 1 L
$NH_3 - NH_4Cl$	9.26	9.2	取 54 g NH_4Cl 溶于水,加 63 mL 浓氨水,释至 1 L
$NH_3 - NH_4Cl$	9.26	9.5	取 54 g NH_4Cl 溶于水,加 126 mL 浓氨水,释至 1 L
$NH_3 - NH_4Cl$	9.26	10.0	(1)取 54 gNH_4Cl 溶于水中,加 350 mL 浓氨水,释至 1 L (2)取 67.5 g NH_4Cl,溶于 200 mL 水中,加 570 mL 浓氨水,用水释至 1 L

注:(1) 缓冲液配制后可用 pH 试纸检查,如 pH 值不对,可用共轭酸或碱调节,欲精确调节 pH 值时,可用 pH 计调节。

(2) 若需增加或减少缓冲液的缓冲容量时,可相应增加或减少共轭酸碱对物质的量,再调节之。

11.特种试剂的配制

试　剂	配　制　方　法
质量分数为 10%$SnSl_2$ 溶液	称取 10 g $SnCl_2 \cdot 2H_2O$ 溶于 10 mL 热浓盐酸中,煮沸使溶液澄清后,加水到 100 mL,加少许锡粒,保存在棕色瓶中
质量分数为 1.5% $TiCl_3$ 溶液	取 10 mL 原瓶装 $TiCl_3$,用 1:4 盐酸稀释至 100 mL
质量分数为 0.5%淀粉溶液	称取 0.5 g 可溶性淀粉,用少量水搅成糊状后,倾入 100 mL 沸水中,摇匀,加热片刻后冷却。加少量硼酸为防腐剂
溴甲酚绿溶液(0.022 0 $g \cdot L^{-1}$)	取 0.220 g 溴甲酚绿,加 100 mL 乙醇溶解后,用水稀释至 10 L
质量分数为 1%丁二酮肟乙醇溶液	溶解 1 g 于 100 mL 95%乙醇中(镍试剂)
质量分数为 0.2%铝试剂	溶 0.2 g 铝试剂于 100 mL 水中
质量分数为 5%硫代乙酰胺	溶解 5 g 硫代乙酰胺于 100 mL 水中,如混浊需过滤
内氏试剂	含有 0.25 $mol \cdot L^{-1}K_2HgI_4$ 及 3 $mol \cdot L^{-1}NaOH$:溶解 11.5 g HgI_2 及 8 g KI于足量水中,使其体积为 50 mL,再加 50 mL 6 $mol \cdot L^{-1}NaOH$。静置后取其清液贮于棕色瓶中
六硝基合钴酸钠试剂	含有 0.1 $mol \cdot L^{-1}Na_3Co(NO_2)_6$,8 $mol \cdot L^{-1}NaNO_2$ 及 1 $mol \cdot L^{-1}HAc$:溶解 23 g$NaNO_2$ 于 50 mL 水中,加 16.5 mL 6$mol \cdot L^{-1}$ HAc 及 $Co(NO_3)_2 \cdot 6H_2O$ 3 g,静置一夜,过滤或滗取其溶液,稀释至 100 mL。每隔四星期需重新配制,或直接加六硝基合钴酸钠至溶液为深红色
亚硝酰铁氰化钠	溶解 1 g 于 100 mL 水中,每隔数日,即需重新制备

续表

试　剂	配　制　方　法
醋酸铀酰锌	溶解 10 g 醋酸铀酰 $UO_2(Ac)_2 \cdot 2H_2O$ 于 6 mL 30%HAc 中,略微加热促其溶解,稀释至 50 mL(溶液 A)。另置 30 g 醋酸锌 $Zn(Ac)_2 \cdot 3H_2O$ 于 6 mL 30%HAc 中,搅动后,稀释至 50 mL(溶液 B)。将此二种溶液加热至 343 K 后混合,静置 24 h,过滤。在两液混合之前,晶体不能完全溶解。或直接配制成 10%醋酸铀酰锌溶液
镁铵试剂	溶解 100 g $MgCl_2 \cdot 6H_2O$ 和 100 g NH_4Cl 于水中,再加 50 mL 浓氨水,并用水稀释至 1 L
钼酸铵试剂	溶解 150 g 钼酸铵于 1 L 蒸馏水中,再把所得溶液倾入 1 L 6 mol·L⁻¹HNO_3 中。不得相反!此时析出钼酸白色沉淀后又溶解。把溶液放置 48 h,取其清液或过滤后使用
对硝基苯 – 偶氮间苯二酚(俗称镁试剂 I)	溶解 0.001 g 镁试剂(I)于 100 mL 1 mol·L⁻¹NaOH 溶液
碘化钾 – 亚硫酸钠溶液	将 50 g KI 和 200 g $Na_2SO_3 \cdot 7H_2O$ 溶于 1 000 mL 水中
硫化铵$(NH_4)_2S$ 溶液	在 200 mL 浓氨水溶液中通入 H_2S,直至不再吸收,然后加入 200 mL 浓氨水溶液,稀释至 1 L
溴水	溴的饱和水溶液:3.5 g 溴(约 1 mL)溶于 100 mL 水
醋酸联苯胺	50 mL 联苯胺溶于 10 mL 冰醋酸,100 mL 水中
质量分数为 0.25%邻菲罗啉	溶 0.25 g 邻菲罗啉于 100 mL 水中
硫氰酸汞铵$(0.3 mol·L^{-1})$	溶 8 g $HgCl_2$ 和 9 g NH_4SCN 于 100 mL 水中
四苯硼酸钠$(0.1 mol·L^{-1})$	3.4 g $Na[B(C_6H_5)_4]$ 溶于 100 mL 水中,用时新配

12.常见离子和化合物的颜色

表 1　常见离子的颜色

无色阳离子	Ag^+、Cd^{2+}、K^+、Ca^{2+}、As^{3+}(在溶液中主要以 AsO_3^{3-} 存在)、Pb^{2+}、Zn^{2+}、Na^+、Sr^{2+}、As^{5+}(在溶液中几乎全部以 AsO_4^{3-} 存在)、Hg_2^{2+}、Bi^{3+}、NH_4^+、Ba^{2+}、Sb^{3+} 或 Sb^{5+}(主要以 $SbCl_6^{3-}$ 或 $SbCl_6^-$ 存在)、Hg^{2+}、Mg^{2+}、Al^{3+}、Sn^{2+}、Sn^{4+}
有色阳离子	Mn^{2+} 浅玫瑰色,稀溶液无色;$Fe(H_2O)_6^{3+}$ 淡紫色,但平时所见 Fe^{3+} 盐溶液黄色或红棕色;Fe^{2+} 浅绿色,稀溶液无色;Cr^{3+} 绿色或紫色;Co^{2+} 玫瑰色;Ni^{2+} 绿色;Cu^{2+} 浅蓝色
无色阴离子	SO_4^{2-}、PO_4^{3-}、F^-、SCN^-、$C_2O_4^{2-}$、MoO_4^{2-}、SO_3^{2-}、BO_2^-、Cl^-、NO_3^-、S^{2-}、WO_4^{2-}、$S_2O_3^{2-}$、$B_4O_7^{2-}$、Br^-、NO_2^-、ClO_3^-、VO_3^-、CO_3^{2-}、SiO_3^{2-}、I^-、Ac^-、BrO_3^-
有色阴离子	$Cr_2O_7^{2-}$ 橙色;CrO_4^{2-} 黄色;MnO_4^- 紫色;MnO_4^{2-} 绿色;$Fe(CN)_6^{4-}$ 黄绿色;$Fe(CN)_6^{3-}$ 黄棕色

表2 有特征颜色的常见无机化合物

黑色	CuO、NiO、FeO、Fe_3O_4、MnO_2、FeS、CuS、Ag_2S、NiS、CoS、PbS
蓝色	$CuSO_4 \cdot 5H_2O$，$Cu(NO_3)_2 \cdot 6H_2O$，许多水合铜盐、无水 $CoCl_2$
绿色	镍盐、亚铁盐、铬盐、某些铜盐如 $CuCl_2 \cdot 2H_2O$
黄色	CdS、PbO、碘化物（如 AgI）、铬酸盐（如 $BaCrO_4$、K_2CrO_4）
红色	Fe_2O_3、Cu_2O、HgO、HgS^*、Pb_3O_4
粉红色	$MnSO_4 \cdot 7H_2O$ 等锰盐、$CoCl_2 \cdot 6H_2O$
紫色	亚铬盐（如 $[Cr(Ac)_2]_2 \cdot 2H_2O$）、高锰酸盐

* 某些人工制备的和天然产的物质常有不同的颜色，如沉淀生成的 HgS 是黑色的，天然产的是朱红色。

13. 某些氢氧化物沉淀和溶解时所需的 pH 值

氢氧化物	pH 值				
	开始沉淀		沉淀完全	沉淀开始溶解	沉淀完全溶解
	原始浓度 $(1\ mol \cdot L^{-1})$	原始浓度 $(0.01\ mol \cdot L^{-1})$			
$Sn(OH)_4$	0	0.5	1.0	13	> 14
$TiO(OH)_2$	0	0.5	2.0		
$Sn(OH)_2$	0.9	2.1	4.7	10	13.5
$ZrO(OH)_2$	1.3	2.3	3.8		
$Fe(OH)_3$	1.5	2.3	4.1	14	
HgO	1.3	2.4	5.0		
$Al(OH)_3$	3.3	4.0	5.2	7.8	10.8
$Cr(OH)_3$	4.0	4.9	6.8	12	> 14
$Be(OH)_2$	5.2	6.2	8.8		
$Zn(OH)_2$	5.4	6.4	8.0	10.5	12 ~ 13
$Fe(OH)_2$	6.5	7.5	9.7	13.5	
$Co(OH)_2$	6.6	7.6	9.2	14	
$^*Ni(OH)_2$	6.7	7.7	9.5		
$Cd(OH)_2$	7.2	8.2	9.7		
Ag_2O	6.2	8.2	11.2	12.7	
$^*Mn(OH)_2$	7.8	8.8	10.4	14	
$Mg(OH)_2$	9.4	10.4	12.4		
$Pb(OH)_2$		7.2	8.7	10	13

* 析出氢氧化物沉淀之前，先形成碱式盐沉淀。

摘自杭州大学化学系等编. 分析化学手册. 第二分册. 化学工业出版社, 1982.

参 考 文 献

[1] 崔学桂,张晓丽.基础化学实验[M].济南:山东大学出版社,2000.

[2] 南京大学大学化学实验教学组.大学化学实验[M].北京:高等教育出版社,1999.

[3] 徐功骅,蔡作乾.大学化学实验[M].2版.北京:清华大学出版社,1997.

[4] 武汉大学与分子科学学院《无机及分析化学实验》编写组.无机及分析化学实验[M].2版.武汉:武汉大学出版社,2001.

[5] 北京大学化学系普通化学教研室.普通化学实验[M].2版.北京:北京大学出版社,2000.

[6] 陈烨璞.无机及分析化学实验[M].北京:化学工业出版社,1998.

[7] 沈君朴.实验无机化学[M].2版.天津:天津大学出版社,1992.

[8] 曾淑兰.工科大学化学实验[M].天津:天津大学出版社,1994.

[9] 南开大学化学系无机化学课程组.基础无机化学实验[M].天津:南开大学出版社,1991.

[10] 北京大学化学系分析化学教学组.基础分析化学实验[M].2版.北京:北京大学出版社,1997.

[11] 周其镇,方国女,樊行雪.大学基础化学实验(Ⅰ)[M].北京:化学工业出版社,2000.

[12] 华中师范大学,东北师范大学,等.分析化学实验[M].3版.北京:北京高等教育出版社,2001.

[13] 欧阳耀国,郭祥群,蔡维平.分析化学基础实验[M].厦门:厦门大学出版社,1998.

[14] 辛剑,孟长功.基础化学实验[M].北京:高等教育出版社,2004.

[15] 吕苏琴,张春荣,揭念芹.基础化学实验Ⅰ[M].北京:科学出版社,2000.

[16] 罗士平,陈若愚.基础化学实验(上)[M].北京:化学工业出版社,2005.

[17] 古凤才,肖衍繁,张明杰.基础化学实验教程[M].北京:科学出版社,2004.

[18] 蔡维平.基础化学实验(一)[M].北京:科学出版社,2004.

[19] 柯以侃.大学化学实验[M].北京:化学工业出版社,2001.

[20] 王少亭.大学基础化学实验[M].北京:高等教育出版社,2004.

[21] 郭伟强.大学化学基础实验[M].北京:科学出版社,2005.

[22] 甘孟瑜,曹渊.大学化学实验[M].重庆:重庆大学出版社,2001.